普通昆虫学实验与实习指导

黄国华　何运转　主编

科学出版社
北京

内 容 简 介

　　本书主要介绍普通昆虫学实验与实习相关内容和常规技术方法。全书分为昆虫的外部形态、昆虫的内部结构与生理、昆虫的生长发育与生活史、昆虫的习性与行为、昆虫系统分类、昆虫生态和普通昆虫学教学实习 7 章，包括 45 个验证性实验、6 个综合性实验、5 个课程教学实习的内容，并附有昆虫纲分目检索表，以及与农林业生产密切相关的昆虫纲常见科分类检索表。本书作为《普通昆虫学》的配套教材，在理论体系和知识模块方面与理论教材保持高度一致，在内容方面侧重技术与方法，并融合了最新研究成果，内容丰富新颖、概念清晰准确、文字流畅简练，每个实验均有作业与思考题，且扫二维码可查看实验中的彩图，为读者准确掌握普通昆虫学的基础知识和实验技术提供指导与帮助，对于读者拓宽知识面、了解最新研究进展大有裨益。

　　本书可作为高等农林院校植物保护、森林保护、动植物检疫等相关专业的本科生教材，也可作为其他植物生产类、草业科学类和综合性大学生物科学类相关课程的教学参考书，还可供相关专业的教师、研究生及从事昆虫学相关工作的科技工作者参考使用。

图书在版编目（CIP）数据

普通昆虫学实验与实习指导 / 黄国华，何运转主编. —北京：科学出版社，2024.3
ISBN 978-7-03-078166-6

Ⅰ. ①普⋯ Ⅱ. ①黄⋯ ②何⋯ Ⅲ. ①昆虫学–实验–高等学校–教材参考资料 Ⅳ. ①Q96-33

中国国家版本馆 CIP 数据核字（2024）第 050222 号

责任编辑：张静秋　韩书云 / 责任校对：严　娜
责任印制：吴兆东 / 封面设计：无极书装

科学出版社 出版
北京东黄城根北街 16 号
邮政编码：100717
http://www.sciencep.com

北京华宇信诺印刷有限公司印刷
科学出版社发行　各地新华书店经销

*

2024 年 3 月第 一 版　开本：787×1092　1/16
2025 年 1 月第二次印刷　印张：13 1/2
字数：320 000

定价：56.00 元
（如有印装质量问题，我社负责调换）

《普通昆虫学实验与实习指导》编委会

主　　编　黄国华　何运转
副 主 编　李　静　王　星　范　凡　秦秋菊　马　丽　王厚帅　李意成
编　　委（按单位名称首字拼音排序）

单位	编委
成都市白蚁防治研究中心	徐　鹏
重庆师范大学	于　昕
甘肃农业大学	尚素琴　郝亚楠
广西师范大学	陈志林
河北农业大学	范　凡　何运转　李　静　秦秋菊　王　达　王玉玉
河南科技学院	崔建新　李卫海　莫娆娆
河南农业大学	白素芬
湖南科技大学	梁飞扬
湖南农业大学	黄国华　刘金萍
湖南人文科技学院	李意成
华东师范大学	何祝清
华南农业大学	王厚帅
华南师范大学	栾云霞
吉林大学	尚庆利　王　军
吉林农业大学	高　宇　史树森
南京农业大学	孙长海　张　峰
南京师范大学	周长发
琼台师范学院	王　伟　王　星
山东农业大学	张婷婷
山西农业大学	闫喜中
上海师范大学	殷子为
上海市农业科学院	卢秀梅
沈阳农业大学	鲁　莹
四川农业大学	蒋春先　李　庆　杨群芳
西北大学	谭江丽
西南大学	王宗庆
云南农业大学	陈国华　马　丽
浙江大学	唐　璞
浙江师范大学	张加勇
中国科学院大学	白　明　刘春香　路园园　吴　超

前言

随着信息技术的发展和科教兴国的需要，为了提升实践教学教材的出版形式、更新知识内容（尤其是分类系统）、扩大使用范围、丰富知识点素材，以及提升学生求知欲，并全面覆盖理论教材，经与广大昆虫学研究工作者及科学出版社的多次协商沟通，我们决定编写出版这本《普通昆虫学实验与实习指导》。

基于《普通昆虫学》教材的整体内容，根据理论课程实验和课程教学实习的要求，结合当前教学实践的需要，本书涵盖了普通昆虫学理论教学所涉及的主要知识点，分为昆虫的外部形态、昆虫的内部结构与生理、昆虫的生长发育与生活史、昆虫的习性与行为、昆虫系统分类、昆虫生态和普通昆虫学教学实习共7章，相关实验实践教学内容包含45个验证性实验、6个综合性实验、5个课程教学实习，提供了主要科的代表性形态特征图，并编制了详细的分科检索表。全书整体内容丰富，各单位可以根据各自的实际教学情况进行选择性课堂教学。

本书撰写过程中，河北农业大学、湖南农业大学、山西农业大学等高校相关专业的研究生参与了标本制备和拍照工作，刘经贤、张巍巍、曹亮明、伏炯、郑昱辰、陈兆洋、贾豹、李豪雷、李盼、莫文惠、叶潇涵、刘晓艳、陈炎栋、曹成全等相关学者为本书提供了图片，在此一并致谢。

本书由于内容繁多，不足之处在所难免，敬请广大读者予以批评指正，以便再版时更正。

编　者

2024年3月

目 录

前言
第一章　昆虫的外部形态 ……………………………………………………………………… 1
  实验一　昆虫纲的基本特征与头部的基本构造 ………………………………………… 1
  实验二　昆虫口器的基本构造及类型 …………………………………………………… 8
  实验三　昆虫颈部与胸部的基本构造 ………………………………………………… 15
  实验四　昆虫的胸足和翅 ……………………………………………………………… 19
  实验五　昆虫腹部的基本构造 ………………………………………………………… 26
  综合性实验Ⅰ　田间观察昆虫为害状及判断口器类型 ……………………………… 30
第二章　昆虫的内部结构与生理 …………………………………………………………… 34
  实验六　昆虫体壁构造及成分测定 …………………………………………………… 34
  实验七　昆虫内部器官的位置、消化系统及排泄系统 ……………………………… 36
  实验八　昆虫的呼吸系统 ……………………………………………………………… 40
  实验九　昆虫的神经和内分泌系统 …………………………………………………… 43
  实验十　昆虫的生殖系统 ……………………………………………………………… 45
  实验十一　昆虫中肠消化酶的定性测定 ……………………………………………… 47
  综合性实验Ⅱ　性诱剂对害虫诱集效果观察 ………………………………………… 49
第三章　昆虫的生长发育与生活史 ………………………………………………………… 51
  实验十二　昆虫的发育过程 …………………………………………………………… 51
  综合性实验Ⅲ　昆虫饲养及生活史观察 ……………………………………………… 53
第四章　昆虫的习性与行为 ………………………………………………………………… 57
  实验十三　昆虫的行为与习性观察 …………………………………………………… 57
  综合性实验Ⅳ　社会性昆虫级型和行为观察 ………………………………………… 58
第五章　昆虫系统分类 ……………………………………………………………………… 59
  实验十四　昆虫纲的分目 ……………………………………………………………… 59
  实验十五　石蛃目 ……………………………………………………………………… 62
  实验十六　衣鱼目 ……………………………………………………………………… 64
  实验十七　蜉蝣目 ……………………………………………………………………… 66
  实验十八　蜻蜓目 ……………………………………………………………………… 73
  实验十九　革翅目 ……………………………………………………………………… 76
  实验二十　缺翅目 ……………………………………………………………………… 77
  实验二十一　襀翅目 …………………………………………………………………… 79
  实验二十二　直翅目 …………………………………………………………………… 82
  实验二十三　螳螂目 …………………………………………………………………… 87
  实验二十四　蜚蠊目（不含白蚁超科） ……………………………………………… 89

实验二十五　白蚁超科 ··· 91
   实验二十六　螳螂目 ··· 95
   实验二十七　䗛䗛目 ··· 96
   实验二十八　纺足目 ··· 97
   实验二十九　螳䗛目 ··· 98
   实验三十　　啮虫目 ··· 98
   实验三十一　半翅目 ·· 100
   实验三十二　缨翅目 ·· 106
   实验三十三　膜翅目 ·· 109
   实验三十四　蛇蛉目 ·· 132
   实验三十五　广翅目 ·· 133
   实验三十六　脉翅目 ·· 134
   实验三十七　捻翅目 ·· 136
   实验三十八　鞘翅目 ·· 138
   实验三十九　双翅目 ·· 143
   实验四十　　蚤目 ··· 164
   实验四十一　长翅目 ·· 165
   实验四十二　毛翅目 ·· 166
   实验四十三　鳞翅目 ·· 171
   综合性实验V　校园昆虫多样性调查及鉴定 ·· 176

第六章　昆虫生态 ··· 178
   实验四十四　昆虫发育起点及有效积温测定 ·· 178
   实验四十五　昆虫生命表制作及参数计算 ··· 180
   综合性实验VI　农田昆虫分布型的调查与数据统计分析 ······················· 183

第七章　普通昆虫学教学实习 ··· 186
   实习一　昆虫标本的采集 ··· 186
   实习二　昆虫标本的制作与保存 ·· 190
   实习三　昆虫科学绘图与摄影 ··· 196
   实习四　常见昆虫的饲养方法及技术 ·· 202
   实习五　昆虫的鉴定方法 ··· 205

主要参考文献 ·· 207

第一章 昆虫的外部形态

实验一 昆虫纲的基本特征与头部的基本构造

本实验彩图

一、实验目的

了解昆虫体躯的一般结构,掌握昆虫纲的基本特征;了解昆虫头壳上的沟与分区、昆虫的口式变化、昆虫头部的内骨骼,以及掌握触角和眼等主要感觉器官的外部构造及类型。

二、实验材料与器具

【液浸标本】 飞蝗、蝉、蟪、白蚁、步甲、绿豆象(雄与雌)、叩甲(雄)、埋葬甲、象甲、金龟甲、瓢甲、蜜蜂或胡蜂、家蝇、库蚊(雄)、家蚕(幼虫)、叶蜂(幼虫)等。
【干制标本】 蜻蜓、菜粉蝶、凤蝶、蛱蝶、毒蛾、斜纹夜蛾等。
【玻片标本】 原尾虫、弹尾虫、双尾虫、白蚁、摇蚊等的各种类型触角。
【实验试剂】 10% KOH 溶液。
【实验器具】 体视显微镜及外光源、蜡盘、酒精灯、烧杯、石棉网、三脚架、镊子、解剖针、大头针等。

三、实验内容与方法

(一)昆虫纲的基本特征

取 1 头飞蝗,头向左侧放于蜡盘中,将大头针自后胸插入,固定在蜡盘上,用镊子把盖在虫体背侧面的前翅(覆翅)和折叠着的后翅拉开,分别用大头针固定,使两翅向上伸展而不遮盖体躯,随后仔细观察体躯的构造(图 1-1-1)。

昆虫体躯分为头、胸、腹 3 部分,胸部和腹部由一系列连续的环节组成,称为体节。体躯表面为体壁所形成的坚硬外骨骼。一般在中胸和后胸的前部及腹部第 1~8 节各有 1 对气门,位于每节的两侧。

1. 头部 头部各体节愈合成一个坚硬的头壳,上面着生有触角、复眼、单眼和口器,是感觉和取食的中心。

2. 胸部 由 3 个体节组成,从前向后分为前胸、中胸和后胸,各节由背板、侧板和腹板组成,在各节的侧板与腹板间生有 1 对分节的足。在中胸和后胸的背板与侧板间

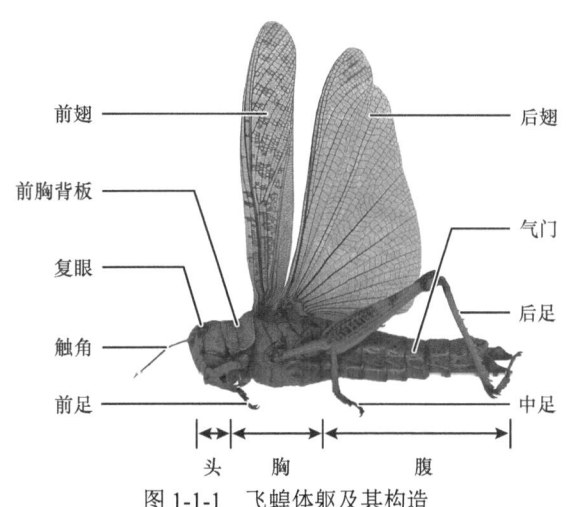

图 1-1-1 飞蝗体躯及其构造

各生有1对翅，分别称为前翅和后翅。胸部是运动的中心。

3. 腹部　　昆虫腹部一般由9～11个体节组成，在腹部末端有外生殖器、尾须及肛门，观察它们的位置和形状及与肛门的相对位置。用镊子夹住腹部后端轻轻拉动，观察节与节间如何连接及它们的坚硬程度。因为腹部含有大部分内脏器官，所以腹部是消化代谢与生殖的中心。

（二）昆虫头部的基本构造

昆虫头壳上有一些后生的沟，把头壳分成若干个区。以飞蝗为例，观察以下部分（图1-1-2～图1-1-4）。

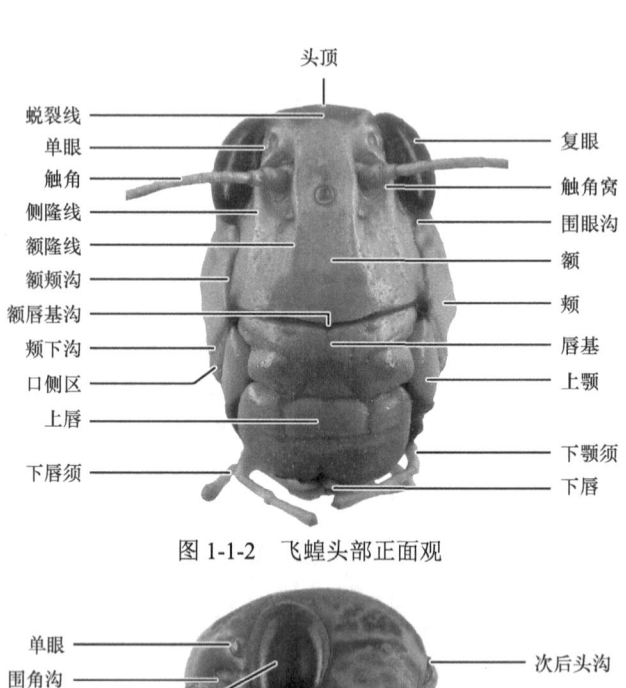

图 1-1-2　飞蝗头部正面观

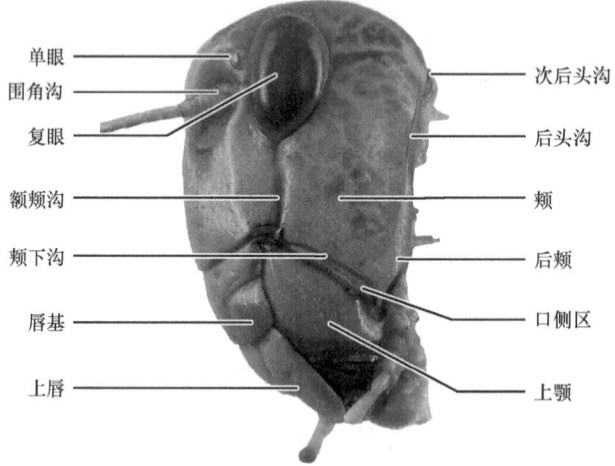

图 1-1-3　飞蝗头部侧面观

1. 额唇基沟　　又称口上沟，是位于两上颚前关节之间的横沟，沟的上面部分是额，下面部分是唇基。通常将额与唇基合称为额唇基区，构成头壳的前面。此沟两端有2个陷口，称前幕骨陷。

2. 额颊沟　　由上颚前关节向上伸至复眼下面的纵沟，为额与颊的分界线。两沟间的区域为额，沟的外侧部分为颊。此沟在高等昆虫中已消失。

3. 后头沟　　是两上颚后关节向上环绕后头孔的第2条马蹄形沟。沟后的窄条骨片称后头，颊后的部分称后颊。

4. 次后头沟 是环绕后头孔的第 1 条马蹄形沟。在此沟近两侧下端的陷口称后幕骨陷，沟后的骨片称次后头，次后头与颈膜相连。因此，必须将头拉出才能观察到，并可看到沟的侧面有两个后头突，它们是颈部侧颈片的支接点。

5. 颊下沟 是额颊沟与次后头沟间的 1 条横沟，沟下的部分称颊下区。

6. 蜕裂线 是头顶中央 1 条倒 "Y" 形线，蜕皮时由此裂开。其两侧臂常为额的上界。头壳的上面部分为头顶，它与颊合称颅侧区。头顶与颊之间没有沟。

7. 围眼沟 是围绕复眼形成的沟。

8. 围角沟 是围绕触角形成的沟。

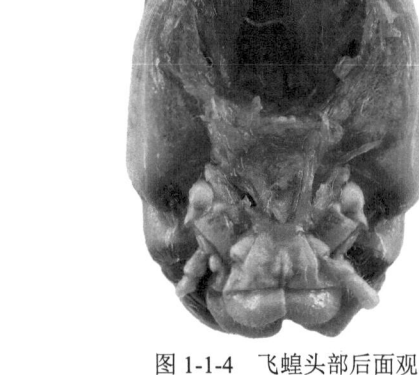

图 1-1-4 飞蝗头部后面观

（三）昆虫的口式

昆虫类群不同，头部的结构不尽相同，口器在头部着生的位置或方向也有所不同。所以，昆虫的头部常按口器在头部着生的位置分成 3 类。

1. 下口式 口器向下，约与体躯纵轴垂直。具有这类口式的昆虫大部分是植食性的，取食方式比较原始，如飞蝗等（图 1-1-5）。

2. 前口式 口器向前，与体躯纵轴成一钝角或近乎平行。具有这类口式的多是捕食性昆虫，如步甲、草蛉幼虫等（图 1-1-6）。

图 1-1-5 下口式

图 1-1-6 前口式

3. 后口式 口器向后斜伸，与体躯纵轴成一锐角，不用时常贴在身体腹面。具有这类口式的多为刺吸式口器昆虫，如蝉、蝽等（图 1-1-7）。

（四）幕骨

幕骨（图 1-1-8）是昆虫头部内骨骼的总称，由外胚层内陷而成，它的作用是增强头壳强度和供口器肌肉着生等。

取飞蝗头部 1 个，将其放置于盛有 10% KOH 溶液的烧杯中。用酒精灯加热，沸腾后用小火煮 15~20 min，加热时要不断用玻璃棒搅动，见头壳的内含物已基本溶解时停火。取出，用清水冲洗，并用玻璃棒轻轻挤压，洗至头壳透明为止。然后取出放入蜡盘（或培养皿）中，在体视显

图 1-1-7 后口式

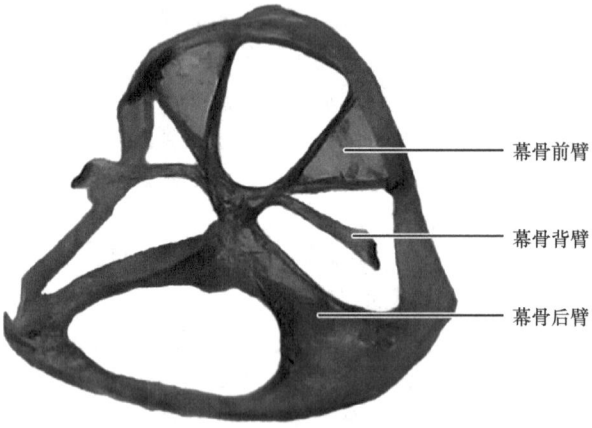

图 1-1-8 幕骨

微镜下进行观察。

取飞蝗透明的头壳标本 1 个，先将口器剪去，然后用剪刀从后头孔左侧插入，由后幕骨陷上方沿后头沟向上剪至蜕裂线中干附近，转向前剪至额唇基沟上方，再向后将大部分额、左颊及左复眼剪去，一直剪至后头孔左方（注意不要伤到幕骨背臂），即将头壳左面部分剪去，就可见幕骨的全貌。

(1) 幕骨前臂　　是由额唇基沟两端部分内陷而成的 1 对臂状构造，外面的陷口称前幕骨陷。

(2) 幕骨背臂　　是 1 对长条形的薄片，在幕骨前臂后部生出，向侧上前方斜伸至复眼下面，以短的肌肉连接在眼膈上，因肌肉已被煮去，所以不与头壳直接相连。

(3) 幕骨后臂　　由次后头沟下端部分内陷而成，外面留的陷口称后幕骨陷。两后臂通常连接成幕骨桥。

飞蝗的幕骨前臂向后伸，幕骨后臂向前伸，交汇于头壳中央，形成"X"状，也就是所说的"X"形幕骨。消化道的前端就架在幕骨上。

（五）昆虫头部的感觉器官

1. 触角　　昆虫的触角变化很大，有时同种昆虫不同性别的触角也不相同，但其基本构造都是一致的。触角是 1 对分节的构造，基本上由 3 节组成（图 1-1-9）：柄节是基部的 1 节，通常粗短，由膜与头壳相连；梗节为第 2 节，较为细小；鞭节为第 2 节以后的整个部分，通常分为若干亚节，并且变化很大，形成各种类型。触角的形状多种多样，其变化都在鞭节上，主要有以下几种类型。

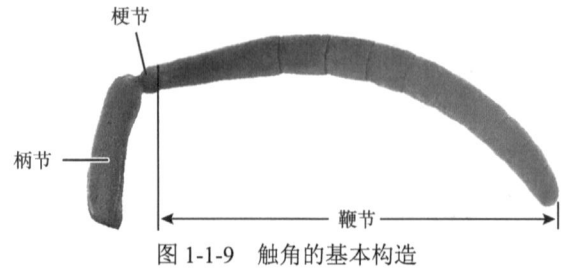

图 1-1-9 触角的基本构造

(1) 刚毛状（图 1-1-10）　　触角短小，基部 1、2 节较粗大，鞭节突然缩小，细如刚毛，如蝉等。

(2) 线状或丝状（图 1-1-11）　　各节粗细相仿，整个触角细长如线，如天牛等。

(3) 球杆状（图 1-1-12）　　鞭节端部数亚节膨大合成球形，其他各节细长如杆，如蝶类等。

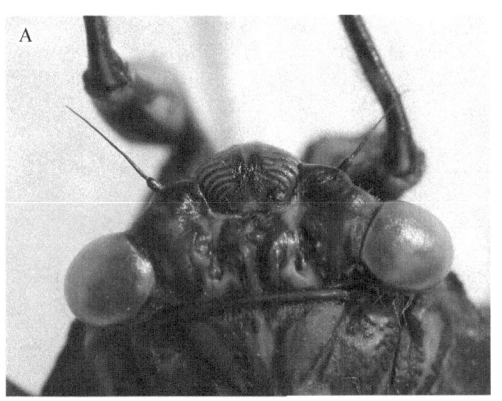
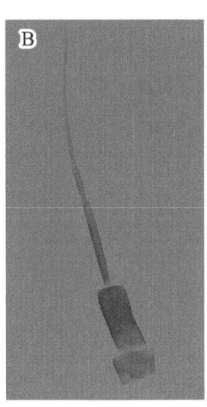

图 1-1-10　刚毛状触角
A. 实物观；B. 放大

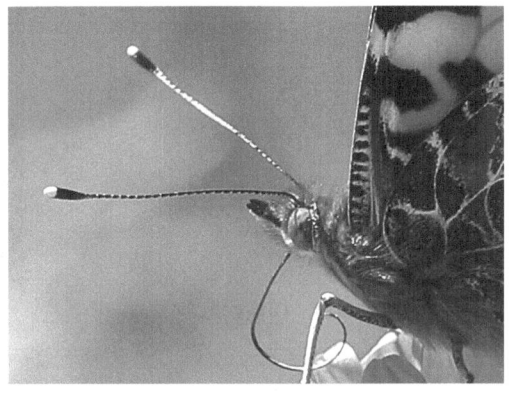

图 1-1-11　线状触角　　　　　　　图 1-1-12　球杆状触角

（4）念珠状（图 1-1-13）　　各节略呈球形，大小相仿，整个触角像一串念珠，如白蚁等。

（5）锯齿状（图 1-1-14）　　鞭节各亚节向一边突出，略呈三角形，状似锯齿，如芫菁和雄性叩甲等。

（6）栉齿状（图 1-1-15）　　鞭节各亚节向一边伸出枝状突起，形似梳子，如雄性绿豆象等。

（7）羽毛状（图 1-1-16）　　鞭节各亚节向两边伸出枝状突起，形似羽毛，称羽毛状或双栉齿状，如毒蛾和雄性蚕蛾。

图 1-1-13　念珠状触角

（8）膝状或肘状（图 1-1-17）　　柄节长，梗节短小，两者间折成一角度，呈膝状或肘状弯曲，鞭节由一些相似的亚节组成，如蜜蜂和一些象甲等。

（9）具芒状（图 1-1-18）　　触角短，末节（第 3 节）最粗大，其背侧面着生一芒状构造，称触角芒。此芒可以是 1 根刚毛或羽状毛，如蝇类。

（10）环毛状（图 1-1-19）　　鞭节各亚节环生细毛，如摇蚊等。

（11）锤状（图 1-1-20）　　鞭节端部数亚节突然膨大，呈锤状，如瓢甲等。

图 1-1-14　锯齿状触角
A. 实物观；B. 放大

图 1-1-15　栉齿状触角　　　　　　　图 1-1-16　羽毛状触角

图 1-1-17　膝状触角

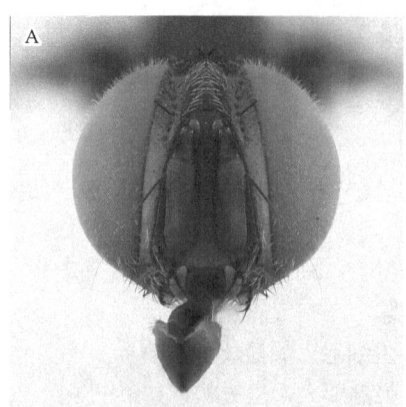
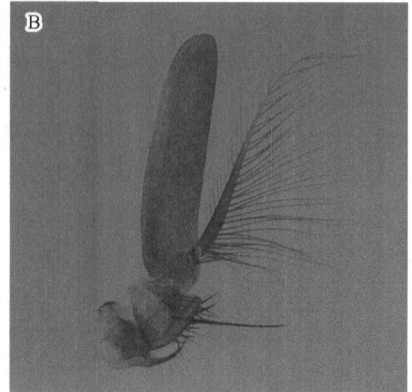

图 1-1-18　具芒状触角
A. 实物观；B. 放大

 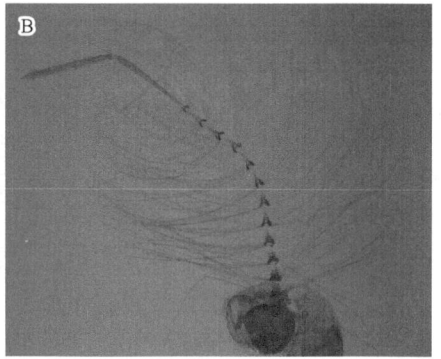

图 1-1-19　环毛状触角
A. 实物观；B. 放大

 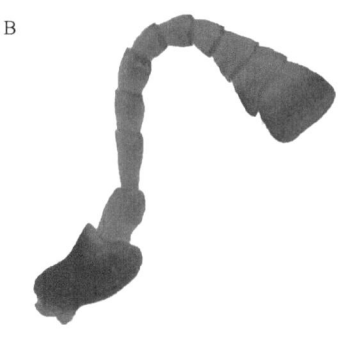

图 1-1-20　锤状触角
A. 实物观；B. 放大

（12）鳃状（图 1-1-21）　鞭节端部数亚节向一边扩展成片状，合起来像鱼鳃，如金龟甲等。

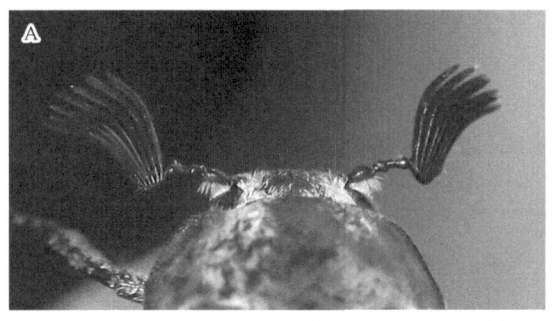 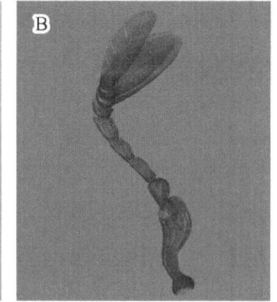

图 1-1-21　鳃状触角
A. 实物观；B. 放大

2. 复眼（图 1-1-22）　昆虫的感光器官之一，由许多小眼组成。在各类昆虫中，其形状、大小及组成的小眼数目等都有所不同。

3. 单眼（图 1-1-23）　昆虫的感光器官之一，但每个单眼只是 1 个小眼。昆虫的单眼分为背单眼与侧单眼两类。背单眼见于成虫及不全变态类幼期，侧单眼只见于全变态类幼虫。

图 1-1-22　蜻蜓成虫复眼

 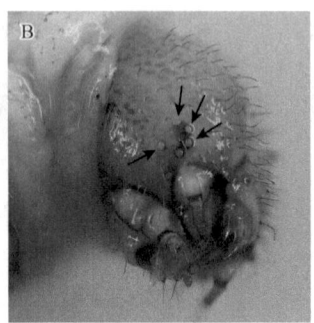 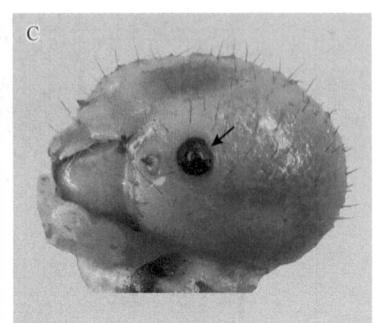

图 1-1-23　胡蜂成虫背单眼（A）、家蚕幼虫侧单眼（B）和叶蜂幼虫侧单眼（C）
箭头示单眼

作业与思考题

1. 绘制飞蝗体躯侧面观图，注明各部分名称。
2. 绘制飞蝗头部前面观图，注明各部分名称。
3. 昆虫口式变化的适应意义是什么？
4. 写出所给昆虫标本分别是哪种触角类型。

实验二　昆虫口器的基本构造及类型

本实验彩图

一、实验目的

掌握昆虫口器的类型，掌握咀嚼式口器的基本构造，了解其他类型口器的构造及变化。

二、实验材料与器具

【液浸标本】　　飞蝗、蚊子、蜜蜂、蝉、天蛾、家蝇幼虫、家蝇成虫、家蚕幼虫、蚁蛉幼虫等。
【玻片标本】　　各种类型的口器。
【实验试剂】　　10% KOH 溶液、70%乙醇溶液、甘油等。
【实验器具】　　体视显微镜及常用解剖用具。

三、实验内容与方法

昆虫口器的主要类型有咀嚼式口器、嚼吸式口器、吸收式（刺吸式、舐吸式、虹吸式、锉吸式、捕吸式、刮吸式）口器。

（一）咀嚼式口器

1. 基本构造　　昆虫因食性和取食方式不同，口器有多种适应性的变化，但都是由最基本、最原始的咀嚼式口器演化而来。飞蝗、蜚蠊的口器属典型的咀嚼式口器。

取飞蝗头部 1 个（图 1-2-1），将腹面向上进行观察。在唇基与两颊下面是飞蝗的取食器官——口器。口器由上唇、上颚、下颚、下唇和舌 5 部分组成（图 1-2-2）。用镊子拨动并区分这几部分。

上唇和3对口器附肢所包围成的空腔称口前腔，舌位于口前腔的中央。唇基内壁与舌的前壁围成食窦，食窦前端的食物入口处称前口。舌的后壁与下唇基部前壁围成的空腔称唾窦，唾液腺开口于基部。未解剖前，先观察飞蝗各口器附肢之间的相互位置。

用针拨动悬垂于唇基下的1个薄片（上唇）（图1-2-3）。注意其形状、活动方向。然后用镊子夹住上唇基部，用力取下上唇，并将其置于蜡盘中。

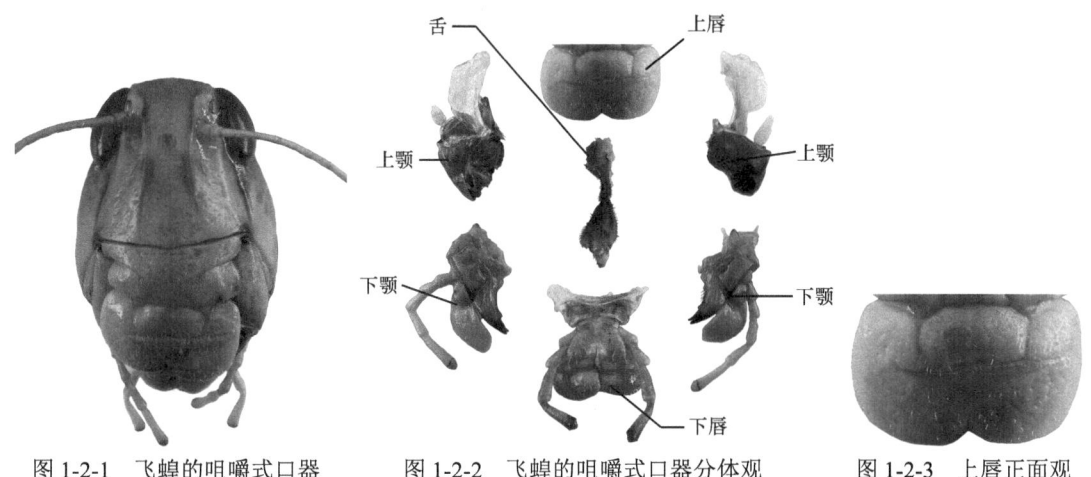

图1-2-1　飞蝗的咀嚼式口器整体正面观　　图1-2-2　飞蝗的咀嚼式口器分体观　　图1-2-3　上唇正面观

上唇取下后，露出1对深色的大而坚硬并具齿的附肢（上颚）（图1-2-4）。上颚的外缘呈弧形，内缘具齿，通常分为端部的切齿叶和基部的臼齿叶，用以切嚼食物。上颚基部与膜和头壳、舌及下颚连接，并由前后2个关节和头壳支持。用镊子夹住一侧的上颚左右摇晃，使其基部松动后，用力取下。观察上颚基部的两束强大的肌肉：外侧的一束为展肌，内侧的一束为收肌。这两束肌肉分别收缩可使上颚相背和相向活动。

上颚取下后，可见1对构造比较复杂而带须的附肢（下颚）（图1-2-5）。下颚基部为三角形的轴节，下面连接1个相当粗大呈长方形的茎节，茎节端部有2个能活动的叶，里面的1个叫内颚

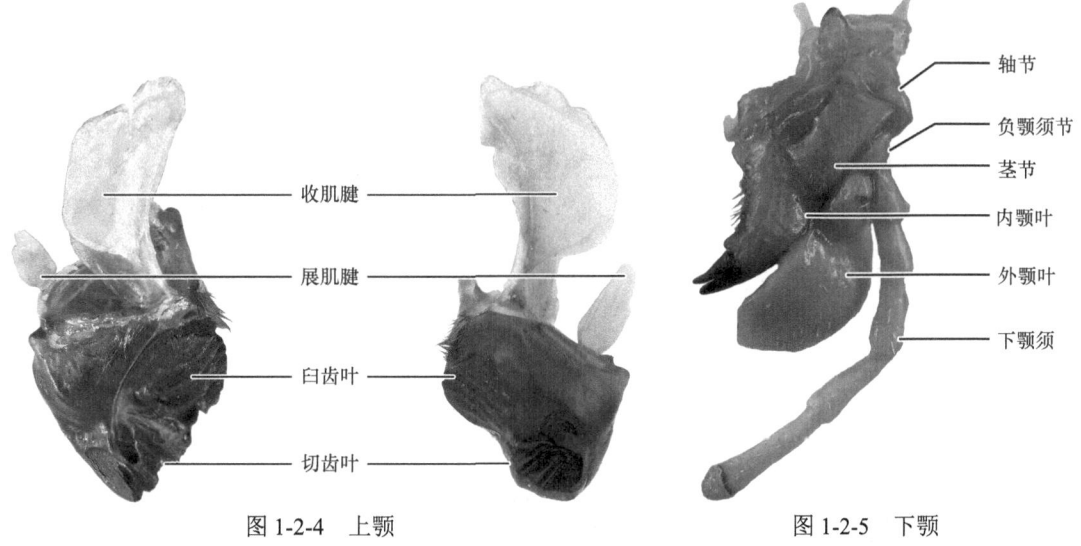

图1-2-4　上颚　　　　　　　　　　　图1-2-5　下颚

叶，外面的 1 个叫外颚叶。茎节外缘还着生 1 根一般分为 5 节的下颚须，此须着生在负颚须节上。观察下颚在头部的着生位置及各个组成部分，然后沿基部取下。

下颚去掉后，后面露出 1 块片状带须的附肢（下唇）（图 1-2-6）。下唇由 1 对与下颚相似的附肢合并而成。基部宽大的骨片称亚颏，着生在头壳的后面、头孔的下面。亚颏的前面为 1 对较小的骨片，称颏，这两部分合称后颏，相当于下颚的轴节。再向前的 1 块骨片是前颏，相当于下颚的茎节，端部具有 2 对叶状构造，外面较大的 1 对称侧唇舌，中间较小的 1 对称中唇舌。此外，在前颏的两侧着生 1 对分为 3 节的下唇须，此须基部有 1 负唇须节。

将下唇取下后，头部腹面中央剩下的 1 个囊状构造为舌（图 1-2-7）。舌与唇基之间的开口，便是食物进入消化道的入口。舌和下唇基部之间有唾管的开口，唾液由此进入口前腔。将舌取下，并将其与口器其余各部分全部排列在蜡盘中，放少量清水，防止干缩、卷曲，以便进一步观察和绘图。

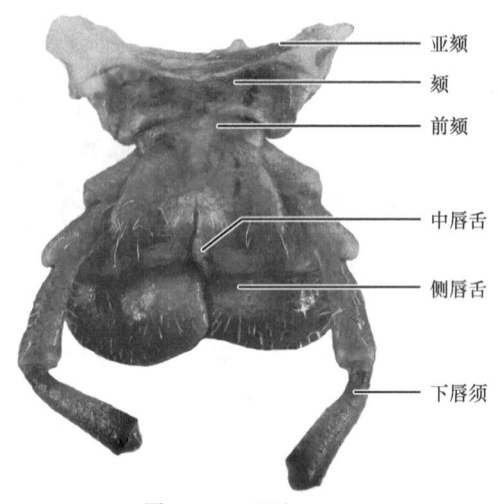

图 1-2-6　下唇

图 1-2-7　舌

图 1-2-8　家蚕幼虫的咀嚼式口器

在体视显微镜下分别观察飞蝗和蟋蟀口器的玻片标本。

2. 咀嚼式口器的变化　除直翅目昆虫具有典型的咀嚼式口器外，螳螂目、蜚蠊目、鞘翅目的成虫和幼虫，以及鳞翅目幼虫和叶蜂幼虫等也具咀嚼式口器。

取家蚕幼虫 1 头，将头部取下，放在体视显微镜下观察其口器构造（图 1-2-8）。上唇和 1 对上颚与直翅目昆虫的相似，其余部分则大不相同。从头部后面看，家蚕幼虫的口器是由下颚、下唇和舌合并成的复合体，两侧为下颚，中央为下唇和舌，它们在基部合并，端部分离。

（1）下颚　近似锥状构造，基部的短小骨片是轴节，与之相连的长形"L"状骨片是茎节，端部的突起为内颚叶和外颚叶；在其外侧分节的突起是下颚须。

（2）下唇　在复合体的中央，有一大片不太骨化的部分是颏，在其基部两侧角处的骨片是亚颏。前颏骨化成拱形骨片，与舌形成袋状的舌颏叶。在复合体中央的端部有 3 个突起：中央 1 个是吐丝器，是下唇的唇舌；两侧具分节的突起是下唇须。

（3）舌　形成复合体中部的前壁。

（二）嚼吸式口器

嚼吸式口器既能取食固体食物，又能取食液体食物。其特点是上颚发达，下颚和下唇特化成1个吸吮结构。取1头蜜蜂，观察其口器各部分（图1-2-9）。

（1）上唇　　是宽大的薄片，近似横长方形。有时压在上颚下面，需将上颚掀开才能全部露出。

（2）内唇　　掀开上唇，可在其下面见到近似膜质的内唇，它与上唇完全分开，只在基部相连。

（3）上颚　　长而大，基部与端部较粗，中部较细，端部内侧凹成一沟，无端齿，也无基齿。1对上颚合拢，相当于手状的工具，除咀嚼花粉外，还可用以采集花粉、用蜂蜡筑巢等，用处很多。

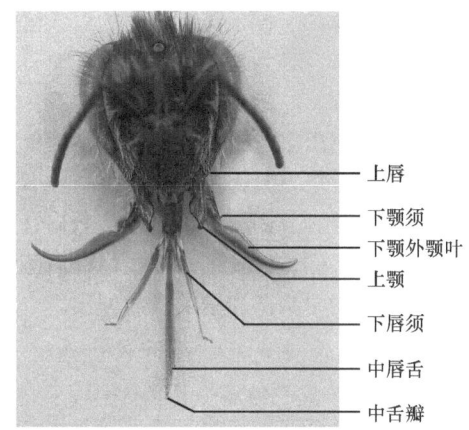

图1-2-9　蜜蜂的嚼吸式口器

（4）下颚　　从腹面看，用镊子将能活动的部分拉直，在后颊间的膜质区内可找到1组连成"W"形的骨化构造，两侧呈棒状，与头壳连接的是轴节；轴节下面宽大长形的是茎节；与茎节端部相连的刀片状部分是外颚叶，外颚叶基部内侧有1个比较退化的膜质叶，即内颚叶，外侧有1个短小、分为2节的下颚须。

（5）下唇　　"W"形构造中间呈"∧"形的2块骨片是亚颏，其基部连接于下颚轴节端部的关节处，端部则在膜质区中央与颏相连。颏呈三角形，位于两下颚的中央，在"W"形构造之下。颏的下面是前颏，长而大，光滑而色深。前颏端部中央连接着的1条多毛的管状构造是中唇舌，它由许多骨化环和膜质环相间组成，因此能弯曲伸缩，其腹面向里凹成一狭槽，为唾道。末端稍膨大成匙状的是中舌瓣，在中唇舌基部有1对短小而薄的凹叶，凹面卷覆在中唇舌的基部，这就是侧唇舌。在前颏端部的两侧有1对很长的须状构造，即下唇须，下唇须分为4节，由基部的负唇须节与前颏连接。

（6）舌　　膜质，覆盖在前颏的前面；唾道从其下面通过，在末端开口，唾液从此流出并转入中唇舌腹面的槽里，流向中舌瓣。

> **小贴士**
>
> 蜜蜂的喙只在吸食液体食物时才由下颚、下唇的有关部分拼合起来形成食物道，不用时则分开并弯折于头下；只有露出上颚时，才能发挥上颚的咀嚼和筑巢等功能。

（三）刺吸式口器

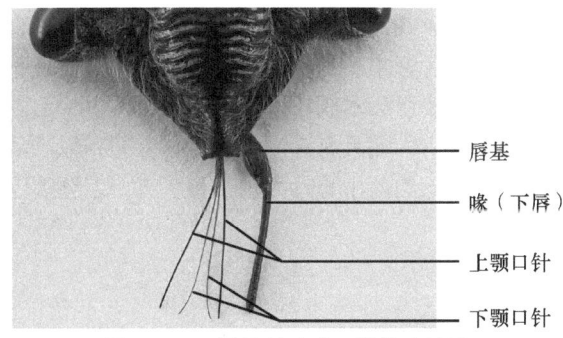

图1-2-10　蝉的刺吸式口器基本构造

1. 基本构造　　刺吸式口器适于刺破和吸食动物血液或植物汁液，与典型的咀嚼式口器相比，其在构造上有一系列的变化，特点是：①上颚和下颚的一部分转化成细长的口针；②下唇延长成喙；③食窦和咽喉的一部分或分别形成强有力的抽吸构造——唧筒。

下面以蝉为例，说明这类口器的基本构造。取蝉1头，观察其头部的外部形态与构造（图1-2-10）。

（1）唇基　　位于头部前面的广大区域。分为前后两大块，分别称为前唇基和后唇基。

（2）上唇　　为前唇基之前的1个三角形的小片，紧贴在喙基部。

（3）下唇　　延长成分为3节的喙，前面内凹成槽，槽内藏有4根口针。煮过的标本4根口针可以全部露出来，未煮过的标本需用针从唇槽内把口针挑出，一般只见到3根口针，因为1对下颚口针嵌合得很紧，不易分开。

（4）口针　　侧面的1对为上颚口针，中间1对是下颚口针。上颚口针较粗，主要用来刺破植物组织。下颚口针较细，每根口针内侧有2条槽，2根口针嵌接分别组成食物道和唾道。4根口针的基部均由头部腹壁的囊内伸出。

> **小贴士**
> 观察蝉口器横切面玻片标本，看食物道与唾道的构成情况。前面较粗的为食物道，后面较细的为唾道。可见到下颚口针的嵌合缝，这一构造适于口针前后滑动而不易分离。

（5）舌　　位于口针基部口前腔内，为一突出的舌叶，其两侧扩展形成舌侧片，嵌接在唇基和茎节之间，成为头壳的一部分。用针拨动唇基，可看到舌侧片是舌的扩伸部分。

2. 刺吸式口器的变化

（1）蚊子的口器　　蚊子的口器细长，下唇形成的喙明显可见，除下颚须外，由上唇、上颚、下颚及舌特化成的6根口针全部藏在喙的唇槽内。

把保存在75%乙醇溶液中的蚊子标本放在盛有10% KOH溶液的小玻璃瓶中，在室温下放置一夜，或将小瓶放在台灯罩上烤2 h左右，蚊子的各口针即全部从唇槽中伸出并分散开。将处理好的标本取出放在小培养皿中，加入70%乙醇溶液或甘油，用细针拨动，在体视显微镜下观察（图1-2-11）。

上唇是口针中最粗壮的1根，端部尖锐，内壁凹成食物道。上唇紧接唇基，不能伸缩。上颚是口针中最细的1对，

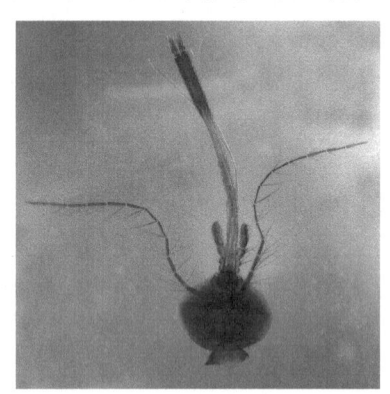

图1-2-11　蚊子的刺吸式口器

经上述处理后的标本，此口针极易弯曲。雄蚊常无上颚，如有，也比较短而弱，所以雄蚊不吸血。下颚口针由内颚叶形成，端部尖锐，具有倒齿。下颚须分为4节，雌蚊的须很短，不及喙长的1/4；雄蚊的须很长，约与喙等长。下颚口针可以单独伸缩，是最重要的取食器官。舌是1根细长扁平的口针，位于上、下颚之间。中央通过1条导注唾液的管道，即唾道，开口于针端。观察喙的横切面标本。喙代表下唇的前颏，后颏已经消失。下唇端部膨大成2叶，是下唇须特化而来的唇瓣。唇瓣分为2节。

（2）蚁蛉幼虫的口器　　蚁蛉幼虫具有前口式的双刺吸式口器（图1-2-12A），以捕猎并吸食其他昆虫的体液为生。观察蚁蛉幼虫口器的透明标本或玻片标本（图1-2-12B），可见1对很显著的镰刀状构造伸向前方，这对构造由上颚和下颚组成。将液浸标本放在培养皿中，加入70%乙醇溶液，用细昆虫针把上、下颚拨开。上颚粗大，末端尖锐，内侧具有深沟。下颚与上颚相似，紧贴在上颚的下侧面，二者嵌合在一起形成食物道。下颚基部的两小骨片为轴节和茎节。下颚须已消失。下唇退化，只保留1对细长的下唇须。

（四）其他主要吸收式口器

具有下列口器的昆虫既无咀嚼固体食物的功能，也无穿刺的构造，只能吸吮液体食物。

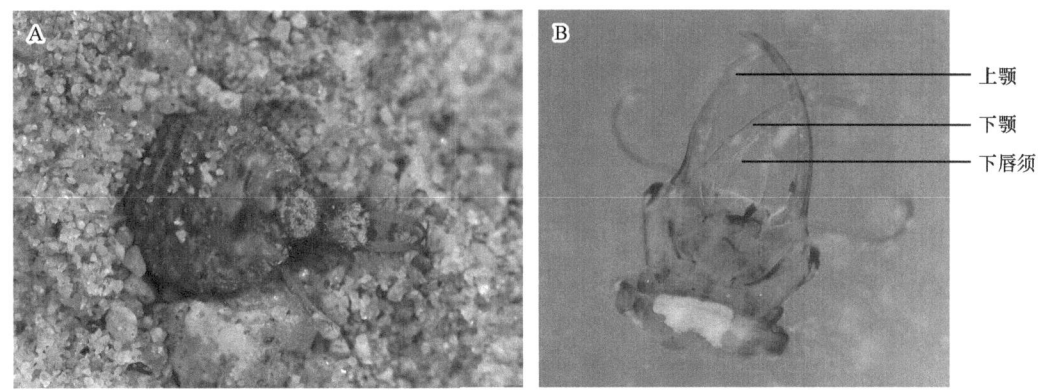

图 1-2-12　蚁蛉幼虫头部（A）及其口器（B）

1. 虹吸式口器　　虹吸式口器适合于吸吮深藏在花底的花蜜，为鳞翅目（少数原始种类除外）成虫所特有。主要构造是 1 个长而能卷曲的喙和 1 个发达的食窦——咽喉唧筒。取天蛾液浸标本 1 头，把头部取下（图 1-2-13A），放入带水的培养皿中，用镊子夹住卷曲的喙（图 1-2-13B），用细昆虫针把额、唇基、上唇等附近的鳞片轻轻地去除干净，然后在水中或捞出来进行观察。

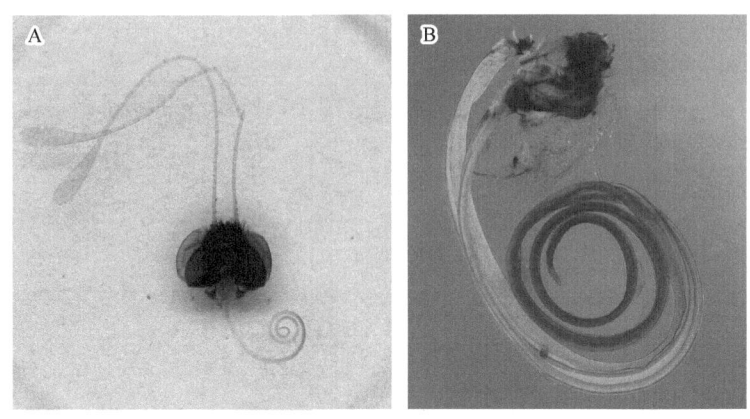

图 1-2-13　虹吸式口器
A. 头部；B. 喙

（1）上唇　　是在头壳最前缘的 1 条狭窄的横片。在上唇两侧角处，从唇基上长出 1 对镰刀状的突起，称为唇基侧突，其内缘有细密的长毛，盖住喙基部的侧角。

（2）内唇　　把喙基部往下压，即可从上唇的前缘露出 1 个三角形的半透明薄片，这就是内唇，它贴在喙中缝的下面，盖在食物道的入口处。

（3）下唇须　　把喙的卷曲部分剪去，将头壳翻转，从腹面观察，可见到发达的下唇须。用镊子将须从基部取下，可看到下唇须分为 3 节，外侧密生细长的鳞片，内侧光滑。

> **小贴士**
> *上颚消失，下唇除下唇须以外全部退化。
> *从喙的横切面，可以看到 2 个新月形的外颚叶嵌合成的食物道及 2 片外颚叶的空腔。
> *喙不用时卷盘于头下，取食时，靠血压将其伸直，伸到花的蜜腺中吸蜜。食毕，借喙的弹力缩回，也有人认为是借环间斜行肌肉收缩而缩回。

（4）下颚 是口器的主要组成部分，轴节、茎节陷入头内。在下唇须的前方，是下颚的轴节，短小，近似长方形。茎节长大，稍弯曲，内侧凹陷。在茎节端部的外侧有一近似球形的小突起（夜蛾科），这就是下颚须。外颚叶延长形成发达的喙。喙由细小的骨化环和膜质组成。

2. 舐吸式口器 舐吸式口器适于舐食和吸取物体表面的液体食物，如被唾液溶化的食物及其悬浮的固体微粒。其构造特点是下唇形成1条短喙，端部有1个很大的盘状构造，称为唇瓣；上唇和舌延长组成食物道和唾道。取1头用10% KOH溶液煮过的家蝇头部标本，从前面观察，可见到1对具芒状触角，触角基部下方是额。口器从外观上看，可见到1个粗短的喙，由3部分组成（图1-2-14）。

（1）基喙 是喙的基部以膜质为主的倒圆锥形部分，其前壁有1个马蹄形唇基，唇基前有1对棒状不分节的下颚须。基喙是头壳的一部分。

（2）中喙 是真正的喙，由下唇的前颏形成，其后壁骨化为唇鞘，前壁凹陷为唇槽。上唇为一长片，内壁凹陷成食物道，合在唇槽上。舌呈刀片状，紧贴在上唇下面，闭合食物道，唾道由舌内通过。观察上唇和舌时，用细昆虫针在下颚须之下将此二部分从唇槽内挑出即可。

（3）端喙 是中喙末端的唇瓣，由2个椭圆形的瓣状构造组成，表面为膜质，横向排列有很多条环沟，因为看起来很像气管，故称拟气管。每一唇瓣上的大部分环沟通到1条纵沟，纵沟连到唇瓣间裂基部的1个小孔，称前口。食物由环沟缝隙进入沟内，再流入纵沟，然后由前口进入消化道。上颚和下颚的其他部分均已退化。

3. 刮吸式口器 取家蝇幼虫1头进行观察（图1-2-15）。它的头部极退化，体躯的前端实际上是颈膜，膜里有1对黑色骨化的钩状构造，称口钩。取食时，用口钩刮破食物，然后吸收汁液及固体碎屑。因此，这类口器称刮吸式口器。

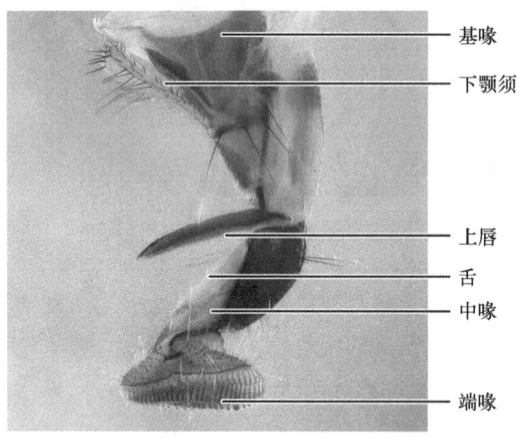

图1-2-14 家蝇成虫的舐吸式口器

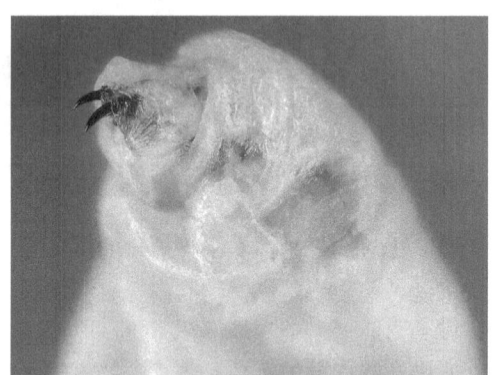

图1-2-15 家蝇幼虫的刮吸式口器

 作业与思考题

1. 绘制飞蝗口器图，注明各部分名称（中文和英文）。
2. 与咀嚼式口器相比，刺吸式口器在构造上有何不同？功能又是什么？
3. 比较各类口器，分别在构造上有哪些特点？其功能如何？

实验三 昆虫颈部与胸部的基本构造

本实验彩图

一、实验目的

了解昆虫颈部构造，掌握胸部的基本构造及其内骨骼。

二、实验材料与器具

【液浸标本】 飞蝗等。
【干制标本】 石蝇、竹节虫、螳螂、蜚蠊、蚱、角蝉等。
【实验器具】 体视显微镜及常用解剖用具。

三、实验内容与方法

（一）颈部和侧颈片

昆虫的颈部连接头部与胸部，此处的体壁是可以做伸缩活动的膜质区域，即颈膜。其中埋藏有几组骨片，统称为颈片。颈片分布在颈部的背面、侧面和腹面（图 1-3-1），有些种类只有侧颈片（图 1-3-2）。

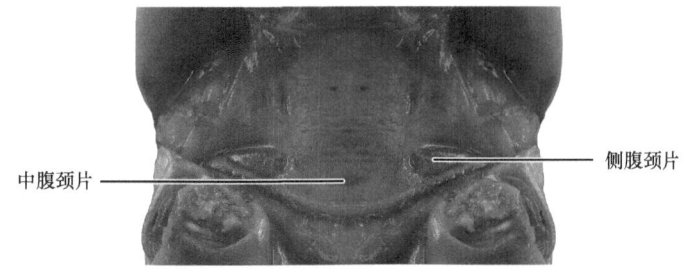

图 1-3-1 腹颈片

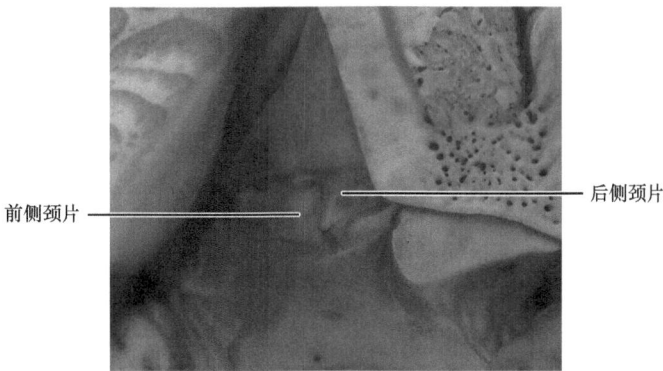

图 1-3-2 侧颈片

取 1 头液浸的飞蝗标本，使头向左，侧放于蜡盘中，用大头针固定其头部。左手用解剖针按住头部，右手用镊子夹住昆虫胸部轻轻向右拉动虫体，待颈膜露出时固定胸部；在颈的侧腹面，透过颈膜或将颈膜剪去，可以看到 1 个"V"形骨片，即侧颈片。

侧颈片每侧两块，分别称为前侧颈片和后侧颈片，两者相互顶接成"V"形。前侧颈片的前方与次后头脊上的关节相连，后侧颈片的后方与前胸的前侧片相接。这两块侧颈片上着生有起源

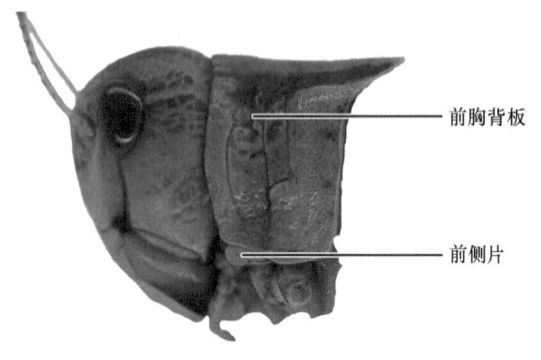

图 1-3-3　飞蝗的前胸背板和前侧片

于头部和前胸的肌肉，在肌肉的伸缩活动中起改变这两块骨片间夹角的作用，使颈部产生伸缩和弯曲运动。

（二）胸部

观察液浸飞蝗标本胸部的分节及连接情况，胸足和翅的着生位置，背板、侧板和腹板的划分及连接等。

1. 前胸　　将前胸同前足一起取下，观察和区分背板、侧板和腹板的构造。

（1）背板（图 1-3-3）　　特别发达，在前方盖过颈部，在后方盖住中胸前部。背板中央有纵向的中隆线；两侧向下延伸，盖在侧板之外。前胸背板呈马鞍形。

（2）侧板　　不发达，大部分被前胸背板盖住，并与背板里壁相贴，仅前下角外露。侧板的前侧片（图 1-3-3）为三角形的小骨片。

（3）腹板（图 1-3-4）　　不太发达，主要由基腹片及具刺腹片组成。基腹片较大，其前侧角延伸与前侧片连接，形成基前桥。具刺腹片呈小三角形，在中央有一纵陷，即内刺突陷，里面为片状的内刺突。有些飞蝗如稻蝗、棉蝗等的前胸腹板上有明显的锥状或圆柱状突起，称前胸腹板突，其大小与形状是重要的分类特征。

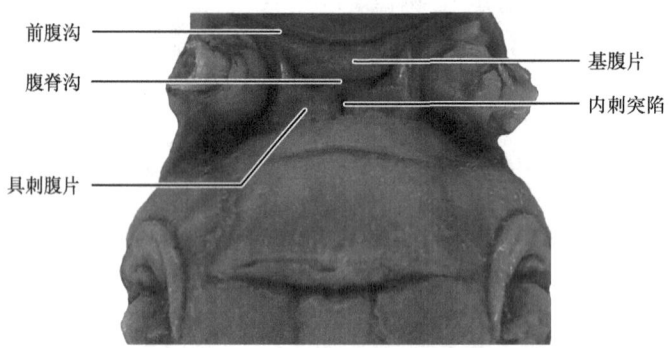

图 1-3-4　飞蝗的前胸腹板

> **小贴士**
> 昆虫的前胸构造虽然较简单，但由于无翅，不受飞行功能的限制，其大小、形状在不同类群中有很大的变化。观察各类干制标本：石蝇的 3 个胸节的形状和大小相似；竹节虫的前胸很短小；螳螂的前胸则很长；蚱的前胸背板向后延伸，直达腹部末端；蜚蠊的前胸背板向前扩展，几乎盖住整个头部；角蝉的前胸背板扩展，呈各种奇异的角状突起等。

2. 翅胸　　是具翅昆虫的中、后胸两节的总称。为了适应飞行的需要，它们在构造上比较一致，与前胸不同，它们有自己的特点：背板、侧板和腹板都很发达；彼此紧密连接，并有明显的沟，以形成强大的飞行功能。以飞蝗为例进行观察。

（1）背板（图 1-3-5）　　将液浸的飞蝗背面向上，头向前，固定于蜡盘中，再把一边的前翅和后翅展开固定，然后观察中胸背板的构造。

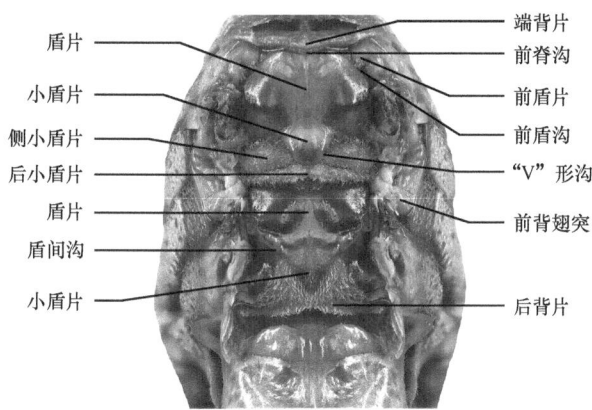

图 1-3-5　飞蝗的翅胸背板

飞蝗的前脊沟和前盾沟在中央一段重合。端背片后面就是巨大的盾片。而前盾片被分割为两块，分别位于盾片的左右前侧角处。盾片的两侧缘骨化较强，前端向外突出，形成的前背翅突是翅在背面的主要支点。小盾片位于盾片的后方，中央隆起，其后有一"V"形沟，将小盾片分为前、后、左、右几小块。盾间沟不太明显，大部分已消失。

后胸背板的端背片已被中胸盖住，注意其小盾片后面的后背片由第1腹节端背片向前扩展而成，与后胸小盾片接合得很紧，形成后胸背板最后的一部分。飞蝗中胸没有后背片。

（2）侧板（图 1-3-6）　　将飞蝗头向左侧放于蜡盘中，固定后，再用针把翅展开，进行观察。

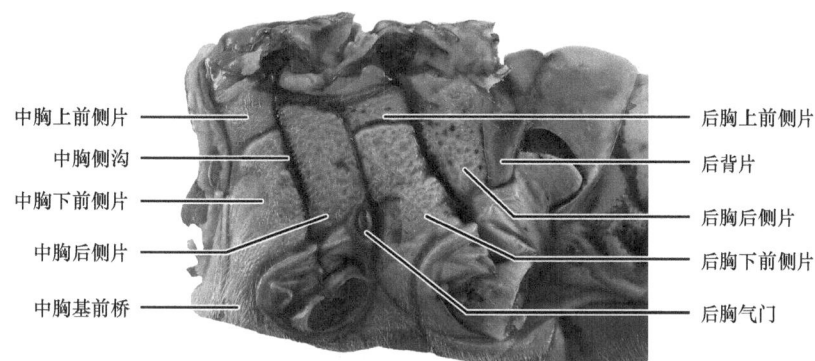

图 1-3-6　飞蝗的翅胸侧板

每节的侧板上面与翅基部有膜质相连，下面与侧腹沟及基节窝分界。侧板中央有1条侧沟把每节的侧板分为前后两片，分别称为前侧片和后侧片。侧沟的上面连接侧翅突，下面连接侧基突。前侧片上部有1条短沟将前侧片分为上前侧片和下前侧片。侧沟在里面形成侧内突。

此外，在侧板上方的膜质区内有几块小骨片，称为上侧片。在侧翅突前面的2块分别称为第1和第2前上侧片，侧翅突后面的1块为后上侧片。前侧片在基节窝前方与腹板并接形成基前桥。

胸部有2对气门，中胸气门位于前侧片以前的节间膜上，后胸气门则位于中、后胸之间。

（3）腹板（图 1-3-7）　　飞蝗的中、后胸腹板紧密相连，均向前移，末端与第1腹节腹板合并形成一大块甲状腹板，节间膜完全消失，并被有长而密的细毛。

中胸腹板主要由1块大的基腹片和腹脊沟两侧略呈方形的小腹片组成；而具刺腹片退化，仅保留一小的内刺突，并前移与腹脊沟的腹内脊连接。

后胸腹板呈"凸"字形；基腹片的前方突出于中胸小腹片间，小腹片在基腹片后面的两侧，两者间没有沟划分。后胸腹板的后面没有具刺腹片。

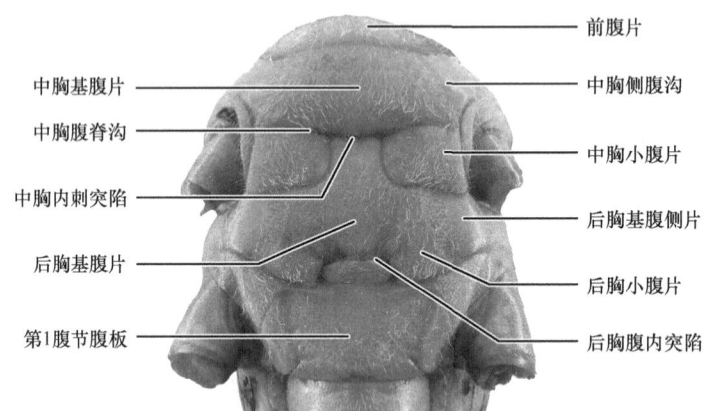

图 1-3-7 飞蝗的翅胸腹板

为了使整个胸节形成强有力的飞行功能,侧板必须与背板和腹板上下紧密相连,前侧片与前盾片形成翅前桥,后侧片与后背片形成翅后桥;侧板在胸足基节窝的前后与腹板相接,分别形成基前桥与基后桥。飞蝗只有中胸的翅前桥和后胸的翅后桥,以及中胸和后胸的基前桥。中、后胸的大小与前、后翅的发达程度有关。

3. 胸部的内骨骼 将飞蝗标本从一侧中部纵向剪开,展开放于蜡盘中,内部向上,观察以下构造。

(1)悬骨(图 1-3-8) 是背板的前脊沟内陷形成的前内脊发展而来的片状构造,以供强大背纵肌的着生,胸部背面有 3 对强大的悬骨。第 1 悬骨位于中胸的前面,第 2 悬骨和第 3 悬骨分别位于后胸的前面和后面。第 3 悬骨是第 1 腹节背板的前脊沟内陷形成的,向前并接到后胸的后面。第 1、第 3 悬骨近椭圆形,第 2 悬骨近长方形,且较第 1 悬骨和第 3 悬骨更发达。

(2)侧内突(图 1-3-9) 是由侧板侧沟内陷的侧内脊,侧内脊下部向里扩展成臂状的侧内突,与腹内突相接。

(3)腹内突(图 1-3-9) 又称叉突,是腹板的腹脊沟内陷形成腹内脊,脊的两侧发展成发达的腹内突。中、后胸腹内突的基部呈柄状,端部向侧上方扩伸成匙状,与侧内突对应,并以短肌肉连接。腹内突在胸足基节窝上面形成强大的支持弧,以供腹纵肌和足肌等着生。

(4)内刺突(图 1-3-9) 是间腹片内陷而形成的突起,以供部分腹纵肌着生。飞蝗前胸的内刺突特别发达,中胸的内刺突较小,后胸没有内刺突。

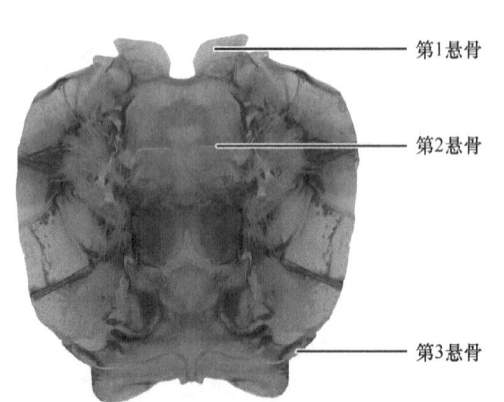

图 1-3-8 飞蝗胸部的悬骨

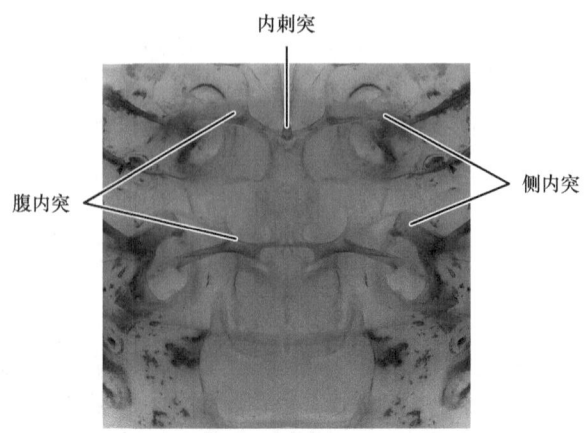

图 1-3-9 飞蝗胸部的侧内突、腹内突和内刺突

作业与思考题

1. 绘制飞蝗中、后胸背板图，注明各部分名称。
2. 昆虫的胸部与头部相比，在构造与功能上有什么特点？
3. 翅胸与前胸相比，在构造与功能上有哪些特点？
4. 翅胸的背板与腹板在构造上有何区别？

实验四 昆虫的胸足和翅

本实验彩图

一、实验目的

掌握昆虫胸足的基本构造及类型；掌握昆虫翅的基本构造，了解昆虫翅的关节、脉序及翅的变化。

二、实验材料与器具

【液浸标本】 飞蝗、蜻蜓、蟒、蝼蛄、龙虱、蜜蜂、螳螂、蜉蝣、金龟甲、家蚕、食蚜蝇、蝉等。

【干制标本】 飞蝗、天蛾等。

【玻片标本】 蝼蛄前足、螳螂前足、雄性龙虱前足和后足、蜜蜂后足、虱等；飞蝗翅、蝉翅、天蛾翅、蟒翅、石蛾翅等。

【实验器具】 体视显微镜及常用解剖用具。

三、实验内容与方法

（一）胸足

每一胸节都有 1 对胸足。足的变化很大，同一种昆虫的 3 对足因功能不同在形态上常发生变化。

1. 基本构造 成虫的胸足分成 6 节，从基部向端部依次为基节、转节、腿节、胫节、跗节和前跗节。节间由膜质相连，节与节之间由 1～2 个关节相接。

观察飞蝗的后足（图 1-4-1）。基节粗短，以膜与胸部相连，上缘有 1 个关节窝与侧基突支接。转节是很小的 1 节，略呈筒形，基部与基节以前后 2 个关节连接。腿节是足最粗壮的 1 节，基部与转节紧密相连，呈长筒形，末端与胫节以前后关节连接。胫节为长筒形，比腿节细而稍短，胫节腹面有 2 排刺。跗节位于胫节末端，与胫节间由膜连接，分为 3 个亚节，第 1 亚节和第 3 亚节长，第 2 亚节最短，各亚节腹面有成对的肉质跗垫，第 1 跗节下面有 3 对跗垫。前跗节包括 1 对爪和 1 个中垫。

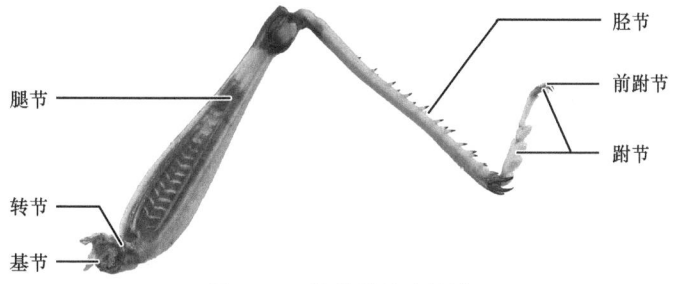

图 1-4-1 胸足的基本构造

> **小贴士**
>
> *蜻蜓等少数昆虫的转节分为 2 节（图 1-4-2）。
>
>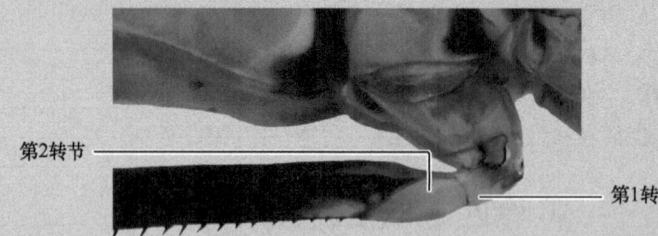
>
> 图 1-4-2　蜻蜓成虫的转节
>
> *跗节在各类昆虫中变化较大，可以有 2~5 个亚节，在同种昆虫的 3 对足中，其跗节的数目也可以不同。
>
> *前跗节在不同昆虫中的变化同样较大。

2. 足的类型　　观察胸足的玻片标本。

（1）步行足　　较细长，各节无显著特化，适于行走，如步甲和蝽等的足（图 1-4-3）。

（2）跳跃足　　腿节特别膨大，胫节细长。当折在腿节下的胫节突然伸直时，可使虫体跳起，如飞蝗和跳甲的后足（图 1-4-4）。

图 1-4-3　步行足（蝽）

图 1-4-4　跳跃足（飞蝗）

（3）开掘足　　胫节宽扁有齿，适于掘土，如蝼蛄成虫的前足（图 1-4-5）。

（4）游泳足　　足扁平，有较长的缘毛，形似桨，用以划水，如龙虱成虫的后足（图 1-4-6）。

（5）抱握足　　跗节特别膨大，其上有吸盘状构造，在交配时用以夹抱雌虫，如雄性龙虱成虫的前足（图 1-4-7）。

（6）携粉足　　胫节宽扁，两边有长毛，相对环抱，形成"花粉篮"，用以携带花粉；基跗节（第 1 跗节）很大，内面有 10~12 横排的硬毛列，用以梳刷附着在体毛上的花粉，如蜜蜂成虫的后足（图 1-4-8）。

（7）捕捉足　　基节延长，腿节的腹面有槽，胫节可以折嵌在腿节的槽中，形似弯刀，用以捕捉猎物，如螳螂的前足（图 1-4-9）。

 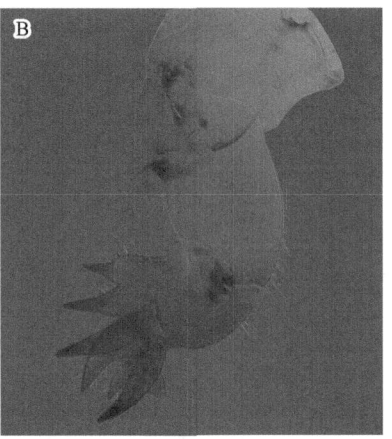 

图 1-4-5　蝼蛄成虫（A）及其开掘足（前足，B）　　　图 1-4-6　游泳足（龙虱成虫的后足）

 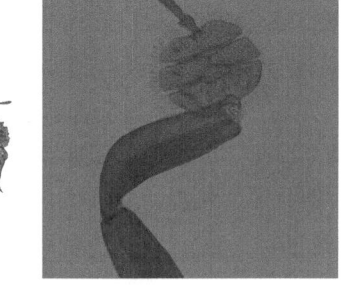

图 1-4-7　龙虱成虫的头部（腹面观，A）及其雄性抱握足（前足，B）

图 1-4-8　蜜蜂成虫（A）及其携粉足（后足，B）

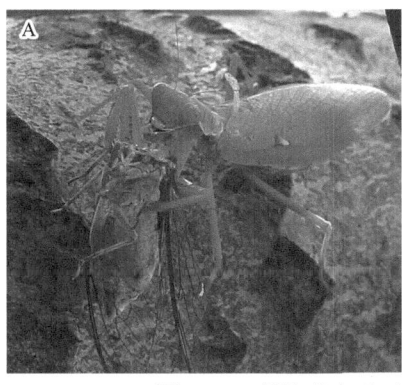 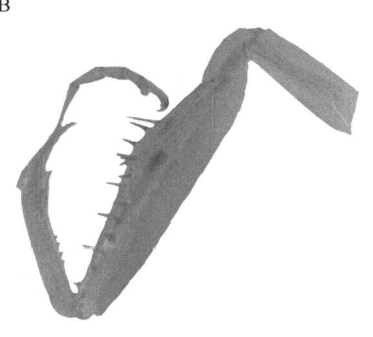

图 1-4-9　螳螂成虫（A）及其捕捉足（前足，B）

（8）攀援足　跗节只有 1 节，前跗节为一大形钩状爪，胫节肥大，外缘有一指状突起，当爪向内弯曲时，尖端可以和胫节端部的指状突起密接，构成钳状构造，可牢牢地夹住寄主的毛发，如虱类的足（图 1-4-10）。

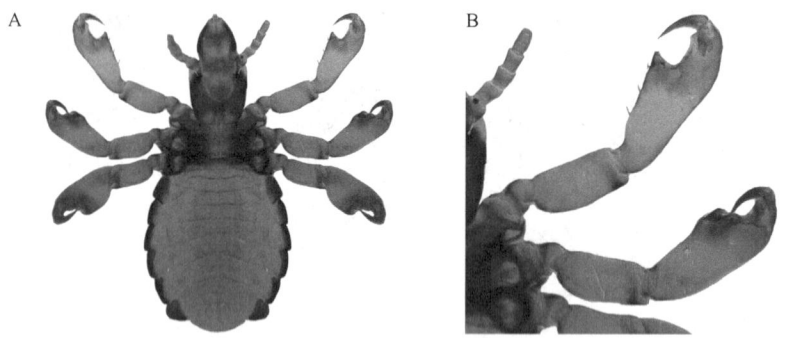

图 1-4-10　虱（A）及其攀援足（B）

（二）翅

1. 基本构造　取飞蝗后翅，观察形状（图 1-4-11）。注意三角（即肩角、顶角和臀角）、三缘（即前缘、外缘、内缘或后缘）和臀前区、臀区的位置。飞蝗的后翅很薄、膜质、透明，两层膜间的翅脉清晰可见。注意翅的厚薄和翅脉分布的稀密程度在翅的前缘与后缘、翅基与翅尖的差别，这与飞行的功能有关。

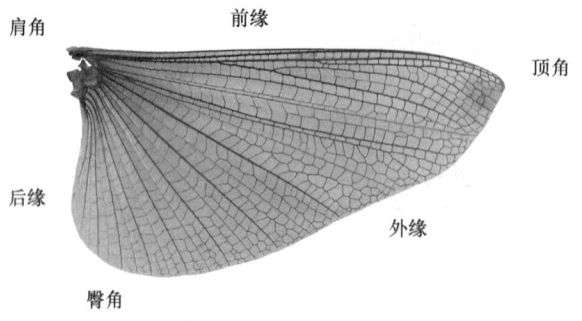

图 1-4-11　飞蝗后翅

2. 翅的关节　观察飞蝗翅基的关节骨片——腋片和中片，注意它们的形状、位置、相互关系，以及与背板、侧板的支接情况（图 1-4-12）。飞蝗前翅的腋片比后翅的标准，观察时选用前翅较好。

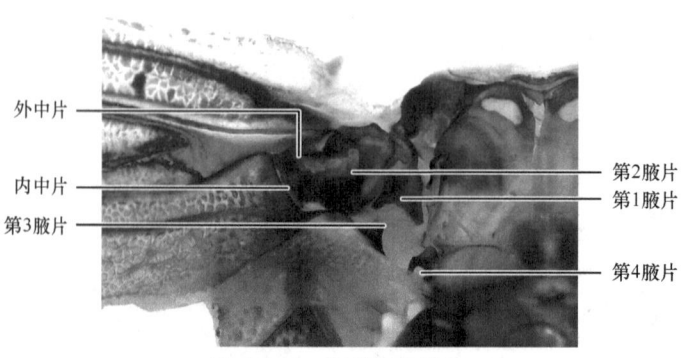

图 1-4-12　飞蝗翅的关节

（1）第1腋片　是1块不规则的厚骨片，前端延伸成细颈状，内缘与背板的前背翅突相支接，外缘与第2腋片相接，前端突起与亚前缘脉的基部相支接。

（2）第2腋片　为1块长三角形骨片，位于第1腋片的外侧，前部宽、后部窄，表面隆起。外缘的前端与径脉（R）基部相支接，后半部与内中片相接，末端与第3腋片相接。第2腋片的下面正顶在侧板的侧翅突上，成为翅的活动枢纽。

（3）第3腋片　为1块长形骨片，位于第1腋片、第2腋片及内中片的后方，以膜与盾片、第1腋片、第2腋片相连，基部与第4腋片相连（在无第4腋片的昆虫中则与后背翅突相连），外端与臀脉的基部支接。第3腋片前缘中部有一前伸的突起，突起的外面与内中片紧接，外中片连接在它的外缘。中片与中脉及肘脉基部支接。

（4）第4腋片　为钩形小骨片，里半部宽而隆起；外半部细且骨化较强，有韧带与第3腋片连接。

（5）中片　位于翅基的中部，里面的为内中片，外面的为外中片。两中片间有一斜缝，这就是基褶。在翅折叠时，两中片沿基褶折叠。在翅展开时，两中片平展。前翅的内中片为三角形，位于第2腋片与外中片之间，与第2腋片间有1条窄缝，后面与第3腋片接合。外中片接近三角形，外缘与径脉基部连接，里缘在前端与R脉及第2腋片前外端角连接，后面与内中片连接。

翅基的关节骨片在翅的折叠中有重大作用，大致过程是着生在第3腋片上的腋肌收缩使第3腋片外端突出部分向上翘起，牵动基褶使腋区沿基褶向上拱。同时使翅以第2腋片与侧翅突顶接处为支点向后旋转，臀区折向翅下，翅向后覆盖在背上。翅的展开则是着生在前上侧片里面的前上侧肌收缩，拉动前上侧片使翅展开。

> **小贴士**
>
> 有些昆虫的翅不能折叠在背上，如蜉蝣，其腋片愈合为一整块，不能折动（图1-4-13）。
>
>
>
> 图1-4-13　蜉蝣（示翅）

3. 脉序及其变化　脉序是翅脉在翅面上的分布形式。脉序在不同类群的昆虫中变化很大，呈现出多种多样的类型，但在同一类群中又基本一致。所以，脉序在昆虫分类及追溯昆虫的演化关系方面都是重要的依据。为了研究和交流上的需要，昆虫学家将多样化的脉序归纳成1种基本的型式，给各条翅脉以统一的名称。这些翅脉的名称是根据现代昆虫与化石昆虫脉序的比较，以及翅发生过程中翅芽内气管分布推断出来的，故称为假想式脉序。

在现代昆虫中只有毛翅目昆虫的脉序和较通用的假想式脉序相似。观察石蛾（毛翅目）的前翅玻片标本，辨认各条纵脉及横脉（图 1-4-14），并与假想式脉序对照。现代昆虫除毛翅目外，脉序都发生了不同程度的变化，这些变化主要包括翅脉的增多或减少。

4. 翅的类型　　在各类昆虫中，由于功能不同，翅的质地、大小、形状等也有所不同。而同种昆虫的前翅和后翅也可以完全不同。

（1）观察飞蝗的前翅和后翅（图 1-4-15）　　前翅狭长，质地较厚，通称革翅，但仍有明显的翅脉，主要用来覆盖和保护后翅，故又名为覆翅；后翅很大，膜质，可折叠如扇，藏于前翅下面，用于飞行。

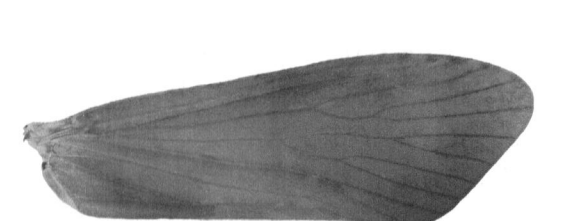
图 1-4-14　前翅翅脉图（石蛾）

图 1-4-15　前翅和后翅（飞蝗）

（2）观察金龟甲的前翅（图 1-4-16）　　其前翅特别硬化、呈角质，无翅脉，用以保护后翅和腹部，称为鞘翅。

（3）观察蝽的前翅（图 1-4-17）　　其基半部较骨化，端半部仍为膜质，称为半鞘翅。

图 1-4-16　鞘翅（金龟甲）

图 1-4-17　半鞘翅（蝽）

（4）观察食蚜蝇的前翅和后翅（图 1-4-18）　　前翅质地透明如膜，称为膜翅；后翅棍棒状，无飞翔能力，但在飞行时起平衡体躯的作用，称为棒翅。

（5）观察石蛾的前翅（图 1-4-14）和后翅　　虽也是膜质翅，但翅面上有很多细毛，故称毛翅。

（6）观察天蛾（图 1-4-19）或其他鳞翅目成虫的翅　　翅面上被有鳞片，称为鳞翅。

5. 翅的连锁器　　以前翅为飞行器官的昆虫，常有连锁装置把前翅和后翅连在一起，使后翅与前翅协同动作，以增强飞行的效能。

（1）翅褶型　　观察蝉的连锁器（图 1-4-20）。其前翅后缘有一向下的卷褶；后翅前缘有 1 段短而向上的卷褶。起飞时，前翅向前平展即与后翅钩连在一起。当前翅向后收并往背上覆盖时，两卷褶自动脱开。

图 1-4-18 膜翅和棒翅（食蚜蝇）　　　　图 1-4-19 鳞翅（天蛾）

（2）翅钩型　观察蜂的前翅和后翅（图 1-4-21）。前翅后缘有一向下的卷褶；后翅前缘有 1 列向上弯的小钩，称为翅钩列。小钩挂在前翅的卷褶上将翅连锁。

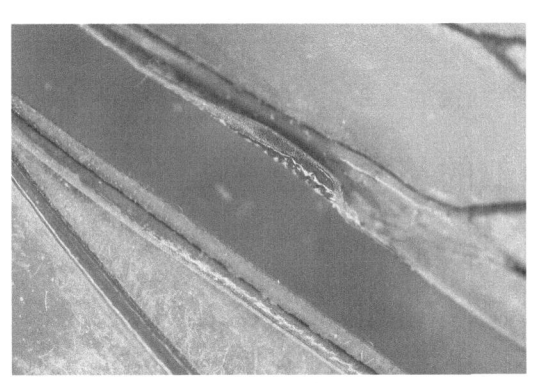
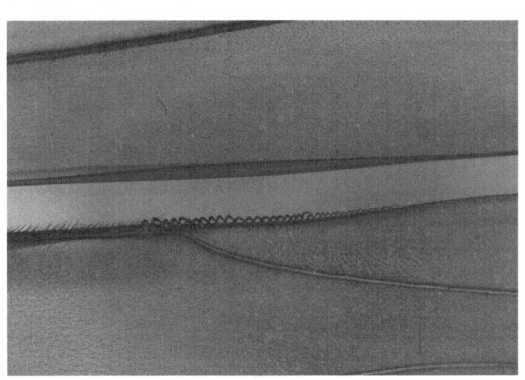

图 1-4-20 翅褶型连锁器（蝉）　　　　图 1-4-21 翅钩型连锁器（蜂）

（3）翅缰型　观察天蛾翅上的翅缰和翅缰钩（图 1-4-22）。翅缰是从后翅前缘基部发出的 1 根或几根硬鬃；翅缰钩是位于前翅基部反面的 1 丛毛或鳞片所形成的钩。飞行时，翅缰穿插在翅缰钩内形成连锁器。一般雄蛾的翅缰只有 1 根，翅缰钩位于前翅的亚前缘脉下面；雌蛾的翅缰 2~9 根，翅缰钩位于前翅肘脉的下面。

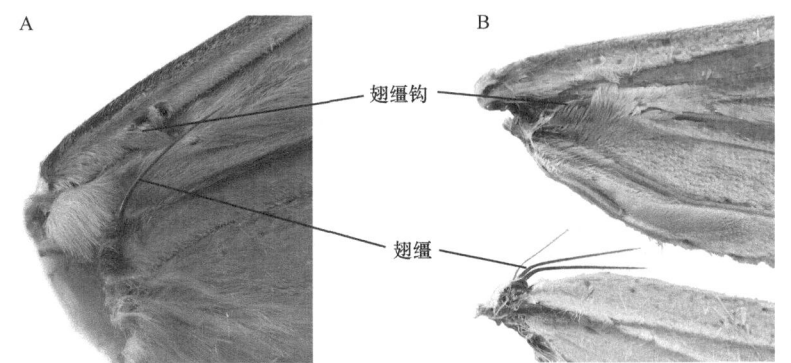

图 1-4-22 翅缰型连锁器（天蛾）
A. 雄性，翅缰从翅缰钩内脱离；B. 雌性，前后翅分离

（4）翅嵌型　在半翅目异翅亚目昆虫中（图 1-4-23），前翅爪片腹面的端部有 1 个夹状构造，后翅前缘中部向上弯并加厚似铁轨状，飞行时嵌入前翅的夹状构造中锁定前翅与后翅。

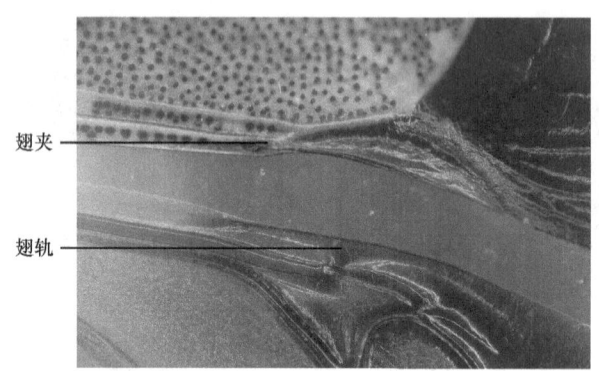

图 1-4-23　翅嵌型连锁器（蟓）

作业与思考题

1. 绘制石蛾前翅脉序图，并注明各脉的名称。
2. 比较各类昆虫胸足和翅的主要类型及功能，它们在昆虫分类上有何意义？

本实验彩图

实验五　昆虫腹部的基本构造

一、实验目的

掌握昆虫腹部的一般构造及附肢；掌握昆虫外生殖器的基本构造及其变化。

二、实验材料与器具

【液浸标本】　飞蝗（雌雄个体）、蝉（雌雄个体）、中华剑角蝗、螽斯、缘蝽、豆娘、蚜虫、蜉蝣、螳螂、蜻蜓等的成虫；家蚕、叶蜂、天蛾等的幼虫。
【实验器具】　体视显微镜及常用解剖用具。

三、实验内容与方法

（一）腹部的一般构造

昆虫腹部在构造上与胸部的主要区别：腹部只有背板和腹板；腹部有发达的节间膜和侧膜（观察飞蝗腹部，辨认其背板、腹板、侧膜及节间膜）；腹部的形状和节数在不同类群中变化很大。

1. 腹部的形状　昆虫腹部一般呈长圆筒形，如飞蝗、螽斯等（图 1-5-1 和图 1-5-2）；也有一些呈扁平状（缘蝽）、长杆状（豆娘）、卵圆形（蚜虫）等（图 1-5-3～图 1-5-5）。

2. 腹部的节数　一般为 9～11 节，最多的为 12 节，最少的为 6 节，有的昆虫可见节在 5 节以下，同种昆虫的雌雄个体间往往可见节数也不同。金龟甲腹部腹板可见 5 节；蜜蜂等膜翅目细腰亚目昆虫的腹部第 1 节并入胸部形成并

图 1-5-1　中华剑角蝗

胸腹节。详细观察飞蝗腹部背板和腹板的节数（图 1-5-6 和图 1-5-7）。

图 1-5-2　螽斯

图 1-5-3　缘蝽

图 1-5-4　豆娘

图 1-5-5　蚜虫

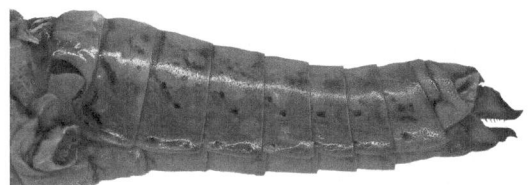

图 1-5-6　雌性飞蝗腹部（侧面观）

图 1-5-7　雄性飞蝗腹部（腹面观）

3. 气门　　是昆虫体节侧面的开口，呼吸时气体由此出入，不同类群的昆虫，其腹部的气门数目和位置有所不同（图 1-5-8）。气门可分为多气门型、寡气门型、无气门型等类型。

4. 腹部听器及发音器　　昆虫的听器主要为鼓膜听器。观察飞蝗位于腹部第 1 节两侧的 1 对听器。外面有听膜，膜下有听器等构造。

观察蝉的听器及发音器，蝉类雌雄个体的腹部第 1 节都高度特化形成听器。雄蝉腹部腹面有 2 块盾形板，即音盖（图 1-5-9），从后足基部后方

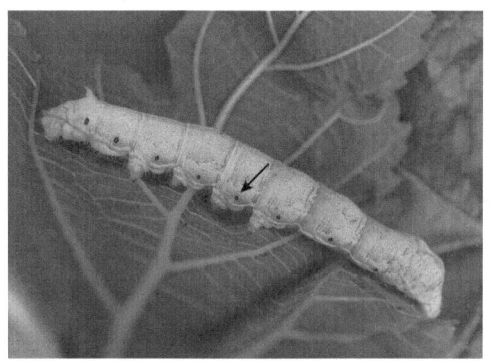

图 1-5-8　家蚕气门（箭头所示）

伸出，直达第2腹节的后端，有些种类可伸到第3腹板或第4腹板，掀开音盖，可见到听膜。雌蝉听器的结构与雄蝉基本相同，只是音盖较短而窄（图1-5-10），掀开音盖，可见到2块狭长的听膜。雄蝉除了听器外，在听器的侧背面还形成发音器。

图1-5-9　雄蝉的腹面（示音盖，内有听器和发音器）　　图1-5-10　雌蝉的腹面（示音盖，内有听器）

（二）昆虫的外生殖器

昆虫的外生殖器包括雌性的产卵器和雄性的交配器。

1. 产卵器　　具有真正产卵器的昆虫，因习性不同，其产卵器可以特化成各种形状。例如，飞蝗的产卵器短而坚硬，末端尖，合拢时呈短锥状，适于在土中产卵；蝉、叶蝉和飞虱的产卵器似长矛状或剑状，适于划破植物组织并在其中产卵。但产卵器的基本构造都相似，通常由3对称为产卵瓣的构造组成。在第8腹节上的为第1产卵瓣，即腹产卵瓣；第9腹节上的为第2产卵瓣，即内产卵瓣；在第2产卵瓣的基部背面延伸出一瓣状的外长物，为第3产卵瓣，即背产卵瓣。

（1）飞蝗的产卵器　　取雌性飞蝗1头，先观察腹部末端坚硬的产卵器（图1-5-11），其构造特点是背产卵瓣与腹产卵瓣发达，内产卵瓣很小，外面看不见。用镊子掀开背产卵瓣可见到内面的1对小突起，即内产卵瓣。在两腹产卵瓣的中间伸出一指状突起，即导卵器，在导卵器的基部有一小孔，即产卵孔，卵由此产出，经导卵器导入土中。

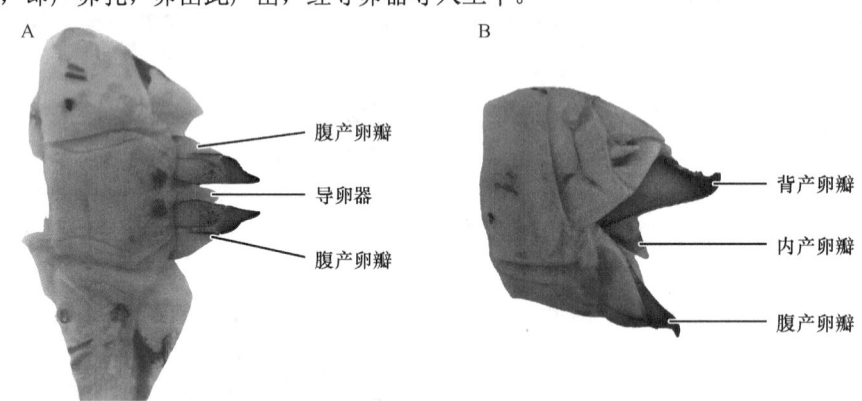

图1-5-11　飞蝗的产卵器
A. 腹面观；B. 侧面观

（2）蝉的产卵器　　雌蝉产卵器的特点是内产卵瓣与腹产卵瓣发达，而背产卵瓣形成产卵器鞘，以容纳和保护产卵器。取雌蝉1头，从腹面观察（图1-5-12），在腹部的端部几节的中央，可见到1根深色的刺状产卵器，用解剖针从其基部可以将其挑出来。仔细观察腹产卵瓣和内产卵瓣。

2. 交配器　　雄性外生殖器的构造比较复杂，在各类昆虫中变化很大，是分类上很好的鉴别特征。但其基本构造又是较简单的，由阳茎、抱握器及一些附属构造组成。

直翅目昆虫的雄性外生殖器只有阳茎及其衍生的构造，没有抱握器。其他直翅类昆虫，如蜚蠊目、螳螂目等也是如此。

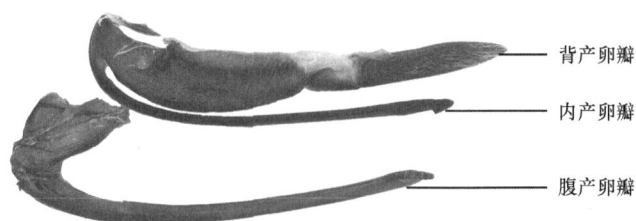

图 1-5-12　蝉的产卵器

取雄性飞蝗 1 头，观察腹部末端（图 1-5-13）呈船形的下生殖板，它由第 9 腹节的腹板形成。下生殖板里面的隔膜形成生殖腔的底，生殖腔的膜质背壁由第 10 腹节的腹板形成，外生殖器就在这个生殖腔内。腔的上面是肛上板及两侧的尾须。雄性飞蝗的外生殖器包括阳茎端、1 对内阳茎片、阳茎内突、阳茎基背片和阳茎侧叶等部分。阳茎端是 1 条呈弯钩状的管子，外面由膜包着，用镊子拨出来可以看到它由 1 对背阳茎瓣和 1 对腹阳茎瓣组成，中央是精液排出的通道。阳茎端的基部有骨化的阳茎侧腹叶。在侧腹叶基部有膜质的基褶，在基褶上着生有 1 块大骨片，称为阳茎基背片，上面有几对钩状突起。阳茎内突和内阳茎片缩入体内。

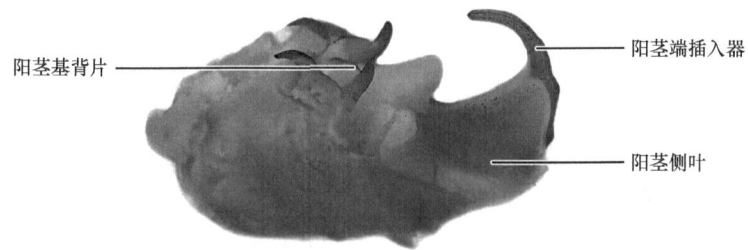

图 1-5-13　雄性飞蝗的外生殖器

（三）腹部的附肢

成虫在生殖前节无附肢，但若干类群的幼期在生殖前节则有发达的附肢。

1. 鳞翅目幼虫的腹足　　观察天蛾和家蚕的幼虫（图 1-5-14 和图 1-5-15），其腹部的第 3～6 节和第 10 节各有 1 对腹足，第 10 节的腹足又称臀足。腹足的端部有趾，在趾的末端有成排的小钩，称趾钩。趾钩的排列方式是鳞翅目幼虫鉴别常用特征。

图 1-5-14　天蛾幼虫的腹足

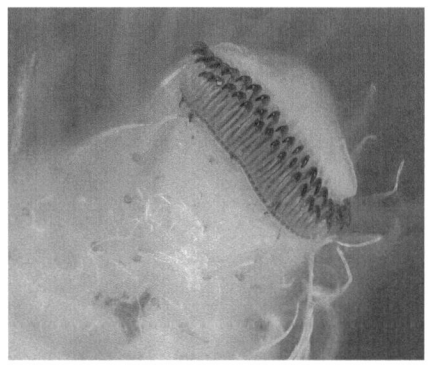

图 1-5-15　家蚕腹足末端的趾钩

2. 膜翅目幼虫的腹足　　观察叶蜂幼虫（图 1-5-16），其腹部第 2～8（或 7）节和第 10 腹节上各有 1 对腹足。腹足末端有趾，但无趾钩。这些是与鳞翅目幼虫区别的重要特征。

3. 尾须 是腹部第 11 节的附肢，部分昆虫具有，其形状变化很大。

（1）观察蜉蝣尾须（图 1-5-17） 其尾须细长，呈丝状，分很多节。注意尾须间的 1 根细长多节的中尾丝不是附肢，它是第 11 节背板特化而成的丝状构造。

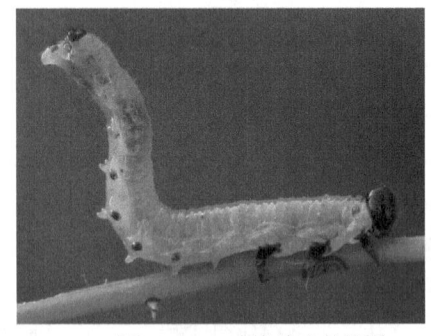
图 1-5-16　叶蜂幼虫的腹足

图 1-5-17　蜉蝣尾须

（2）观察蠼螋尾须（图 1-5-18） 其尾须硬化呈铗状，可用以御敌和帮助折叠后翅等。

（3）观察蜻蜓尾须（图 1-5-19 和图 1-5-20） 蜻蜓尾须不分节，呈长圆锥形。

图 1-5-18　蠼螋尾须

图 1-5-19　蜻蜓尾须

图 1-5-20　蜻蜓尾须放大

作业与思考题

1. 绘制家蚕幼虫侧面图，示体节、气门和足的位置。
2. 绘制飞蝗的腹部基本构造，示各部分的名称（中、英文）。
3. 昆虫腹部与胸部在构造上有哪些不同之处？与其相适应的功能是什么？
4. 如何区分鳞翅目幼虫与膜翅目叶蜂幼虫？

综合性实验 I　田间观察昆虫为害状及判断口器类型

本实验彩图

一、实验目的

掌握昆虫口器的类型，以及不同口器的为害特点；通过植物的被害状判断害虫口器类型及种类。

二、实验材料与器具

每人采集昆虫为害状标本 10 种，通过仔细观察，根据为害特点推断昆虫口器的类型，写出实验报告。

三、实验内容与方法

昆虫的口器类型不同，取食方式也不一样，熟悉不同口器类型与植物被害特征，可以根据被害状大致判断昆虫的类别。

1. 咀嚼式口器　　咀嚼式口器的昆虫取食植物各部分组织，造成机械损伤。例如，飞蝗、黏虫等咬食叶片、茎秆，造成寄主植物残缺不全，严重时将作物吃成光秆；有的将叶片咬成许多孔洞或剥食叶肉仅留下叶脉，如小菜蛾、叶甲等；有的吐丝缀叶隐匿其中为害，如卷叶蛾类、螟蛾等；有的蛀入树干，形成各种形状的隧道，如天牛、吉丁虫等（图 1-Ⅰ-1）。

图 1-Ⅰ-1 咀嚼式口器昆虫为害示例（何运转供图）

A. 被昆虫啃食出缺刻的叶片；B. 被昆虫啃食出孔洞的叶片；C. 菱斑食植瓢甲正在取食叶肉；D. 受缀叶害虫为害的叶片；E. 钻蛀树干的木蠹蛾幼虫；F. 天牛幼虫钻蛀产生的排泄物；G. 受潜叶害虫为害的叶片；H. 被蝼蛄钻蛀啃食的植物根茎

2. 刺吸式口器　　刺吸式口器的蝽、蚜虫、叶蝉、飞虱等昆虫为害植物，外表没有显著的残缺与破损，但会造成生理伤害。植物叶片被害后，常出现各种斑点或引起变色、皱缩或卷曲。倍蚜、瘿蜂等为害的植物，叶面隆起，形成虫瘿。幼嫩枝梢被害后常变色萎蔫。蝽、蚧为害的植物也可形成畸形的丛生枝条。刺吸式口器的昆虫可将染病植株中的病毒吸入体内，连同唾液一起注入健康植株中，引起健康植株发病，如小麦黄矮病、小麦丛矮病等病害就是由蚜虫、飞虱传播的（图 1-Ⅰ-2）。

图 1-Ⅰ-2 刺吸式口器昆虫为害示例（何运转供图）

A. 叶片皱缩的植株；B. 虫瘿；C. 感染煤污病的植株；D. 感染病毒而矮缩畸形的植株

3. 锉吸式口器　　锉吸式口器为蓟马所特有，取食时，喙贴于寄主体表，用口针将寄主组织刮破，然后吸取寄主流出的汁液。成虫和若虫用锉吸式口器取食为害植株叶片和生长点，叶片组织破损后流出汁液，进而吸食。干旱时，蓟马为了保持自身水分，为害植株会更严重。破损后的叶片组织要愈伤，会形成薄膜，即银斑，或形成皱叶或不规则破叶（图1-Ⅰ-3）。蓟马为害植株常造成无头或多头植株，叶片锉伤皱缩或破叶，造成植株生长迟缓。

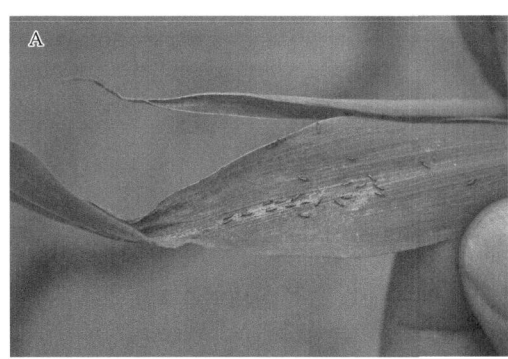 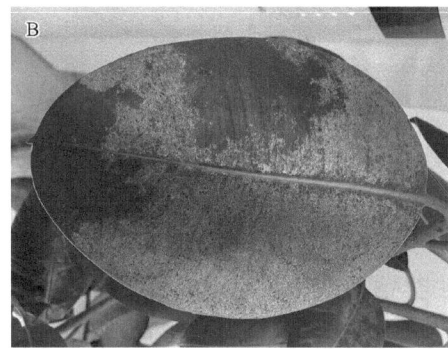

图1-Ⅰ-3　锉吸式口器昆虫（蓟马）为害示例（何运转供图）
A. 为害玉米；B. 为害橡皮树

4. 虹吸式口器　　虹吸式口器的显著特点是有1条能卷曲和伸展的喙，虹吸式口器不能刺入植物组织，只能吸取花蜜和液态食物。这类口器的昆虫对植物一般无害，反而能帮助植物传粉，但其咀嚼式口器的幼虫往往是啃食叶片的害虫，所以在种群数量过大时需要防治。

 作业与思考题

1. 昆虫的口器类型和对应防治药剂之间具有怎样的关系？
2. 简述口器类型及其为害特点。

第二章 昆虫的内部结构与生理

实验六 昆虫体壁构造及成分测定

本实验彩图

一、实验目的

测定昆虫表皮中有无几丁质、蛋白质的存在;掌握测定昆虫表皮几丁质、蛋白质的化学分析法;测定昆虫在生长发育过程中表皮几丁质含量的变化。

二、实验材料与器具

【实验昆虫】 飞蝗体壁、蝉蜕、螳螂卵囊的外壳及家蚕的卵粒,飞蝗或其他昆虫刚羽化的成虫,家蚕或棉铃虫等鳞翅目幼虫(或直翅目若虫)。

【实验试剂】 饱和氢氧化钾溶液(将 16 g 氢氧化钾溶于 100 mL 水中)、乙醇溶液(浓度分别为 95%、70%、50%、30%)、无水乙醇、0.03%碘-碘化钾溶液(30 mg 碘和 5 g 碘化钾溶于 100 mL 水中)、1%和 75%的硫酸溶液、10%和 40%的氢氧化钠溶液、1%硫酸铜溶液、浓硝酸、甲苯胺蓝-亮绿染液[将 5 mg 甲苯胺蓝(也可用次甲基蓝代替甲苯胺蓝)溶于 100 mL 0.05 mol/L(pH 7)的磷酸盐缓冲液中,并加亮绿 5 mg]、麝香草酚等。

【实验器具】 分析天平、电磁炉、体视显微镜和解剖用具、试管、量筒、烧杯、玻璃管、滴瓶、橡皮塞、橡皮管、培养皿、滤纸、白瓷点滴试验板、温度计(200℃)、离心机和匀浆器等。

三、实验内容与方法

几丁质是高分子含氮多聚糖,分子式为$(C_8H_{13}O_5N)_n$,存在于体壁的原表皮和起源于外胚层的器官内膜中。几丁质是表皮的主要成分之一,一般占表皮干重的 20%~50%,表皮的若干重要物理性质多与几丁质有关。在高温和碱性条件下,几丁质脱去乙酰基形成几丁糖,而几丁糖经碘和稀酸作用后呈紫色。

(一) 几丁质的分析

1. 几丁质的定性分析

1)取试管 1 支,配以橡皮塞,在橡皮塞上打 1 个直径约为 5 mm 的孔,插上玻璃管,橡皮塞外端的玻璃管上再连接 1 根橡皮管,长 30~50 cm,橡皮管的另一端再接 1 根一端拉细的开口的玻璃管,并将开口的玻璃管通入水槽内,以防加热时碱液溅出(图 2-6-1)。

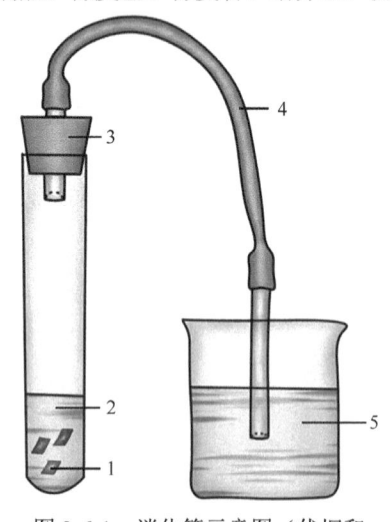

图 2-6-1 消化管示意图(伏焜和李豪雷绘)
1. 表皮;2. 氢氧化钾溶液;3. 橡皮塞;4. 橡皮管;5. 盛水的烧杯

2) 取飞蝗体壁、蝉蜕和螳螂卵囊的外壳数块（每块约 10 mm²），另取家蚕卵粒若干，分别放入装有 8 mL 饱和氢氧化钾溶液的试管中（图 2-6-1），塞紧带有橡皮管的橡皮塞置于甘油浴中加热到 160℃，保持 15～20 min，体壁的大部分组织在高温下被强碱消化，几丁质上乙酰基被脱去，剩下透明薄膜状的几丁糖。

3) 将各消化管内未消化的物质倒入小培养皿中，并用镊子将其逐步移入 95%、70%、50%、30%的乙醇溶液中清洗，再用蒸馏水冲洗待用。

4) 取 1 块消化后的飞蝗体壁（几丁糖），置于白瓷点滴试验板上，加 1 滴 0.03%碘-碘化钾溶液，再加 1 滴 1%硫酸，几丁糖立即产生紫褐色反应。如果再加上数滴 75%硫酸，稍待片刻，紫色会变淡直至消失，表明几丁糖已在浓硫酸作用下完全水解。

5) 另取处理过的蝉蜕、螳螂卵囊的外壳和家蚕的卵粒，按上述步骤同样测试，观察是否有相同结果。

2. 几丁质的定量测定

1) 取不同日龄的鳞翅目幼虫数组，每组 3～5 头，用水清洗体表，剪除头部、尾部和足，再沿腹中线剪开，剔除附着于体壁内的肌肉和脂肪体，用水冲洗干净，再经 95%乙醇溶液、无水乙醇脱水，取体壁约 300 mg 在分析天平上称重。

2) 将已知质量的体壁分别放入消化管中，按上述方法安装消化管，在饱和氢氧化钾溶液中加热消化。

3) 将消化后剩余的几丁糖薄膜细心地倒在滤纸上，用缓慢的流水冲洗干净，然后用 95%、无水乙醇脱水，称重。按下列公式计算结果：

$$体壁几丁质的相对含量（\%）=W_1/W_2 \times 1.26 \times 100$$

式中，W_1 为消化后体壁质量，单位为 mg；W_2 为消化前体壁质量，单位为 mg；1.26 为转换系数，是几丁质与几丁糖分子量的比值。

（二）表皮蛋白质的测定

1. 表皮蛋白液的制备 取家蚕或棉铃虫等鳞翅目幼虫的体壁，刮去皮细胞，仅留表皮，剪碎放入匀浆器内，加水（每头幼虫 1 mL）研磨，然后离心 10 min（4000 r/min），将上清液倒入瓶中待用。

2. 蛋白质的定性

（1）双缩脲反应 取 1～2 mL 表皮蛋白液，加等体积 10%氢氧化钠溶液，摇匀，再加几滴 1%硫酸铜溶液，溶液即呈浅红-蓝紫色，此为蛋白质中多肽的显色反应。

（2）黄蛋白反应 取家蚕体壁 1 块，剔除肌肉和皮细胞，用水洗净，放在白瓷点滴试验板上；用吸水纸吸去水分，加 1 滴浓硝酸，表皮呈黄色，如再加 1 滴 40%氢氧化钠溶液，表皮由黄色变为橙黄色，表明表皮蛋白中含有带苯环的氨基酸，如酪氨酸和色氨酸等。

3. 弹性蛋白的显色反应

1) 将刚羽化的活成虫浸入 95～100℃的磷酸盐缓冲液中（pH 7）数分钟，然后解剖虫体，移去内部器官和柔软部分，将体壁（一薄层）放在自来水中冲洗干净。

2) 将冲洗过的表皮移入甲苯胺蓝-亮绿染液中，在室温下染色 24～48 h，并加入麝香草酚结晶 1 粒，以防止微生物污染。

3) 染色完毕，将表皮移入新鲜缓冲液中漂洗数小时，在显微镜下检查，表皮中呈现很多半透明亮蓝色小点，即弹性蛋白。

作业与思考题

1. 绘制同一龄期不同日龄鳞翅目幼虫（或直翅目若虫）体壁中的几丁质含量变化曲线。
2. 记录几丁质定性分析的结果。
3. 表皮几丁质的主要生理功能是什么？
4. 昆虫表皮中有哪几种主要蛋白质？说明其功能。

实验七　昆虫内部器官的位置、消化系统及排泄系统

本实验彩图

一、实验目的

掌握昆虫内部器官的位置；掌握昆虫消化系统的基本构造及其组织结构，观察不同食性昆虫消化道的变异；掌握昆虫马氏管的数目和着生位置。

二、实验材料与器具

【液浸标本】　飞蝗、家蚕幼虫、麻皮蝽等。
【玻片标本】　飞蝗消化道前肠、中肠、后肠组织切片；家蚕马氏管横切玻片等。
【实验器具】　体视显微镜及常用解剖用具。

三、实验内容与方法

（一）昆虫内部器官的位置

1. 飞蝗　取飞蝗1头，剪掉足和翅，用剪刀从腹部末端肛门处开始沿背中线（偏左）向前剪至头部（剪时剪刀尖略向上，以免损伤内脏），将飞蝗体躯放在蜡盘中，用大头针沿体壁剪开处斜插体壁固定，放入清水浸没虫体。在体视显微镜下观察内部组织和器官（图2-7-1）。

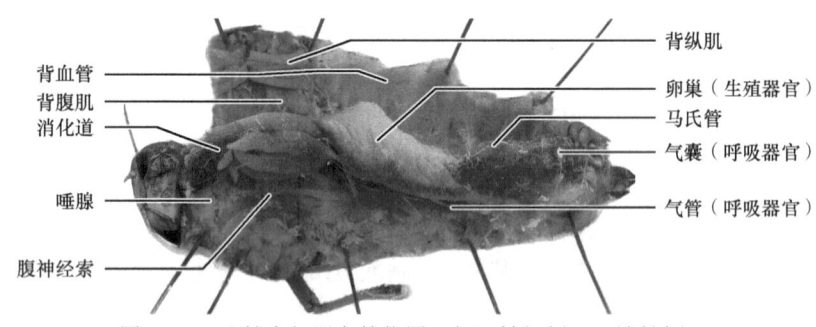

图2-7-1　飞蝗内部器官的位置（何运转解剖，王达拍摄）

（1）肌肉系统　观察具翅胸节内连接背板与腹板的背腹肌和悬骨间着生的背纵肌。
（2）消化道和唾腺　由口腔到肛门纵贯体腔中央的1条长管为消化道。唾腺呈泡囊状，成对位于胸部侧腹面，以唾管开口于口前腔内。
（3）背血管　用镊子轻轻除去背面体壁上的肌肉，紧贴背面体壁上有1条细管为背血管，位于消化道正上方的背膈之上，是紧贴体壁背中线下面的白色或黄白色直管，为昆虫的循环器官。
（4）生殖器官　消化道背侧面有1对卵巢或精巢，向后连接侧输卵管或输精管和贮精囊，

汇合到1根中输卵管或射精管，经生殖孔与外面相通。在雌虫中，侧输卵管顶端连着附腺，中输卵管经过生殖腔与生殖孔相连，生殖腔连接受精囊。

（5）马氏管　用镊子取下卵巢（精巢），在消化道中、后肠分界处着生的很多游离在体腔内的细丝状长管（白色或粉红色），为马氏管，是昆虫主要的排泄器官。

（6）腹神经索　用镊子将消化道移出，可见消化道腹面1条不太清晰的白色细丝，用镊子将隔膜揭去，可看到1条白色、分节的腹神经索，其前端向前上方绕过消化道背方与脑相连，后端止于第8腹节。它是昆虫中枢神经系统的主要组成部分。

（7）呼吸器官　由气门通入体内的粗细分支的银白色或褐色气管主干或气管分支，是昆虫的呼吸器官。

2. 家蚕幼虫　取家蚕幼虫1头，沿背中线偏左剪开，用大头针自剪开处沿体壁两侧向内斜插，将其固定于蜡盘内，加入清水浸渍虫体，在显微镜下观察消化道的分段、马氏管的着生位置和消化道两侧长而弯曲的白色丝腺（下唇腺）（图2-7-2），并与飞蝗内部器官比较。

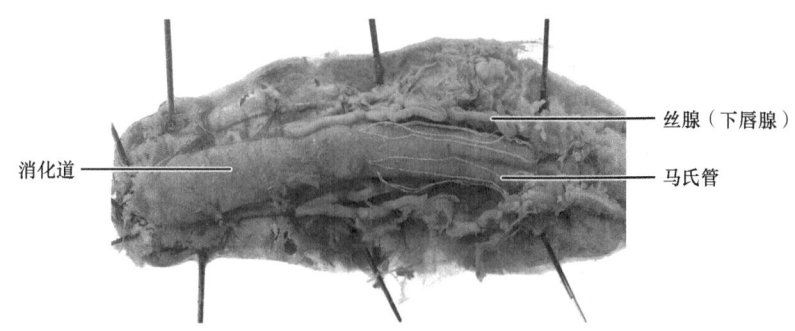

图2-7-2　家蚕内部器官的位置（秦秋菊解剖，王达拍摄）

（二）昆虫的消化系统

1. 飞蝗的消化系统　取飞蝗1头，剪去足和翅，左手用镊子夹住虫体，背部向上，用剪刀自腹部末端尾须处开始沿气门上方的左右侧壁剪开，剪至前胸最前端，将飞蝗背面向上，用大头针固定在蜡盘中，放水浸没虫体，用镊子慢慢除去肌肉，可见身体中央有1条纵行粗大管子，即消化道。观察以下几个部分（图2-7-3）。

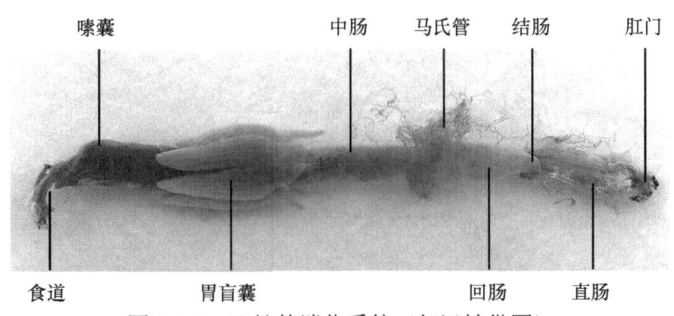

图2-7-3　飞蝗的消化系统（何运转供图）

（1）前肠

1）口：前肠最前端部分。

2）咽喉：位于口后方，飞蝗咽喉不明显。

3）食道：为咽喉后一细管状物。

4）嗉囊：食道之后膨大部分为嗉囊，为贮藏食物之处。

5）前胃：嗉囊之后为前胃，外包强大的肌肉层，内有 6 条肌褶。

（2）中肠　　前肠与中肠交界处有 6 个分为前后两叶的成对胃盲囊，主要功能为分泌部分消化液和吸收营养。中肠与后肠交界处着生有白色或紫红色细管状马氏管，分布于消化道上。

（3）后肠

1）回肠：后肠前端前粗后细的部分，外部有 12 条纵行肌肉，内部以幽门与中肠相区分。

2）结肠：回肠与直肠之间较细部分，即"S"形后肠转折部分，外部有 6 条纵行肌肉。

3）直肠：结肠后较膨大部分，外部有 6 条纵行肌肉，其末端开口于肛门。

另取家蚕幼虫（或其他鳞翅目幼虫）解剖观察，并对比其基本构造。

2. 麻皮蝽的消化系统　　取麻皮蝽 1 头，剪去足和翅，自虫体两侧剪开，固定在蜡盘中，用清水浸没。在体视显微镜下用镊子和昆虫针将气管和消化道分离，观察消化道（图 2-7-4）。

麻皮蝽的消化道较长，前肠很短，中肠很长，可分为第 1 胃、第 2 胃、第 3 胃和第 4 胃 4 部分。第 1 胃膨大成囊状，用以贮存食物。第 2 胃细管状，可起活瓣的作用，以调节液体食物进入第 3 胃的流量。第 3 胃近球形，是消化食物的主要场所。第 4 胃上生有胃盲囊，外观为 4 条橘红色扁平细胞带，紧贴于肠壁。后肠的回肠、结肠不能明显区分，直肠膨大如葫芦状。马氏管 4 根。

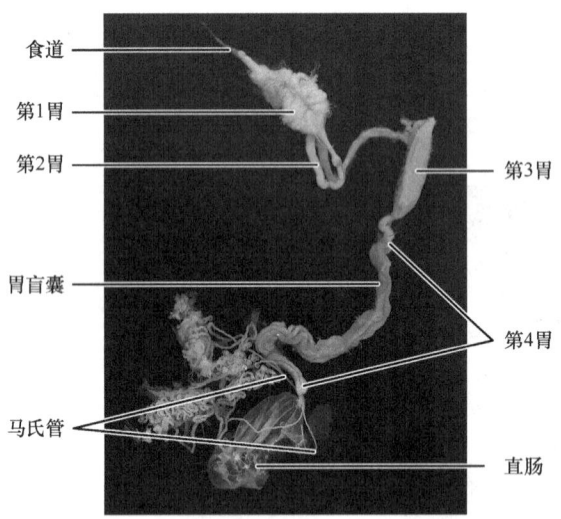

图 2-7-4　麻皮蝽的消化系统（秦秋菊供图）

观察飞蝗和麻皮蝽的消化道，注意比较它们因食性、取食方式不同而发生的变化。

（三）飞蝗消化道组织结构

取飞蝗前肠、中肠、后肠横切玻片在显微镜下观察。

1. 前肠（嗉囊、前胃）横切面组织结构（图 2-7-5）

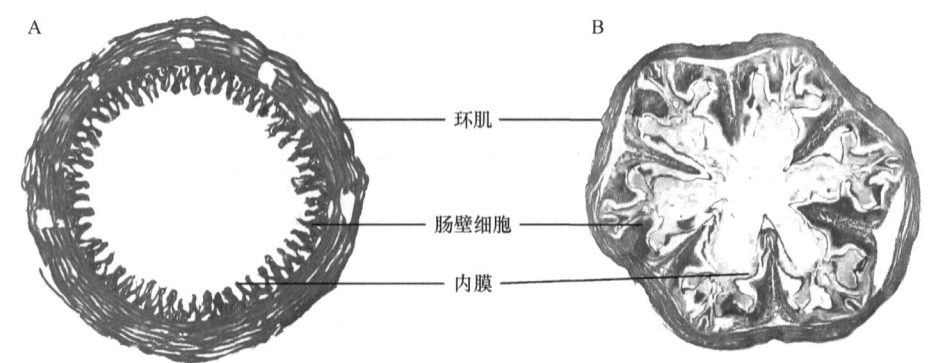

图 2-7-5　飞蝗前肠横切面（秦秋菊供图）
A. 嗉囊；B. 前胃

（1）内膜　　肠壁最内 1 层，相当于体壁的表皮层，内膜上有短毛或小刺。

（2）肠壁细胞　　位于内膜外，呈扁平形，细胞间界限常不明显。细胞核大而圆。

（3）底膜　　位于肠壁细胞外，不明显。

（4）肌肉层　底膜外是纵肌，纵肌外是环肌。

2. 中肠横切面组织结构（图 2-7-6）

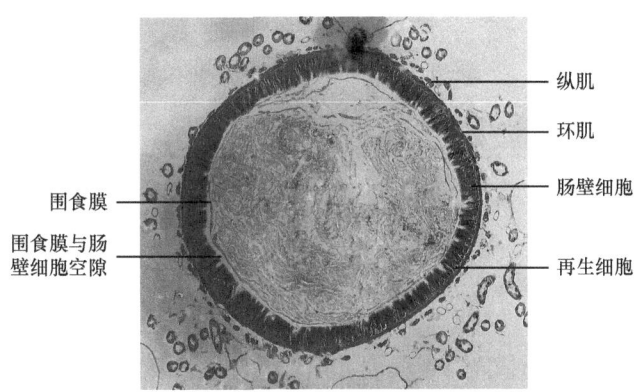

图 2-7-6　飞蝗中肠横切面（秦秋菊供图）

（1）围食膜　最内 1 层或数层膜，厚度不均，与肠壁细胞分离。

（2）肠壁细胞　位于围食膜外，单层柱状细胞，细胞核椭圆形，细胞表面（向肠腔面）着生 1 层原生质纤毛膜。在肠壁细胞基部有一些大小不同、数目不等的再生细胞群，其细胞核较大，但细胞界限不太清楚。

（3）肌肉层　肠壁细胞外是环肌，环肌外是纵肌。

3. 直肠横切面组织结构（图 2-7-7）

（1）内膜　最内一薄层，膜上有成丛的小刺。

（2）肠壁细胞及直肠垫细胞层　肠壁细胞柱状，直肠垫之间的肠壁细胞较扁平。

（3）肌肉层　肠壁细胞外是环肌，直肠垫之间可见到纵肌。

（四）昆虫的排泄器官

在体视显微镜下观察前面解剖开的飞蝗和家蚕幼虫的排泄器官——马氏管，注意着生位置、长短和数目，仔细观察哪些马氏管是游离的，哪些马氏管与肠壁粘连形成隐肾结构。

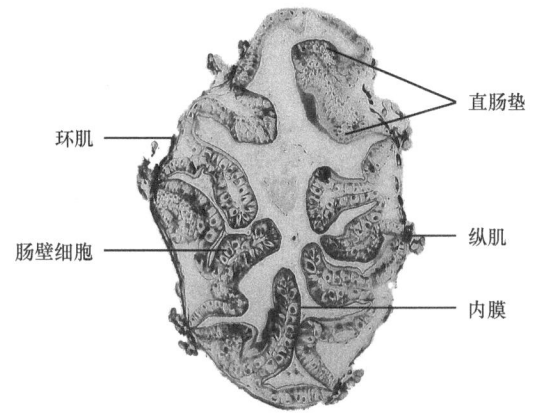

图 2-7-7　飞蝗直肠横切面（王达供图）

作业与思考题

1. 绘制飞蝗体躯纵剖面图，标明内部器官的位置及名称。
2. 绘制飞蝗的消化系统，注明各部位名称。
3. 比较昆虫前肠、中肠、后肠结构与功能的区别。
4. 比较咀嚼式口器与刺吸式口器昆虫消化道的异同。

实验八　昆虫的呼吸系统

一、实验目的

掌握昆虫气门的构造及开闭机制；了解昆虫呼吸系统的基本构造；了解不同生境昆虫的呼吸方式及气管系统的类型。

二、实验材料与器具

【液浸标本】　飞蝗、家蚕幼虫、蝇幼虫（蛆）、蚊幼虫（孑孓）、蚊蛹、蜻蜓稚虫（或蜉蝣稚虫）、蝎蝽等。

【实验器具】　体视显微镜及常用解剖用具。

三、实验内容与方法

（一）昆虫气门的位置与数目

1. 多气门型

（1）全气门式　飞蝗有10对有效气门，观察飞蝗中、后胸气门和腹部第1~8节气门，中胸气门被前胸背板盖住，剪掉前胸背板的后侧角，可观察到中胸气门。飞蝗腹部第1对气门位于听器内（图2-8-1）。

（2）周气门式　鳞翅目幼虫有9对气门，分别位于前胸和腹部第1~8节，观察家蚕幼虫的胸部和腹部气门（图2-8-2）。

图2-8-1　飞蝗胸部和腹部气门（王达供图）

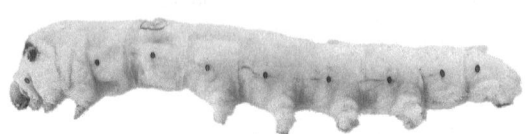
图2-8-2　家蚕胸部和腹部气门（王达供图）

2. 寡气门型

（1）两端气门式　双翅目环裂亚目幼虫有2对气门，分别位于前胸和腹部后端腹节，观察蝇类幼虫的气门（图2-8-3）。

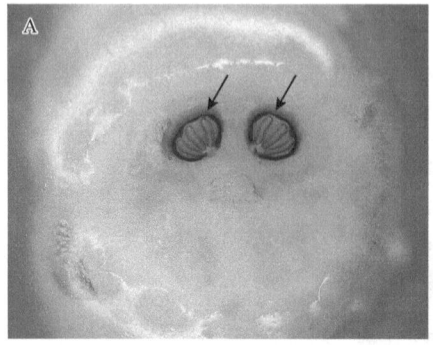
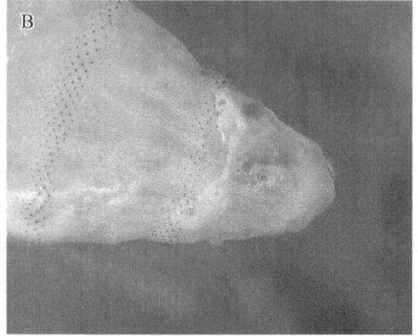

图2-8-3　蛆的气门（何运转供图）
A. 腹末气门（箭头示气门）；B. 前端气门

（2）前气门式　观察蚊蛹前胸的 1 对气门（图 2-8-4）。
（3）后气门式　观察蚊科幼虫腹部末端的 1 对气门（图 2-8-5）。

图 2-8-4　蚊蛹的气门（何运转供图）

图 2-8-5　孑孓的气门（何运转供图）

（二）气管系统的构造

取家蚕幼虫，沿背中线偏左剪开，用大头针自剪开处沿体壁两侧向内斜插，将其固定于蜡盘内，加入清水浸渍虫体，在体视显微镜下观察。注意体壁两侧气门分出的褐色成丛、分支气管束及其在体内的分布情况（图 2-8-6）。仔细辨认气门气管、背气管、内脏气管和腹气管。

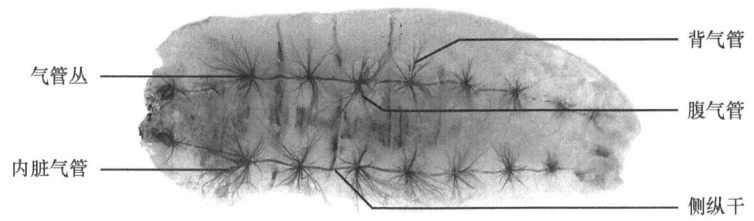

图 2-8-6　家蚕的呼吸系统（秦秋菊解剖，王达拍摄）

（1）气管丛　每个气门内有一丛气管。气门与气管丛之间有 1 段很短的气管称气门气管。

（2）侧纵干　同一侧的每个气门气管之间，由 1 条纵向的气管主干前后连接起来，这就是侧纵干。

（3）气管分支　每一气管丛有许多分支，向背面延伸的为背气管，向中央延伸的为内脏气管，注意两侧的腹气管，在腹面中央汇合在一起为腹气管连锁。

（4）螺旋丝　昆虫气管内壁生有螺旋状的内脊，即气管的螺旋丝。将家蚕幼虫气管的 1 段放在载玻片上，在体视显微镜下用镊子夹其一端，试拉出螺旋丝。思考螺旋丝的功用是什么？在侧纵干上约 2 个气门之间处都有一小段没有螺旋丝而呈灰白色的部分，这就是侧纵干前后连通的地方，在腹气管连锁上也可以找到。

（三）气管的组织结构

观察气管切片标本。昆虫气管由外胚层内陷而成，其组织结构与体壁相似，而内外层次相反。气管最外层为底膜，底膜内为扁平的管壁细胞，管壁细胞内的内膜形成内壁（内膜相当于体壁的表皮）。

（四）气门构造及开闭机构

1. 内闭式气门的观察　取家蚕 1 头，在体视显微镜下观察腹部 1 个气门的构造。气门外有 1 圈黑色、硬化的围气门片，中央稍凹陷，密生黄棕色细毛，为筛状的过滤机构（图 2-8-7）。用剪刀在 1 个气门周围剪开体壁，然后连体壁带气门一起剪下，将气门反转，观察其内面：在体视显微镜下用镊子将气管丛小心取下，可见气门腔、闭弓、闭带、闭杆和闭肌等开闭机构的组成部分（图 2-8-8）。用针拨动闭杆，可见气门的开闭动作。

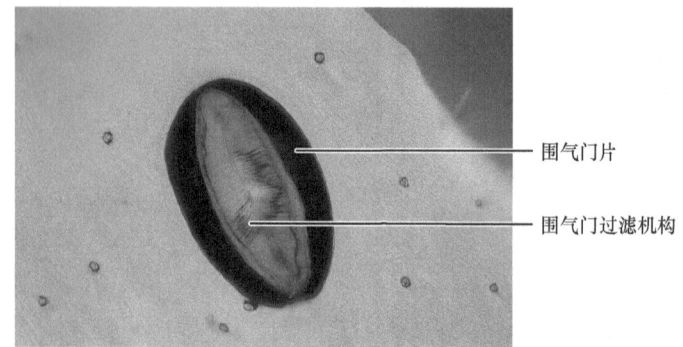

图 2-8-7　家蚕内闭式气门外部观（王达供图）

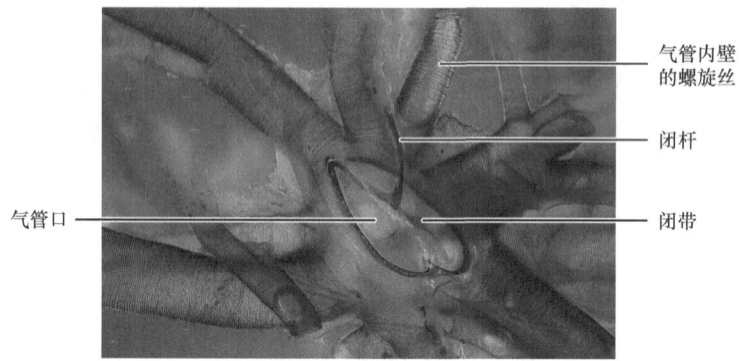

图 2-8-8　家蚕内闭式气门内部观（何运转供图）

2. 外闭式气门的观察　取飞蝗 1 头，观察胸部的气门。由外面可以看到左右隆起的唇状骨片，下面连一垂状骨片，称为垂叶（图 2-8-9 和图 2-8-10）。沿气门一侧剪开体壁，翻转过来观察内壁，可见垂叶下着生闭肌，闭肌的收缩牵动垂叶，可使两唇状骨片移动而关闭气门。

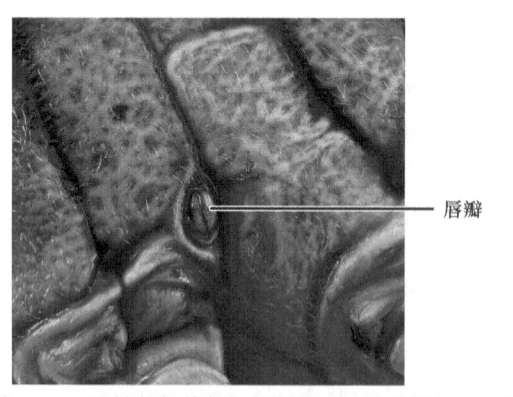 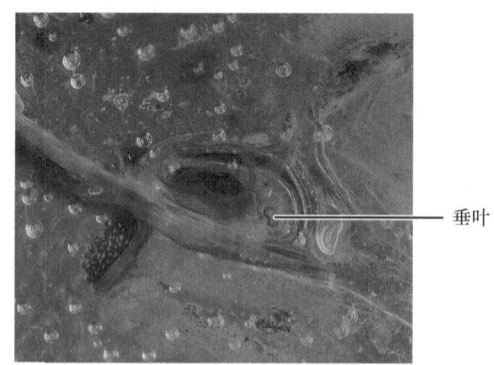

图 2-8-9　飞蝗外闭式气门外部观（王达供图）　　图 2-8-10　飞蝗外闭式气门内部观（何运转供图）

（五）气管系统的形式及不同昆虫的呼吸方式

1）分别观察飞蝗、蛆、孑孓、蚊蛹的气门及其分布和类型。

2）观察蜻蜓稚虫的直肠鳃。将蜻蜓稚虫的腹部用剪刀沿背中线剪开，可见直肠外有丰富的气管分布，气管分支通入直肠内壁。将直肠剖开，可见到肠壁上生有鳃片状突起，气管即通入其中。蜻蜓稚虫是水生的，溶于水中的氧气经直肠鳃（图 2-8-11）进入气管。

3）观察蝎蝽身体末端的呼吸管（图 2-8-12），其伸出水面，直接利用大气中的氧气。幼虫身体末端气门位置在呼吸管底部，气门生有气门瓣控制气门的开闭。

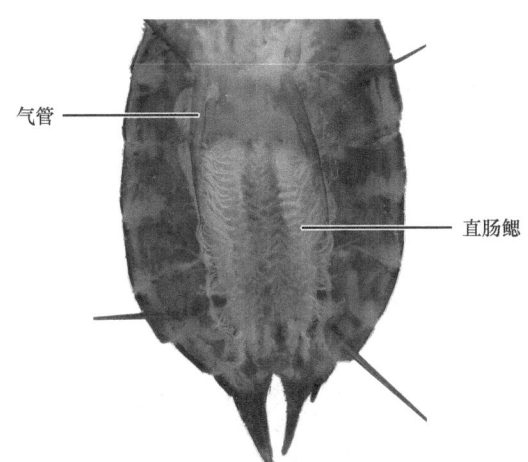

图 2-8-11　蜻蜓稚虫的直肠鳃
（秦秋菊供图）

图 2-8-12　蝎蝽身体末端的呼吸管
（王达供图，箭头所示）

 **作业与思考题**

1. 你所观察的各种昆虫有几对气门？分布在何处？
2. 绘制家蚕幼虫的气管系统构造图，标明各部分名称。
3. 绘制家蚕内闭式气门的构造图，标明各部分名称。

实验九　昆虫的神经和内分泌系统

本实验彩图

一、实验目的

掌握昆虫神经系统的一般构造；掌握昆虫体内主要内分泌腺体的形态和位置。

二、实验材料与器具

【液浸标本】　飞蝗等。
【实验器具】　体视显微镜及常用解剖用具。

三、实验内容与方法

（一）中枢神经系统的构造

中枢神经系统包括脑和腹神经索。

取飞蝗 1 头，剪去足和翅，从腹末沿背中线剪至前胸前缘，然后用大头针斜插，撑开体壁并固定于蜡盘内，加入清水，将生殖器官和消化道的嗉囊至肛门段移开或剪去。观察咽下神经节、胸神经节和腹神经节。

1. 脑　将头部从背面剪开，沿复眼和单眼周缘轻轻剪去体壁，并小心用昆虫针及镊子剔除肌肉，露出消化道背面的脑。观察脑的构造（图2-9-1）：①前脑是位于脑背上方的1对小球体，其前上侧伸出1对视叶和3个单眼柄，分别与复眼和单眼连接，视叶位于前脑的两侧，与前脑相连，为半球形；②中脑位于前脑下方，左右成对，向侧前方分出1对触角神经；③后脑位于中脑下方，左右成对，向下发出围咽神经连锁和围咽神经索。

将幕骨前臂剪去，可观察到咽下神经节与后脑之间以围咽神经索相连，并分出3对神经分别至上颚、下颚、下唇。

额神经节位于脑前、咽喉背面，由这个神经节的位置可决定头部额的部位。小心剪除额区体壁可观察到额神经节。有1支由额神经节沿消化道背中线向后穿过脑和消化道之间到后头神经节的神经，是迷走神经。

2. 胸、腹神经节　在体视显微镜下用镊子将胸部和腹部神经节两侧的肌肉、脂肪体和腹膈去掉。在蜡盘中放入清水，淹没虫体，在体视显微镜下观察（图2-9-2）。

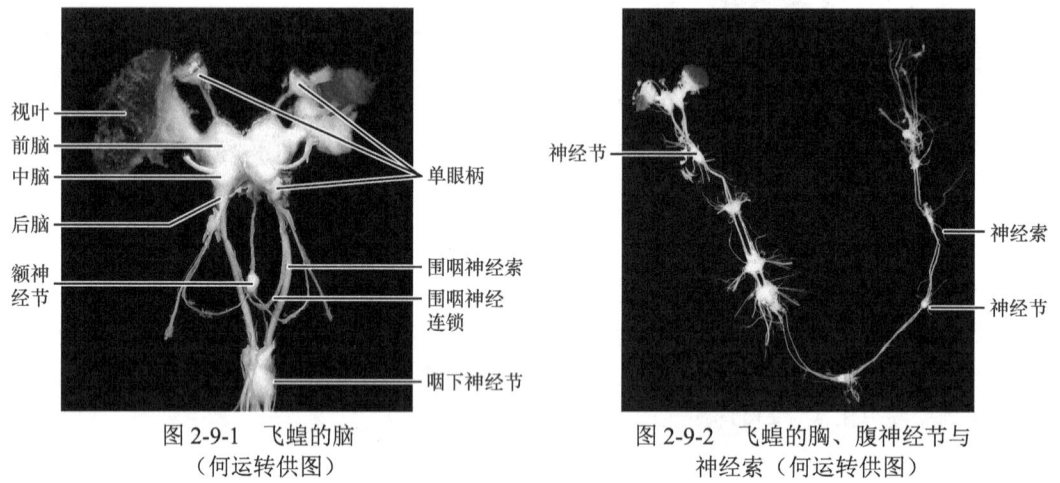

图2-9-1　飞蝗的脑
（何运转供图）

图2-9-2　飞蝗的胸、腹神经节与神经索（何运转供图）

飞蝗胸部有3对胸神经节，中后胸神经节较大，由后胸神经节和腹部第1~3腹节的神经节愈合而成。

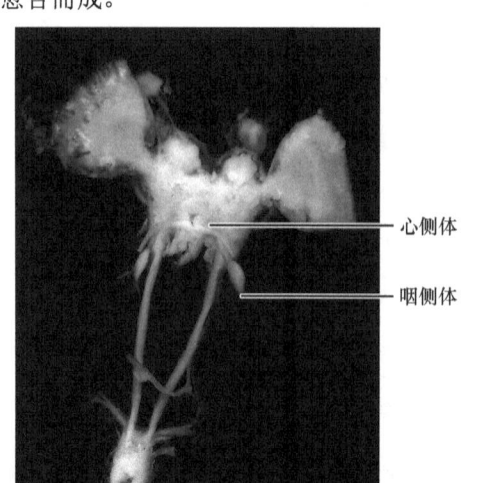

图2-9-3　飞蝗的心侧体和咽侧体
（何运转供图）

飞蝗腹部有5对神经节，位于第8腹节的神经节较大，是由腹部第8~11腹节的神经节愈合而成的，也叫腹末复合神经节。

3. 神经索　观察飞蝗连接脑、咽下神经节、胸神经节和腹神经节各神经节前后的纵向神经，即神经索（图2-9-2）。

（二）内分泌腺体的观察

主要观察心侧体、咽侧体等内分泌腺体。

将飞蝗沿背中线剪开，用大头针斜插将虫体沿剪开处固定于蜡盘内，加入清水浸渍虫体。

在体视显微镜下观察，可见在脑后方、消化道两侧有1对乳白色小球形的咽侧体，其前方连着1对略膨大、呈透明球体状的心侧体（图2-9-3）。

作业与思考题

1. 绘制飞蝗中枢神经系统图，标明各部分名称。
2. 昆虫咽侧体和心侧体各分泌什么激素？这些激素的功能是什么？

实验十　昆虫的生殖系统

本实验彩图

一、实验目的

掌握昆虫生殖系统的一般构造。

二、实验材料与器具

【液浸标本】　　飞蝗（雌与雄）、鳞翅目成虫（雌与雄）等。
【实验器具】　　体视显微镜及常用解剖用具。

三、实验内容与方法

（一）飞蝗生殖器官的解剖观察

1. 雌性飞蝗内生殖器官的构造　　取雌性飞蝗1头，剪去翅和足，再从腹末沿背中线剪开，用大头针斜插，撑开体壁并固定于蜡盘内，用清水浸渍虫体。观察生殖器官的位置。剪断后肠中部将消化道抽出，剩下生殖系统，仔细观察其构造（图2-10-1～图2-10-3）。

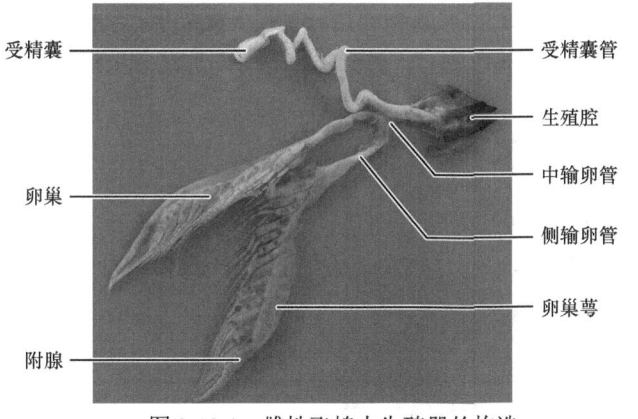

图 2-10-1　雌性飞蝗内生殖器的构造
（何运转解剖，王达拍摄）

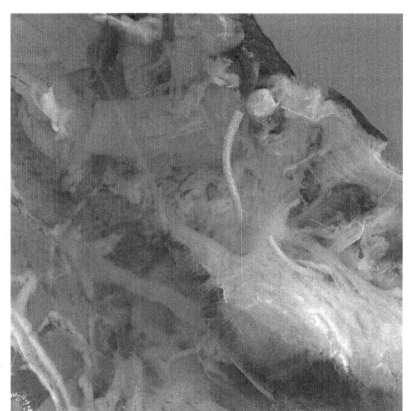

图 2-10-2　飞蝗卵巢的悬带
（何运转解剖，王达拍摄）

（1）卵巢　　在体视显微镜下观察，可见在消化道的背侧并排着1对卵巢。卵巢由卵巢管组成。

（2）卵巢管　　每个卵巢管包括端丝、卵巢管本部及卵巢管柄3部分。每一侧的端丝汇集成1条悬带，借其附着于体壁上。

（3）卵巢萼　　每个卵巢与一侧输卵管相连。所有卵巢管柄共同着生的一小段为卵巢萼，卵巢萼的端部有白色、紫红色或黑色特化的雌性附腺。

（4）中输卵管　　2条侧输卵管汇合成1条中输卵管，中输卵管开口于生殖腔，生殖腔原是中输卵管的一部分膨大而成的。

（5）受精囊　在生殖腔背面连有 1 条细长的管子，端部膨大、盘成一团的为受精囊。

2. 雄性飞蝗内生殖器官的构造　取雄性飞蝗 1 头，按雌性飞蝗的解剖方法进行解剖并观察（图 2-10-4）。

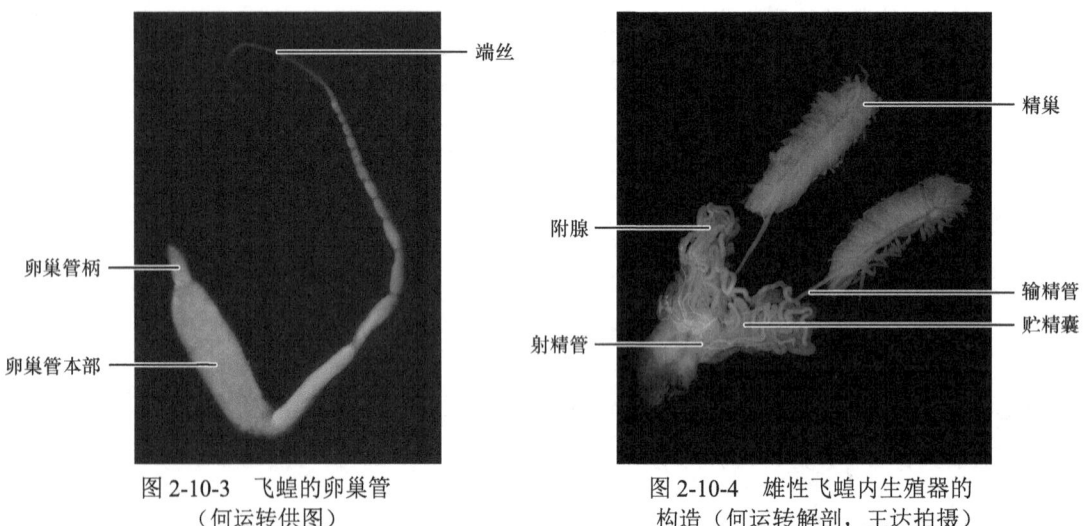

图 2-10-3　飞蝗的卵巢管
（何运转供图）

图 2-10-4　雄性飞蝗内生殖器的
构造（何运转解剖，王达拍摄）

（1）精巢　腹部消化道背侧面有 1 对白色精巢。精巢由许多精巢管组成。

（2）输精管和射精管　每一精巢由 1 条很细的输精管连通到射精管基部。

（3）贮精囊　在输精管与射精管连接处有 1 对贮精囊，和许多附腺盘结在一起。

（二）蛾类生殖器官的解剖观察

1. 雌蛾　取 1 头活雌蛾，用 75%乙醇溶液杀死，剪去足和翅，沿背中线剪开，分开体壁用昆虫针固定在盛水的蜡盘中。在体视显微镜下观察生殖器官，并将附近气管、脂肪体等去掉，观察卵巢的位置、形状（图 2-10-5）。

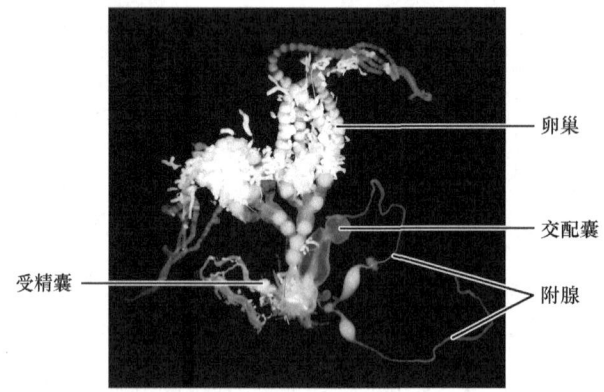

图 2-10-5　二点委夜蛾雌性生殖器官的构造（何运转供图）

雌性生殖系统包括卵巢、侧输卵管、中输卵管、受精囊、附腺、交配囊等部分。

卵巢由 4 根卵巢管组成，折叠于消化道两侧。顶端为端丝，各端丝汇合成悬带。卵巢管下端与侧输卵管相连，两侧输卵管汇合成中输卵管并与阴道相通。在中输卵管上方可见到 1 个受精囊和 1 对附腺，由受精囊伸出 1 个导精管向前与交配囊相通。交配囊与体外相通的孔即交配孔。

如果是已交配的雌蛾，则有 1 个发育膨大的交配囊，位于中输卵管附近，以交配孔开口于体外，一端以导管与受精囊相通，里面可以见到一至数个精包。交配囊和精包形状因虫种不同而异，可作分类依据。精包由精包体和精包颈组成，精包颈的端部还有一小块系带。雄虫每交配 1 次即输出精包 1 个，因此，从精包数可知其交配次数。

2. 雄蛾 取 1 头活雄蛾，解剖方法同雌蛾，观察雄蛾的生殖系统（图 2-10-6）。雄性生殖系统包括精巢、输精管、贮精囊、附腺和射精管等。雄蛾腹部背面有由 2 个精巢合成的 1 个圆球体，即睾丸，下面连接输精管（即每个精巢的输精管），输精管连接在 2 个较肥大的贮精囊上，贮精囊一侧与附腺相连，另一侧汇合成 1 根射精管，下端连接阳具。输精管和射精管极为细长，解剖时注意不要扯断。

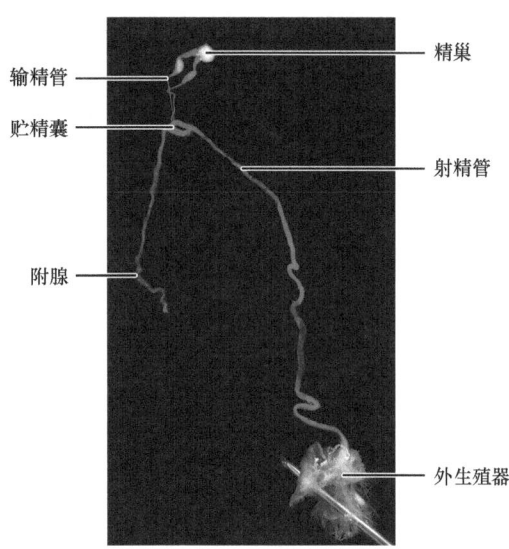

图 2-10-6 二点委夜蛾雄性生殖器官的构造
（秦秋菊解剖，王达拍摄）

作业与思考题

1. 绘制飞蝗雌雄内生殖器官构造图，并注明各部分的名称。
2. 绘制蛾类雌雄内生殖器官构造图，并注明各部分的名称。

实验十一 昆虫中肠消化酶的定性测定

一、实验目的

测定昆虫中肠蔗糖转化酶、淀粉酶、蛋白酶和脂肪酶的存在；掌握中肠消化酶的测定方法；了解昆虫食性和消化酶之间的相关性。

二、实验材料与器具

【实验昆虫】 植食性的飞蝗或 5～6 龄鳞翅目幼虫，杂食性的蜚蠊或油葫芦，肉食性的螳螂或步甲等。

【实验试剂】 生理盐水、0.8%氯化钠溶液、20%甘油溶液、0.1%淀粉溶液（取 0.1 g 淀粉于研钵中，加少许水研磨，再用烧杯煮沸 100 mL 蒸馏水，将研钵中的淀粉糊倒入沸水中，边倒边搅拌，加毕煮沸即成。此液不可久贮）、碘试剂（取碘 0.3 g，碘化钾 1.5 g，溶于 100 mL 蒸馏水中即成）、5%蔗糖溶液、本尼迪克特试剂[取硫酸铜 1 g 溶于 20 mL 蒸馏水中配成 A 液；再取柠檬酸钠 10 g、碳酸钠 5.8 g，加水 30 mL 配成 B 液（加热溶解）；然后将 A 液缓慢倒入 B 液中，并不停搅拌，最后加水至 58 mL 即成]、中性油脂（取普通橄榄油或其他食用油，加入适量 10%碳酸钠溶液，用力摇匀，用 pH 试纸测试，若呈酸性可再加碳酸钠溶液，直至中性为止。随后用乙醚提取，将提取液蒸发去除乙醚，剩下的液体即中性油脂）、乳化剂、溴麝香草酚、2%氢氧化钠溶液、甲苯、白明胶溶液[称取明胶 4 g 放入烧杯中，加 1%碳酸钠溶液 20 mL，在电磁炉上加热溶解。冷却后用 1 mol/L 盐酸中和至中性即成（加入酚酞指示剂 2 滴）]、中性甲醛溶液（取甲醛 10 mL，加蒸馏水 20 mL，滴酚酞指示剂 2 滴，然后用 1 mol/L 氢氧化钠滴定中和至出现红色即成）。

【实验器具】 电刺激器、解剖用具、匀浆器、离心机、试管、量筒、烧杯、滴管、白瓷点滴试验板、研钵、pH 试纸、恒温箱、恒温水浴、电磁炉等。

三、实验内容与方法

昆虫的食物必须消化成较小的分子后才能被吸收。昆虫消化食物的酶类，除某些由唾腺分泌以外，大多由中肠分泌。昆虫分泌的消化酶种类和相对活性，常与其取食的食物种类相适应。例如，杂食性昆虫的消化酶中含有蛋白酶、脂肪酶、淀粉酶、转化酶及麦芽糖酶；植食性的直翅目、鞘翅目和鳞翅目昆虫也含有同样的酶类，但脂肪酶含量较低；肉食性的步甲类，蛋白酶的活力很高，脂肪酶次之，而糖类水解酶活力很低。另外，同种昆虫的不同发育阶段，因食物种类不同，消化酶种类也不相同。本实验根据各种酶促反应前后，反应液中因底物消耗和生成物出现造成的各种变化特征，来定性观察各种酶是否存在。

> **小贴士**
>
> *淀粉酶可将淀粉逐步水解成糊精、寡糖和单糖。淀粉在有 K^+ 存在的条件下与碘作用生成蓝色物质，糊精因分子大小不同而呈现蓝色到红色，但寡糖和单糖则不产生任何颜色。因此，配制适当浓度的淀粉溶液，加入淀粉酶后，定时取少量液体用碘试剂测试，可发现淀粉溶液由最初的蓝色变为红色，终至无色，说明淀粉被逐步水解成寡糖和单糖。
>
> *转化酶可将蔗糖水解成葡萄糖和果糖，从而使非还原性双糖变成了还原性的单糖。还原性单糖可使本尼迪克特试剂中天蓝色的 2 价铜离子还原，生成砖红色的氧化亚铜，并随含量的增多而使溶液浑浊，以致产生大量沉淀。所以，将适当的蔗糖溶液与转化酶温育，利用本尼迪克特试剂可检测催化产生的还原性糖。
>
> *脂肪酶可将甘油三酯水解成甘油和脂肪酸，从而使中性的油脂逐步酸化。所以，配制适当酸度的甘油酯乳液，与脂肪酶温育，用酸碱指示剂可检测酶活力是否存在。
>
> *类胰蛋白酶可将蛋白质逐步水解成短肽，并在胞内酶的作用下进一步水解生成氨基酸。两性离子的氨基酸与中性甲醛作用，使氨基被遮盖而显示出酸的性质。所以，配制适当的蛋白质溶液，与类胰蛋白酶温育后，取培养液经中性甲醛处理后，可用 pH 试纸（或酸碱指示剂）检测酶催化水解增加的游离羧基。

（一）酶液的制备

将试虫饥饿 24 h 后，以 6 V 直流电刺激消化道（正极与口器接触，负极碰触肛门数下），收集呕吐的消化液备用。

对于数量少或不易收集呕吐液的虫种，可解剖出中肠，在生理盐水中剔除洗净内含物，置匀浆器或研钵中，加 20%甘油匀浆（每条中肠加 1 mL），离心取上清液备用。

（二）淀粉酶的测定

取 4 支试管，分别加入 0.1%淀粉溶液 1 mL，而后取其中 1 支试管加蒸馏水 4~5 滴作对照，其余 3 支分别加入 3 种试虫的消化液 4~5 滴，并作标记，立即摇匀放入 37℃水浴中温育，每隔 10 min 分别从 4 支试管中吸取 1 滴温育液，滴在白瓷点滴试验板上，加 1 滴碘试剂，观察颜色反应，并记录 3 支加入消化液的试管出现红色和无色所需的时间范围。

（三）转化酶的测定

取 4 支试管，各加入 5%蔗糖液 2 mL。然后取其中 1 支试管加 4～5 滴蒸馏水作对照，其余 3 支分别加入 3 种试虫的消化液 4～5 滴，摇匀置 37℃水浴温育 1 h。取出后分别加本尼迪克特试剂 2 mL，然后放入沸水浴中煮数分钟，观察各试管的颜色变化、有无砖红色沉淀及沉淀的多少。

（四）脂肪酶的测定

取 4 支试管，每支分别加入中性油脂 1 mL、乳化剂 0.5 mL、生理盐水 0.8 mL，混合均匀。再加少许溴麝香草酚作指示剂，如液体呈黄色，可用 2%氢氧化钠溶液慢慢调至蓝色。随后取其中 1 支加入蒸馏水 4～5 滴作对照，其余 3 支试管分别加入 3 种试虫消化液 4～5 滴，摇匀后分别加 1 滴甲苯防腐，置 37℃条件下温育 24 h，观察各试管内的颜色变化。

（五）类胰蛋白酶的测定

取 4 支试管，分别加入白明胶溶液 4.5 mL，再取其中 1 支试管加 0.5 mL 蒸馏水作对照，其余 3 支试管分别加入 3 种试虫的消化液 0.5 mL，摇匀后置 37℃温育 24 h，再分别加入中性甲醛 1.5 mL，摇匀后用精密 pH 试纸（pH 3.8～5.4）测试各管液体的酸度，并观察反应液的凝结程度。

本实验应严格按要求配制试剂。测定淀粉酶时，应根据酶活力大小适当调节淀粉溶液浓度和检测的间隔时间，以便观察到逐步水解的过程。脂肪酶的检测应控制好温育液体的 pH。此外，本实验所需试管较多，可先测定淀粉酶和转化酶，而后洗净试管再测定脂肪酶和类胰蛋白酶。

作业与思考题

1. 分析并解释观察到的结果。
2. 试述昆虫消化道中酶的种类及其活力与食性的关系。

综合性实验 II　性诱剂对害虫诱集效果观察

一、实验目的

掌握不同类型害虫性诱捕器的使用方法，评价不同类型性诱捕器对害虫的诱集效果。

二、实验材料与器具

【实验材料】　梨小食心虫（或桃小食心虫、金纹细蛾、苹小卷叶蛾、玉米螟、小菜蛾等）性诱芯、盆式诱捕器、桶式诱捕器、三角板式诱捕器、船式诱捕器等。

【实验试剂】　0.5%洗衣粉、水等。

【实验器具】　放大镜、镊子等。

三、实验内容与方法

5～6 人 1 组，选取果园或菜地放置不同类型的诱捕器。不同诱捕器交叉放置，诱捕器行间隔

20 m，同行诱捕器间隔 10 m。诱捕器悬挂在距地面 1.5 m 高的果树枝条上或菜地里（悬挂高度需高于寄主植物 10～20 cm），尽量选择周围枝叶相对松散、树冠阴面较开阔的果树（或菜地）。诱捕器从 6 月开始悬挂，于每天 17:00～18:00 调查各诱捕器中诱芯对应害虫的成虫数量，及时清除死虫及沉淀。视诱捕器中水面情况每隔 2～3 d 及时补水，每隔 7～10 d 或大雨过后补加洗衣粉。水脏时及时换水。船式和三角板式诱捕器底部为可更换的粘虫板，每周更换 1 次。调查时间为 6～7 月。每天记录当天的天气状况。

每组统计不同诱捕器（每种诱捕器统计 5 个，共 20 个）的诱芯对应害虫的成虫数量，采用单因素方差分析对不同诱捕器诱虫数量进行比较，评价不同类型性诱捕器的诱虫效果。

作业与思考题

1. 将所做实验写成实验报告，评价不同类型性诱捕器的诱虫效果。
2. 简述性诱剂在害虫防控中的重要作用。

第三章　昆虫的生长发育与生活史

实验十二　昆虫的发育过程

本实验彩图

一、实验目的

了解昆虫卵的外部形态、产卵方式和胚胎发育过程,以及雌雄二型、多型现象、隐态、警戒态和拟态;掌握昆虫的变态类型、幼虫的类型和蛹的类型。

二、实验材料与器具

【液浸标本】　斜纹夜蛾、尺蠖、叶蜂、瓢甲、金龟甲、叩甲、扁泥甲、家蝇、牛虻和摇蚊等的幼虫;胡蜂、蜜蜂、斜纹夜蛾和家蝇等的蛹。

【玻片标本】　家蚕和三化螟等的胚胎,茧蜂、摇蚊和大蚊等的幼虫。

【干制标本】　飞蝗、金龟甲、蜉蝣、头虱、天幕毛虫、蝽、菜粉蝶、亚洲玉米螟、斜纹夜蛾、草蛉和飞虱等的卵,以及蜚蠊和螳螂的卵鞘;展现衣鱼、蜉蝣、蜻蜓、荔蝽、蓟马、菜粉蝶、斜纹夜蛾和芫菁等世代生活史的成套标本;多型现象典型的白蚁和褐稻虱等的标本;雌雄二型现象明显的犀金龟、锹甲和介壳虫等的标本;竹节虫若虫和成虫、枯叶蝶成虫、蓝目天蛾成虫、拟蜂类的蝇和虻成虫等。

【实验器具】　生物显微镜、体视显微镜、镊子、培养皿等。

三、实验内容与方法

(一) 卵的外部形态与产卵方式

1. 卵的外部形态　卵的外部形态包括卵的大小、颜色、形状和卵壳上的饰纹等。

2. 产卵方式　昆虫的产卵方式多样:有的单产,有的窝产;有的产在寄主、猎物或其他物体的表面,有的产在隐蔽场所或寄主组织内或土中;有的卵粒裸露,有的有卵鞘或覆盖物等。

观察飞蝗、金龟甲、蜉蝣、头虱、天幕毛虫、蝽、菜粉蝶、亚洲玉米螟、斜纹夜蛾、草蛉和飞虱的卵,以及蜚蠊和螳螂的卵鞘。

(二) 胚胎发育

在体视显微镜下,观察家蚕胚胎发育切片和三化螟胚胎发育整体封片标本,了解胚胎发育的基本过程,注意胚胎在各个发育阶段中外部形态的变化。

(三) 变态类型

1. 表变态　其特点是成虫期继续蜕皮。观察衣鱼生活史标本,比较其幼体和成虫形态的异同。

2. 原变态　　其特点是有 1 个亚成虫期。观察蜉蝣生活史标本，比较其稚虫、亚成虫和成虫形态的异同。

3. 不全变态　　不全变态昆虫经历卵、幼期和成虫 3 个虫态，主要包括以下 3 种类型。

（1）半变态　　有卵、稚虫和成虫 3 个虫态。观察蜻蜓世代生活史标本，比较其稚虫与成虫形态的异同。

（2）渐变态　　有卵、若虫和成虫 3 个虫态。观察荔蝽世代生活史标本，比较其若虫与成虫形态的异同。

（3）过渐变态　　其特点是若虫在变为成虫前，经历 1 个不食也不太活动、类似全变态蛹期的虫态。半翅目粉虱科、雄介壳虫及缨翅目昆虫属于这种类型。观察蓟马世代生活史标本，比较其各龄若虫形态的差异。

4. 全变态　　全变态昆虫经历卵、幼虫、蛹和成虫 4 个虫态。观察菜粉蝶或斜纹夜蛾世代生活史标本，比较其幼虫、蛹与成虫形态的差异。

在幼虫营寄生生活的捻翅目、脉翅目螳蛉科、鳞翅目寄蛾科和鞘翅目芫菁科等昆虫中，各龄幼虫因生活方式不同而出现外部形态的分化，其发育过程中的变化比一般的全变态昆虫更加复杂，特称复变态。观察芫菁世代生活史标本，仔细比较其幼虫、蛹与成虫及各龄幼虫间的形态差异。

（四）全变态昆虫的幼虫类型

1. 原足型　　观察茧蜂幼虫玻片标本，注意其体段的分节，以及胸足和口器的发育程度。

2. 多足型

（1）鳞翅目幼虫　　腹足 2～5 对，位于第 3～6 腹节和第 10 腹节上，腹足末端有趾钩。若有腹足退化，则从第 3 腹节开始向后减少。观察斜纹夜蛾幼虫和尺蠖，注意其侧单眼数目、胸足、腹足对数和着生位置，以及趾钩排布类型。

（2）叶蜂幼虫　　有 6～10 对腹足，没有趾钩。若有腹足减少，则从第 8 腹节起向前减少。观察叶蜂幼虫的胸足和腹足，注意其侧单眼数目、胸足、腹足对数和着生位置，以及有无趾钩。

3. 寡足型

（1）步甲型　　观察瓢甲幼虫的体形、口式和胸足的发达程度。

（2）蛴螬型　　观察金龟甲幼虫的体形、口式和胸足的发达程度。比较植食性与腐食性蛴螬体形的不同。

（3）叩甲型　　观察叩甲幼虫的体形、口式和胸足的发达程度。

（4）扁型　　观察扁泥甲幼虫的体形、口式和胸足的发达程度。

4. 无足型

（1）无头无足型　　观察家蝇幼虫的口钩。

（2）半头无足型　　观察牛虻幼虫或大蚊幼虫头部的发达程度。

（3）显头无足型　　观察摇蚊幼虫头部的发达程度。

（五）蛹的类型

1. 离蛹　　观察胡蜂或蜜蜂蛹，仔细辨认触角、复眼、前足、中足、后足、前翅、后翅，并观察气门的排布情况、附肢和翅与体躯的附着情况。

2. 被蛹　　观察斜纹夜蛾蛹，仔细辨认触角、复眼、前足、中足、后足、前翅、后翅，并观察气门的排布情况、附肢和翅与体躯的附着情况。注意观察蛹体后端的生殖孔。雌蛹有产卵孔和交配孔，雄蛹只有交配孔。

3. 围蛹　观察家蝇蛹，然后剪开蛹壳，观察里面的蛹体（图 3-12-1）。

（六）雌雄二型与多型现象

1. 雌雄二型　观察犀金龟、锹甲和介壳虫的雌雄二型，比较雌雄两性在个体大小、体形和体色等方面存在的明显差异。

2. 多型现象　观察白蚁和褐稻虱的多型现象，比较白蚁的蚁后，长翅型、短翅型和无翅型繁殖蚁，工蚁和兵蚁，以及褐稻虱的长翅型与短翅型个体的形态差异。

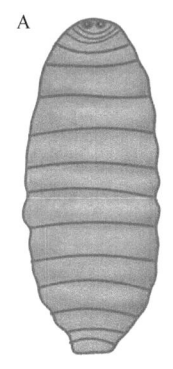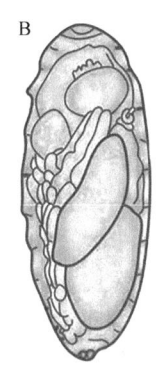

图 3-12-1　围蛹（A）和围蛹内的蛹体（B）
（伏炯和李豪雷绘）

（七）拟态现象

1. 隐态现象　观察竹节虫和枯叶蝶的隐态，比较它们融入周边环境的典型异同现象。

2. 警戒态现象　观察蓝目天蛾的警戒态，比较前翅和后翅形态，以及翅展开时和翅闭合时的形态差异。

3. 模拟现象　观察拟蜂类的蝇和虻，比较它们的不同，以及形态特征上的相似性。

作业与思考题

1. 在昆虫胚胎发育的过程中，外胚层、中胚层和内胚层分别发育为哪些组织和器官？
2. 昆虫变态有哪些主要类型？各有什么特点？分别包括哪些昆虫类群？
3. 如何区分稚虫、幼虫和若虫？
4. 全变态昆虫的幼虫有哪些类型？各有什么特点？
5. 如何区别离蛹、被蛹与围蛹？
6. 什么是雌雄二型？什么是多型现象？请分别举例说明。

综合性实验Ⅲ　昆虫饲养及生活史观察

一、实验目的

学习常见资源昆虫的饲养方法，观察昆虫的生长发育过程。

二、实验材料与器具

家蚕、黄粉虫或棉铃虫，以及对应的饲养工具和药剂。

三、实验内容与方法

（一）家蚕的饲养

家蚕属于鳞翅目蚕蛾科，是非常重要的资源昆虫，在我国已有数千年的饲养历史，以蚕丝为原材料制成的丝绸柔软轻薄，自古就是我国对外贸易中不可缺少的一部分，时至今日仍广受世界各国欢迎。

家蚕的饲养比较简单，桑叶是最简单易得且好用的饲料，只需将桑叶采下用塑料袋包好，放入冰箱低温冷藏即可保存 1 个月左右。此外，一些适用于家蚕的人工饲料也已经被开发出来，一般由桑叶粉、豆粕、淀粉、糖等混合而成，添加豆油、谷甾醇、矿物质、琼脂、维生素 C、柠檬酸、山梨酸、纤维素、维生素预混料、丙酸、氯霉素等。

桑叶的选择与家蚕幼虫龄期有关，低龄的幼虫尽可能喂食幼嫩的叶片，1～2 龄幼虫用叶大小为蚁蚕体长的 1.5～2.0 倍，3 龄使用粗切叶或片叶喂养，4～5 龄的大龄幼虫可直接使用成熟全叶喂养。

蚕卵孵化需要 10 d 左右，适当提高温度可以缩短孵化时间，孵化后为 1 龄幼虫，体小而色黑，称为蚁蚕。幼蚕每 5～6 d 蜕 1 次皮，体型变大、体色变白，至 5 龄体长可达 7～8 cm，再经过 1 周后结茧化蛹。蛹期 15 d 左右，而后羽化、交配、产卵，成虫寿命短，仅 3～5 d。

> **小贴士**
> 在养蚕前 1 周用甲醛消毒剂对蚕房和用具进行彻底的消毒，进入蚕房前换鞋更衣，及时清理蚕粪、病蚕和死蚕，养蚕用具上残留的蚕丝可以用次氯酸浸泡除去。

（二）黄粉虫的饲养

黄粉虫也叫作面包虫，属于昆虫纲鞘翅目拟步甲科粉甲属，原产于北美洲，含有丰富的脂肪和蛋白质，营养价值极高。20 世纪 50 年代，其作为饲料昆虫被引入我国，如今已有相当大的饲养规模，被广泛用于鸟类、鱼类及各种爬宠的饲喂中。

黄粉虫的垂直攀爬能力较弱，成虫有翅但不具飞行能力，所以在饲养中可以使用内壁光滑的无盖容器，如塑料整理箱等。黄粉虫喜阴不喜湿，在避免阳光直射的同时也要注意通风，保持饲养环境的阴凉干燥是养好黄粉虫的首要条件。

黄粉虫对温度的适应性较好，在室内小规模饲养一般不需要额外的加热设备，放在阴暗处夏天也基本不会出现热死的情况。相比之下湿度是更需要注意的因素，作为粮食仓储害虫，黄粉虫对干燥环境的耐受能力很强，但在高湿环境中非常脆弱，尤其是粪便吸水后很容易滋生霉菌造成其大量死亡。所以应尽可能避免喂食含水量高的食物，在黄粉虫的饲养过程中完全没有必要喷水加湿。

黄粉虫的成虫和幼虫均为杂食性，食谱相当广泛，甚至有取食塑料的报道，但要养出更健康的黄粉虫，还是需要饲喂按一定比例配制的混合饲料，一般以麦麸为主，混入玉米粉、大豆粉、少量的糖、盐及复合维生素。一些杂草、树叶混合发酵后也可以作为喂养黄粉虫的饲料，还可以偶尔投喂少量果皮、菜叶补充水分，但一定要适量，以免剩余的果皮、菜叶在饲养盒中发霉。

每隔一段时间，需要清理饲养盒中的虫粪，使用 20～30 目的筛子是最简单的方法，黄粉虫的虫粪与细沙相似，只需要把盒子里的虫和虫粪一起倒在筛网上并晃动一段时间，就能很好地将虫粪与虫分离。黄粉虫的虫粪含有丰富的氮、磷、钾且没有异味，可以作为有机肥使用。

> **小贴士**
> 黄粉虫具有一定的自相残杀现象，尤其是在无法移动的蛹期，更容易受到同类的侵害。当然这在饲养密度合理、食物供给充足的情况下影响不大，幸存下来的蛹羽化出的成虫足以维持种群数量。但如果想要扩大繁殖，那么最好及时将化蛹的个体取出，放在单独的饲养盒内以便其顺利羽化。

（三）棉铃虫的饲养

棉铃虫属于鳞翅目夜蛾科，因幼虫蛀食棉花蕾铃而得名，是棉花生产中的重要害虫，还能为害小麦、玉米、高粱、大豆、番茄、西瓜及多种麻类、果树等，是我国害虫防治研究的重点对象之一。

虽然棉铃虫作为1种重要害虫，在很多地方的农田中都可以轻易采到相当可观的数量，但要用于系统的试验研究，尤其是对于其生理生化机制的探索，这些唾手可得的野外种群是无法胜任的，因为它们体内存在的各种微生物和寄生虫会严重干扰试验的结果。所以对棉铃虫进行人工饲养，从而获得发育整齐、健康无病的稳定虫源，对于开展病虫害防治研究有重要意义，对棉铃虫的一些研究结果也可以扩展到夜蛾科的其他害虫上。

对于棉铃虫的饲料配方前人已有比较充分的研究，一般主要由黄豆粉、玉米粉、小麦胚芽、酵母、琼脂等混合发酵而成，添加山梨酸、尼泊金、维生素等以保证棉铃虫正常发育。具体配比可根据实际情况决定，甚至可以直接使用一些宠物饲料如兔粮作为主材，也能取得不错的饲养效果。

1. 卵　　在卵孵化前，已经可以看到卵中幼虫黑色头部时，将卵浸泡在5%甲醛溶液中20 min，之后用无菌水清洗3次除去残留甲醛，晾干后将卵块置于装有饲料的饲养盒盖上，保持温度26～28℃、湿度75%，等待其孵化。

2. 幼虫　　棉铃虫幼虫同类相杀现象严重，2龄开始就应分盒单独饲养，每头虫大概需要4 cm×4 cm×4 cm的空间，在盒中加入适量饲料，调节光照L（光照）：D（黑暗）=14：10，温度25～30℃。

3. 蛹　　棉铃虫在土中化蛹，幼虫5龄时，向饲养盒中加入盒高1/4～1/3的无菌砂壤土，砂壤土含水量保持在5%～19%。幼虫入土4～5 d后，将蛹收集到1个带盖的大饲养盒，盒底铺少量锯末或纸巾，加1团湿棉花保湿。

4. 成虫　　将即将羽化的蛹放入交尾笼（直径35 cm或更大）中，笼外罩湿毛巾保持湿度，笼内放蜂蜜水（10%～15%）供成虫取食，将交配后的雌虫每10头1组放在小型的饲养盒中，用纱布封口，雌虫产卵后及时收集带卵纱布妥善保存。

小贴士

饲料要及时更换保持新鲜，养虫的用具要经常消毒，发现病虫、死虫及时清除，以免病菌扩散。

四、观察记录

在饲养过程中，每天仔细观察并进行记录（表3-Ⅲ-1）。

表3-Ⅲ-1　饲养记录表

虫态	时间	形态
卵		
1龄幼虫		
2龄幼虫		
3龄幼虫		
4龄幼虫		

续表

虫态	时间	形态
5龄幼虫		
蛹（完全变态昆虫）		
成虫		

 **作业与思考题**

1. 记录所养昆虫各龄期时间及形态变化，整理成实验报告上交。
2. 简述饲养家蚕、棉铃虫和黄粉虫注意事项的异同。

第四章　昆虫的习性与行为

实验十三　昆虫的行为与习性观察

一、实验目的

了解昆虫的行为与习性，学习昆虫行为学的基本研究方法。

二、实验材料与器具

【实验材料】　　黄粉虫、白蟋蟀、樱桃蟑螂等或其他易于获得并容易饲养的昆虫活体。
【实验器具】　　饲养箱等。

三、实验内容与方法

（一）室内观察

1. 昆虫的食性与觅食行为　　准备不同类型的食物（如新鲜的菜叶、干燥的麸皮、带血的生肉等），并放置在1个较大的空间中，在与每种食物距离都大致相等的位置释放受试昆虫，观察其对食物的选择及在这一过程中表现出的特殊行为，如快速晃动触角、用下唇须触碰食物等。

2. 昆虫的趋性　　准备1个较长的饲养箱，在其两端营造出不同的环境。例如，将饲养箱放在灯光下，再用不透明的卡纸或塑料片遮住一半，使饲养箱中同时具有明暗环境；在饲养箱的一端使用加热垫加热或放置冰袋，使两端温度不同；在饲养箱内的土壤中间插入隔板，在一侧倒水加湿而另一侧保持干燥。在饲养箱中间释放受试昆虫，观察其对光、温、湿的趋性。

（二）野外观察

昆虫的一些习性在室内饲养中难以体现，可以直接在野外进行观察。例如，震落树枝上的甲虫，可以观察到昆虫的假死性；在室外放置糖醋酒液，可以观察到昆虫的趋化性；嫩枝嫩叶上成群的半翅目昆虫（如蚜虫和蝽）体现了昆虫的群集性；在花上取食花粉和花蜜的除了蜜蜂还有同样黄黑相间的食蚜蝇，这是昆虫的拟态性。

作业与思考题

1. 根据观察到的昆虫行为，结合文字和图片，撰写观察报告。
2. 论述假死性行为对昆虫自身的利与弊。

综合性实验Ⅳ 社会性昆虫级型和行为观察

一、实验目的

学习社会性昆虫的级型分化,观察其行为,学习其与其他昆虫的异同。

二、实验材料与器具

蚂蚁或其他真社会性昆虫。

三、实验内容与方法

(一)社会性昆虫的级型分化

对同一种蚂蚁的工蚁、兵蚁(大型工蚁)、雄蚁和雌蚁的活体或标本进行细致的观察,比较它们的形态特征,总结出相同点和不同点。

(二)社会性昆虫的行为习性

蚂蚁是最常见的社会性昆虫,在野外几乎随处可见,只需要准备一些蚂蚁喜欢的食物(如糖块和面包渣),放置在有蚂蚁经过的路上,就可以对其行为和习性进行初步的观察。有条件时,也可以对蚂蚁进行室内人工饲养,以便更细致深入地观察。有些特殊的行为,如不同种繁殖蚁的婚飞时间均有所不同,需要提前了解并把握好相关物种的婚飞时间进行观察。

四、观察记录

观察记录社会性昆虫的级型分化及其行为。

作业与思考题

1. 蚂蚁的不同级型之间具有怎样的差异?其可能的演化动力是什么?
2. 观察并描述蚂蚁从发现食物到将食物搬运回巢穴的一系列行为。

第五章 昆虫系统分类

实验十四 昆虫纲的分目

一、实验目的

掌握昆虫纲各目的主要形态特征和生物学特性，学会使用和编制分类检索表。

二、实验材料与器具

【液浸标本】 蜉蝣成虫和稚虫、蜻蜓稚虫、石蝇成虫和稚虫、白蚁工蚁和兵蚁、螳螂和螳螂卵鞘、足丝蚁、啮虫、蚁狮、广翅目幼虫、步甲幼虫、蛴螬、蝇蛆、石蚕、粉蝶和叶蜂幼虫等。

【玻片标本】 鸡虱、猪虱、蓟马、跳蚤等的成虫与幼虫。

【针插标本】 蜻蜓成虫、螽斯、螳螂、竹节虫、飞蝗（长翅型、短翅型和蝗蝻）、蝼蛄、蝉、荔蝽、草蛉、广蛉、金龟甲、盗虻、家蝇、蝎蛉、石蛾、蝴蝶、蛾、蜜蜂等。

【干制标本】 石蛃、衣鱼、白蚁、蚕蛾、介壳虫、蛇蛉、捻翅虫、寄生蜂原足型幼虫等，以及各目的干制标本。

【实验器具】 体视显微镜、镊子、培养皿、生物显微镜等。

三、实验内容与方法

（一）昆虫纲成虫的分目检索表

昆虫纲成虫分目检索表

1. 原生无翅；腹部具刺突（退化的附肢）、泡囊等附器 ···································· 2
   原生有翅或后生无翅；腹部无刺突、泡囊等附器 ···································· 3
2. 复眼大，单眼2个；所有腹节具刺突（退化的附肢） ········· 石蛃目 Archaeognatha
   复眼小，单眼退化或缺失；腹节7~9（少数2~9）具刺突 ········· 衣鱼目 Zygentoma
3. 休息时翅无法向后折叠置于体背；翅具三叉脉和网状横脉 ···································· 4
   休息时翅能向后折叠置于体背；翅无或很少有三叉脉，多数缺愈合横脉 ·········· 5
4. 前翅和后翅相似；跗节3节；行动迅速 ·· 蜻蜓目 Odonata
   前翅显著大于后翅；跗节4~5节；体柔软，行动迟缓 ··············· 蜉蝣目 Ephemeroptera
5. 具尾须 ··· 6
   通常无尾须（膜翅目广腰类除外） ··· 16
6. 头部口器延伸成喙状 ·· 长翅目 Mecoptera
   头部正常 ··· 7
7. 尾须不分节 ··· 8
   尾须分节（螳螂除外） ··· 9

8. 尾须特化为尾铗,坚硬光滑,形态多变;跗节3节 ………………………………… 革翅目 Dermaptera
   尾须不呈铗状,粗短,具毛;跗节2节 ……………………………………………… 缺翅目 Zoraptera
9. 前足基跗节膨大,并具丝腺 ………………………………………………………… 纺足目 Embioptera
   前足基跗节不膨大,无丝腺 ………………………………………………………………………… 10
10. 前足特化为捕捉足,具强刺;前胸常极度延长 …………………………………… 螳螂目 Mantodea
    前足正常;前胸不延长 ……………………………………………………………………………… 11
11. 体躯呈棒状、长筒形或扁平叶片状 ……………………………………………… 䗛目 Phasmatoptera
    体躯不同于上述 ……………………………………………………………………………………… 12
12. 后足腿节膨大,适宜跳跃;若不膨大,则前足特化为开掘足 …………………… 直翅目 Orthoptera
    后足正常,不善跳跃 ………………………………………………………………………………… 13
13. 具翅 ………………………………………………………………………………………………… 14
    无翅 ………………………………………………………………………………………………… 15
14. 跗节3节;体两侧平行 ……………………………………………………………… 襀翅目 Plecoptera
    跗节4~5节;体两侧不平行 ………………………………………………… 蜚蠊目(包括白蚁)Blattoptera
15. 头下口式;前跗节中垫大 …………………………………………………… 螳䗛目 Mantophasmatodea
    头前口式;前跗节无中垫 …………………………………………………… 蛩蠊目 Grylloblattodea
16. 体极其侧扁;后足粗大,善跳跃;体外寄生于鸟或哺乳动物 …………………… 蚤目 Siphonaptera
    体不侧扁;后足正常 ………………………………………………………………………………… 17
17. 前翅或后翅退化为棒翅 ……………………………………………………………………………… 18
    翅2对,无特化 ……………………………………………………………………………………… 19
18. 雄虫前翅特化为拟平衡棒,后翅发达 …………………………………………… 捻翅目 Strepsiptera
    后翅特化为平衡棒,前翅发达 ……………………………………………………… 双翅目 Diptera
19. 体壁坚硬或略软;前翅骨化为鞘翅 ………………………………………………… 鞘翅目 Coleoptera
    体柔软;前翅不为鞘翅或无翅 ……………………………………………………………………… 20
20. 翅面密披毛或鳞片;前翅臀脉呈双"Y"形 ……………………………………………………… 21
    翅面无毛或鳞片;前翅臀脉不呈双"Y"形 ………………………………………………………… 22
21. 口器咀嚼式;翅面密披毛,偶有鳞片 …………………………………………… 毛翅目 Trichoptera
    口器虹吸式;体和翅面密披鳞片,夹有少量毛 ……………………………………… 鳞翅目 Lepidoptera
22. 翅前缘脉与亚前缘脉间的区域扩大且多横脉 ……………………………………………………… 23
    翅脉不同于上述 ……………………………………………………………………………………… 25
23. 前胸细长如颈;产卵器细长如杆 ………………………………………………… 蛇蛉目 Raphidioptera
    前胸、产卵器均不细长 ……………………………………………………………………………… 24
24. 前胸大,呈方形或近方形;翅的纵脉末端不分叉 ………………………………… 广翅目 Megaloptera
    前胸不呈方形;翅的纵脉末端常多分叉 …………………………………………… 脉翅目 Neuroptera
25. 前跗节具泡囊,爪不发达;翅狭长,边缘有长缨状缘毛 ………………………… 缨翅目 Thysanoptera
    前跗节无泡囊,爪发达;无缨翅 …………………………………………………………………… 26
26. 口器特化为针状,刺吸式 …………………………………………………………… 半翅目 Hemiptera
    口器不为刺吸式 ……………………………………………………………………………………… 27
27. 第1腹节常与胸部合并称为并胸腹节;后翅前缘常有翅钩列 …………………… 膜翅目 Hymenoptera
    无并胸腹节;无翅钩列 ……………………………………………………… 啮虫目(包括虱)Psocoptera

（二）昆虫纲的分目特征

昆虫纲分目的主要特征包括：翅的有无和类型、口器类型、足类型、变态类型、触角类型和节数、尾须的有无和节数及跗节数等。

根据昆虫纲分目检索表将各标本鉴定至所属的目，然后对照《普通昆虫学》教材的相应章节，仔细观察各目的形态特征，重点观察各目的以下特征。

1. 石蛃目 与衣鱼目甚似，可根据复眼常背面相接、胸部背面拱起和中尾丝明显长于尾须3个特征与衣鱼目区别。

2. 衣鱼目 与石蛃目相似，可根据复眼背面不相接、胸部背面较扁平和尾须与中尾丝几乎等长3个特征与石蛃目区别。

3. 蜉蝣目 成虫与石蛃目、衣鱼目一样都具有中尾丝，但因有翅故可与后两者区别。另外，该目前翅大三角形，后翅小、近圆形，可据此与其他目区别。

4. 蜻蜓目 观察蜻蜓成虫的合胸和结脉形状，以及外生殖器和副生交配器的形状和着生位置。观察稚虫的下唇罩和尾鳃，并比较豆娘与蜻蜓成虫和稚虫的异同。

5. 革翅目 比较该目与鞘翅目的不同，比较雌雄两性的差异。

6. 缺翅目 比较有翅型与无翅型的不同，比较该目与蚤蠊目的异同。

7. 襀翅目 比较其前胸背板、中胸背板和后胸背板的形状和大小；注意观察前翅中脉与肘脉间的横脉；将后翅展开，观察后翅臀区的发达程度。

8. 直翅目 观察复眼发达程度、单眼数目、前胸背板形状和大小，比较前翅与后翅的形状、质地和纵脉情况，比较若虫与短翅型成虫的不同。

9. 螳螂目 观察头部形状、复眼和单眼位置、前胸和前足形状与结构，比较其卵鞘结构与蜚蠊目的异同。

10. 蜚蠊目 观察蜚蠊的长翅、短翅和无翅种类，除了翅的大小有区别外，在复眼有无与大小、单眼有无与数目、前胸背板形状与大小、臭腺位置等方面是否有差异。比较蜚蠊目胸足与螳螂目胸足在结构上有何不同，雌虫与雄虫的主要区别，卵鞘结构与螳螂目有何不同。

11. 白蚁超科 比较白蚁的蚁王、蚁后、工蚁和兵蚁的头部形状、口式、触角形状和节数、复眼和单眼的大小与形状、翅的有无和长短、翅基缝和翅鳞。

12. 螳䗛目 比较该目与螳螂目和䗛目的异同。

13. 蛩蠊目 比较该目与蜚蠊目蟑螂、直翅目蟋蟀和缺翅目昆虫的异同。

14. 纺足目 比较雌雄两性的异同。观察前足基跗节的形状与结构。

15. 䗛目 比较竹节虫的长翅、短翅与无翅种类在前胸、中胸和后胸的形状与大小、复眼大小、单眼的有无等方面的异同。

16. 啮虫目 注意后唇基的特点，比较有翅型与无翅型的不同。

17. 半翅目 观察成虫与若虫臭腺或蜡腺的位置。比较该目与蚤目及双翅目中刺吸式口器类群形态的异同。

18. 缨翅目 观察胸足末端的端泡。比较其复眼构造与捻翅目及其他昆虫复眼的异同，比较锥尾亚目与管尾亚目形态的差异。

19. 膜翅目 比较膜翅目不同类群的触角形状与节数、中胸盾片和小盾片的特征、并胸腹节的有无、翅脉的变化、净角器的构造、雌虫产卵器的形状与功能。比较膜翅目幼虫与双翅目、毛翅目和鳞翅目幼虫的不同。

20. 蛇蛉目 比较雌虫与雄虫形态的不同。比较其幼虫与脉翅目幼虫和齿蛉幼虫形态的异同。采集时,注意观察其行为和习性的异同。

21. 广翅目 比较雌虫与雄虫形态的不同。比较其幼虫和蛹与毛翅目幼虫和蛹形态的异同。野外采集时,注意观察两者行为和习性的异同。

22. 脉翅目 比较该目与广翅目、长翅目和蛇蛉目形态与习性的不同。比较其幼虫与蛇蛉目幼虫形态的异同。野外采集时,注意观察两者行为和习性的异同。

23. 捻翅目 观察复眼中小眼的形状、雄性触角的形状、足的转节与腿节合并情况。比较雌雄两性的异同,比较雄虫与雄蚧和双翅目昆虫的不同。

24. 鞘翅目 观察不同甲虫的体型、体形、触角类型、复眼发达程度、单眼数目和位置、中胸小盾片形状,以及雌虫与雄虫形态的不同。观察幼虫形态与习性的关系。

25. 双翅目 观察不同双翅目昆虫的口器类型、触角节数与类型,有无额囊缝、翅瓣或腋瓣。比较无足型幼虫两端气门式、后气门式、无气门式与前气门式的不同。

26. 蚤目 比较其幼虫与双翅目幼虫的不同。

27. 长翅目 比较其成虫和幼虫与脉翅目、广翅目、蛇蛉目成虫和幼虫形态与习性的不同。比较长翅目雌雄两性之间的不同。

28. 毛翅目 比较毛翅目与鳞翅目成虫和幼虫形态的不同。比较其幼虫和蛹与广翅目幼虫和蛹形态的不同。

29. 鳞翅目 比较蝴蝶与蛾的不同,比较鳞翅目与毛翅目成虫形态的不同。比较鳞翅目幼虫与毛翅目幼虫及膜翅目叶蜂总科幼虫的不同。

作业与思考题

1. 比较连续式、双项式和包孕式3种常用检索表的优缺点。
2. 编制石蛃目、蜉蝣目、蜻蜓目、蜚蠊目、缨翅目、直翅目、半翅目、脉翅目、广翅目、鞘翅目、双翅目、鳞翅目和膜翅目成虫的双项式分类检索表。
3. 列表比较蜉蝣目稚虫、蜻蜓目稚虫与襀翅目稚虫的异同。
4. 列表比较鳞翅目幼虫与毛翅目幼虫和膜翅目叶蜂总科幼虫的异同。
5. 在昆虫纲中,哪些目有典型的雌雄二型现象?哪些目成虫完全无翅?
6. 列表比较半翅目、蚤目和双翅目中刺吸式口器类群口器构造的异同。

实验十五　石　蛃　目

一、实验目的

掌握石蛃目的主要特征,了解石蛃目常见科的识别特征。

二、实验材料与器具

【实验材料】　石蛃目昆虫(光角蛃科和石蛃科)的活体或标本及高清照片。
【实验器具】　体视显微镜、镊子、培养皿等。

三、实验内容与方法

（一）石蛃目昆虫的形态特征

石蛃目昆虫的形态结构如图 5-15-1 所示。体小型至中型，体长 6~26 mm，体分为头、胸、腹 3 部分，胸部较粗而向背方拱起，体被鳞片。口器咀嚼式，下口式；上颚与头壳以单关节连接；触角长丝状；复眼发达，常背面相接；单眼 2 个；胸部背面拱起，中胸和后胸侧面有时有成对刺突；无翅；胸部的中足和后足的基节上通常有外叶（刺突），跗节 2~3 节；腹部 11 节，第 1~7 节常有 1~2 对伸缩囊，第 2~9 节各具 1 对刺突；有侧尾须 1 对和中尾丝 1 条，中尾丝明显长于侧尾须。

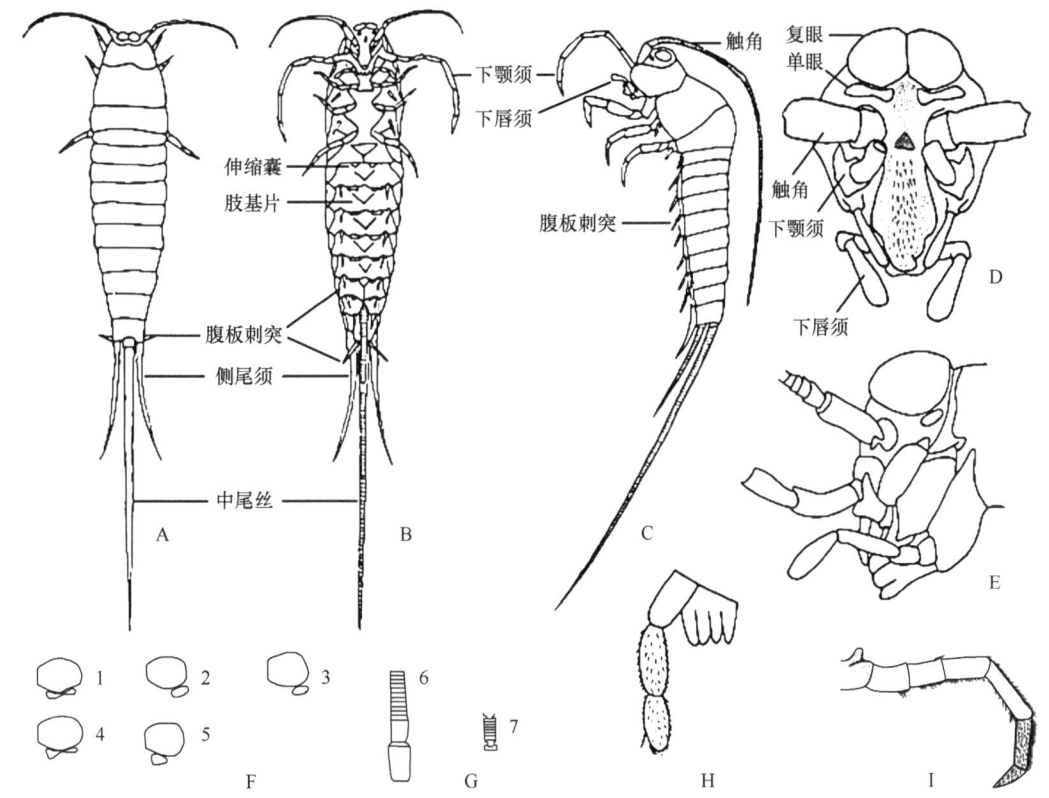

图 5-15-1　石蛃目昆虫的形态结构示意图（张加勇供图）
A. 背面观；B. 腹面观；C. 侧面观；D. 头前面观；E. 头侧面观；F. 单眼和复眼（单眼形状：1. 鞋形，2. 长方形，3. 椭圆形，4. 棒槌形，5. 三角形）；G. 部分触角（6. 基部数节，7. 端部 1 节）；H. 下唇须；I. 下颚须

（二）石蛃目的分类

石蛃目昆虫种类较少，全球仅已知 2 科 500 余种，国内 2 科（石蛃科和光角蛃科）31 种。石蛃科的大多数种类分布在北半球，中国记载有 30 种；光角蛃科主要分布在南半球，中国记载 1 种。二者可通过胸足刺突、腹板发达程度和雄体阳基侧突区分。

石蛃科又分为古蛃亚科、新蛃亚科和石蛃亚科，其中新蛃亚科和石蛃亚科在中国都有相关种的报道，而古蛃亚科至今无报道。

作业与思考题

1. 总结描述石蛾目昆虫的形态特征及鉴定方法。
2. 手绘石蛾目昆虫的形态示意图。
3. 观察石蛾目昆虫的形态特征，推测其生活习性及分类地位，并查找相关资料进行验证。

实验十六　衣　鱼　目

本实验彩图

一、实验目的

掌握衣鱼目的主要特征，了解衣鱼目常见科的识别特征。

二、实验材料与器具

【实验材料】　衣鱼目昆虫（衣鱼科、光衣鱼科、原衣鱼科、土衣鱼科、古衣鱼科）的活体或标本及高清照片。

【实验器具】　体视显微镜、镊子、培养皿等。

三、实验内容与方法

（一）衣鱼目昆虫的形态特征

衣鱼目昆虫（图 5-16-1）是一种原始的无翅昆虫，略呈纺锤形，体长 5～30 mm，背腹扁平，触角细长，有 1 对尾须和单一中尾丝，全身多毛，部分种类身披鳞片。触角长丝状；复眼多退化或消失，单眼只存在于原始类群古衣鱼科中；咀嚼式口器，古衣鱼科和毛衣鱼科为下口式，稍向前，其余类群为前口式；上颚与头壳以双关节连接；胸部扁平，3 节大小相近；腿基节扁平强壮，跗节

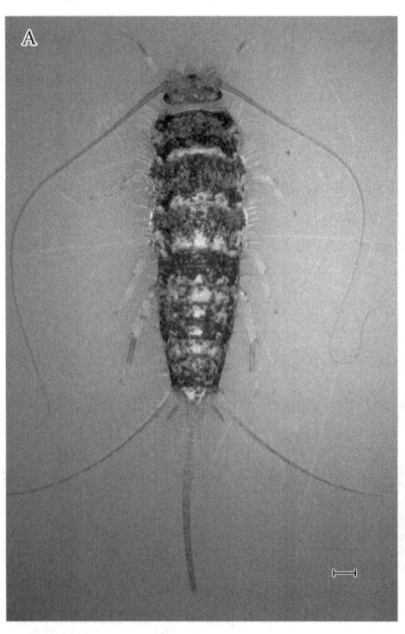
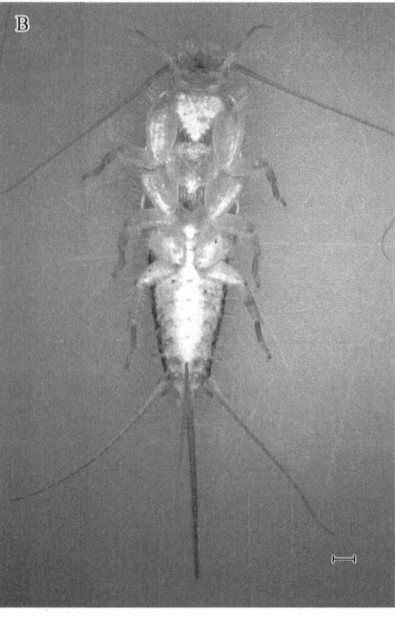

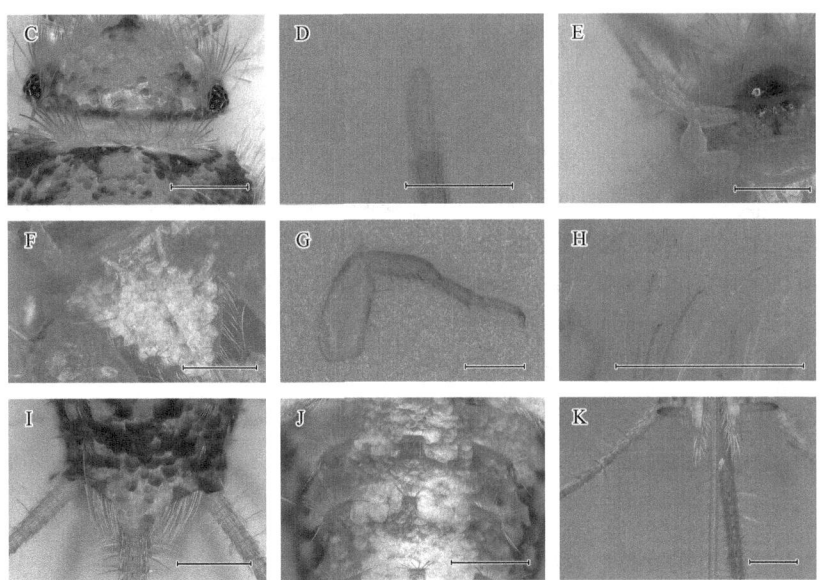

图 5-16-1 小灶衣鱼 *Thermobia domestica*（衣鱼科）（栾云霞供图）
A. 背面；B. 腹面；C. 复眼；D. 下颚须顶端；E. 下唇须；F. 前胸腹板；G. 中胸足；H. 胸部大刚毛；I. 第 10 背板；
J. 腹节腹板毛序；K. 产卵管。标尺长度均为 0.5 mm

分为 3～5 节，有 1 对侧爪（lateral claw）和 1 个爪间突（empodium）；腹部 11 节，生有数目不等的成对刺突（stylus），部分种类有可外翻的成对囊泡（eversible vesicle）；末节具 1 对长而多节的尾须和单一中尾丝；生殖节无腹板，雌虫有发达的产卵管。

（二）衣鱼目的分类

全球已知的衣鱼目分为 5 个现生科和 1 个化石科（毛衣鱼科），包括 160 属 640 余种，其中衣鱼科和土衣鱼科占绝大多数。但国内对衣鱼目的研究较少，迄今仅发现 10 余种。

衣鱼目现生类群分科检索表

1. 有单眼 古衣鱼科 Tricholepidiidae
   无单眼 2
2. 有复眼 3
   无复眼 4
3. 全身被鳞片 衣鱼科 Lepismatidae
   体表有毛而无鳞片 光衣鱼科 Maindroniidae
4. 下颚内叶有臼叶，腹部有可外翻的囊泡 土衣鱼科 Nicoletiidae
   下颚内叶无臼叶，腹部无可外翻的囊泡 原衣鱼科 Protrinemuridae

1. 衣鱼科 全身被鳞片，有复眼，无单眼，多数营自由生活或室内生活，很少土栖。不同种类的体形多变，口器前口式，腿跗节 4 节，腹部无可外翻的囊泡，刺突多为 1～3 对。衣鱼科物种在全世界广泛分布，能在沙漠地区生活，目前已知 45 属 300 余种。

2. 光衣鱼科 身体细长，有毛，无鳞片，有复眼，无单眼，口器前口式，腿跗节 4 节，腹部无可外翻的囊泡，刺突变异较大，有 1～8 对。该科目前仅发现 1 属 3 种，分布于南美和北非等热带地区。

3. 原衣鱼科 2002 年，Mendes 将原衣鱼亚科从土衣鱼科中提升出来，独立成科。该科为穴居类群，身体被毛，无鳞片，触角简单，无性二型性。无单眼和复眼，口器前口式，下颚内叶（maxillary lacinia）无臼叶（prostheca），腹部无可外翻的囊泡，腹板（urosternite）第1~8节完整。目前已知4属10种，分布于智利、伊朗、土耳其、加里曼丹岛、中国和希腊等地。

4. 土衣鱼科 穴居类群，常生活在土壤中、蚂蚁或白蚁巢中，多为白色或米黄色。体表备毛或鳞片，触角存在性二型性，无单眼和复眼，口器前口式，下颚内叶有臼叶，腹部有可外翻的囊泡，不同种类腹板第1节多变，第2~8节完整。目前已知96属300余种。

5. 古衣鱼科 衣鱼目中唯一有单眼的类群，被认为是衣鱼目的活化石。身体覆毛，无鳞片，有单眼和复眼，口器下口式，腿跗节5节，腹部8对刺突，有可外翻的囊泡。目前仅发现1属2种，分布于美国加利福尼亚州和澳大利亚。

作业与思考题

1. 总结描述衣鱼目昆虫的形态特征及鉴定方法。
2. 手绘衣鱼目昆虫的形态示意图。
3. 观察衣鱼目昆虫的形态特征，推测其生活习性及分类地位，并查找相关资料进行验证。

实验十七　蜉　蝣　目

本实验彩图

一、实验目的

掌握蜉蝣目的主要特征，了解蜉蝣目常见科的识别特征。

二、实验材料与器具

【**液浸标本（或新鲜材料）**】　蜉蝣科、扁蜉科、小蜉科、四节蜉科、细裳蜉科等。
【**玻片标本**】　蜉蝣科、扁蜉科、小蜉科、四节蜉科、细裳蜉科等。
【**实验器具**】　体视显微镜、镊子、培养皿、生物显微镜等。

三、实验内容与方法

（一）蜉蝣目昆虫的形态特征

以蜉蝣科为例，蜉蝣目昆虫的形态特征如图5-17-1和图5-17-2所示。

（二）蜉蝣目分科主要特征

蜉蝣目成虫主要分科特征包括：身体大小，翅的对数（后翅是否消失），脉相（主要包括纵脉、横脉）的多少，有无缘闰脉；前中脉（MA）分叉点的位置，后中脉（MP）与前肘脉（CuA）的基部是否向后弯曲；后中脉之间、后中脉与前肘脉之间、两肘脉之间是否有闰脉，以及闰脉的数目、形态、是否成对；后肘脉（CuP）是否分叉，是否由许多横脉将其连接到翅后缘；臀脉（A）是否分叉，是否由许多横脉将其连接到翅后缘；雄性外生殖器的形态（包括尾铗的节数、各节长度之比及阳茎的形态）；终尾丝2根还是3根等。

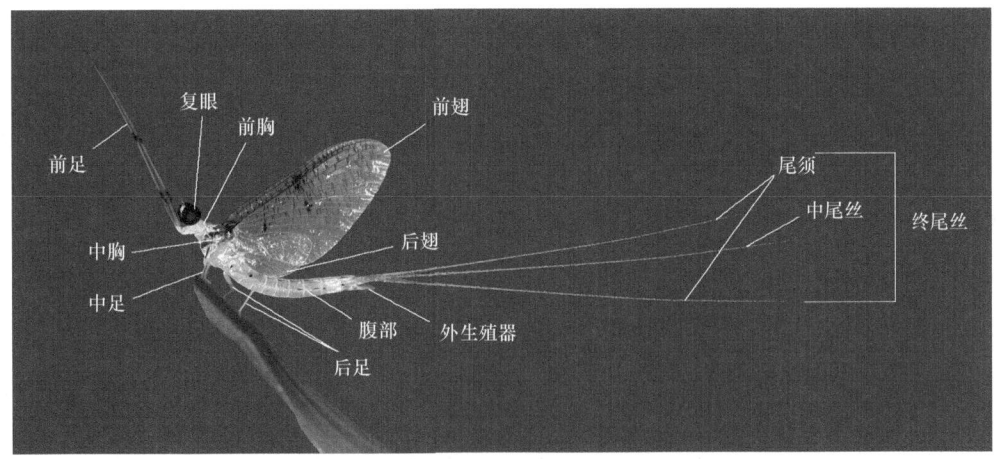

图 5-17-1　蜉蝣目昆虫形态特征图（绢蜉 *Ephemera serica* 成虫）（周长发供图）

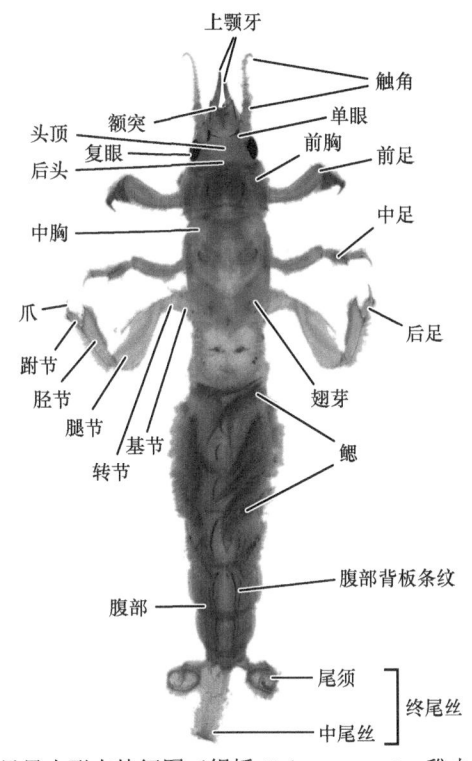

图 5-17-2　蜉蝣目昆虫形态特征图（绢蜉 *Ephemera serica* 稚虫）（周长发供图）

蜉蝣目稚虫主要分科特征包括：身体体制（大小、背腹扁平还是圆柱状，身体是光滑还是多毛或多刺），口器的形态（上颚是否具较长的上颚牙及其形态，口器各部分的样式，下颚须和下唇须的有无、长短等），足的类型（是否是粗壮的挖掘足、宽大的游泳足、扁平的爬行足、强壮的捕捉足或细长的沙栖足等），鳃的特征（包括对数、形态、着生位置、各鳃是单枚还是两枚等），终尾丝 2 根还是 3 根，是否是多毛、粗壮的游泳尾等。

（三）蜉蝣目常见科分类检索表

蜉蝣目成虫分科检索表

1. 前翅的 MP_2 脉与 CuA 脉在基部向后强烈弯曲；A_1 脉不分叉，由许多排列整齐的横脉连接到翅后缘（1a[①]），身体多为黄至黑色，体长多在 15 mm 以上 ·················· 蜉蝣科 **Ephemeridae**
   前翅的 MP_2 脉与 CuA 脉在基部不明显弯曲，其他特征多变 ·················· 2
2. 前翅 CuA 脉与 CuP 脉之间具排列规则的 2 对闰脉（2a）；2 根尾须；身体多为黄至黑色，体长多在 15 mm 以上 ·················· 扁蜉科 **Heptageniidae**
   前翅 CuA 脉与 CuP 脉之间具数目不定的排列不规则的闰脉；2～3 根中尾丝 ·················· 3
3. 前翅不具缘闰脉或不明显（3a） ·················· 细裳蜉科 **Leptophlebiidae**
   前翅具明显的缘闰脉（3b） ·················· 4
4. 前翅 MA_2 脉和 MP_2 脉与其基干游离，缘闰脉短小但明显；阳茎不可见（4a） ·················· 四节蜉科 **Baetidae**
   前翅的 MA_2 脉与 MP_2 脉在基部与其基干连接，缘闰脉单根，相对较长（4b）；阳茎明显（4c） ·················· 小蜉科 **Ephemerellidae**

蜉蝣目成虫分科检索表配图如图 5-17-3 所示。

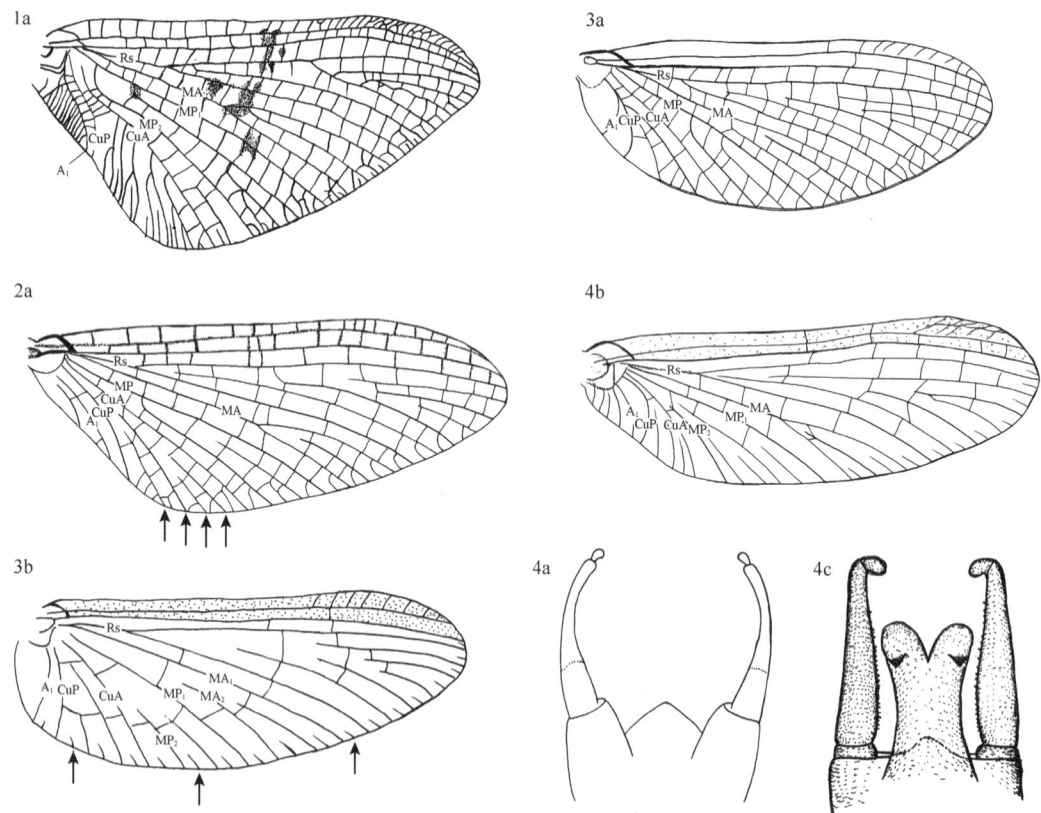

图 5-17-3　蜉蝣目成虫分科检索表配图（周长发供图）
2a 图中箭头示 2 对闰脉；3b 图中箭头示缘闰脉

---

① 对应本检索表配图中的分图号，余同

蜉蝣目稚虫分科检索表

1. 上颚具向上弯曲的上颚牙，头部背面观中明显可见（1a）；额突两叉状（1b）·················
···蜉蝣科 Ephemeridae
上颚一般不具上颚牙；腹部的鳃形态多样 ·· 2
2. 腹部第2节无鳃；腹部3~7节上的鳃分为背部片状与腹部多叶状（2a）···························
···小蜉科 Ephemerellidae
腹部第2节具发育程度不同的形式多样的鳃（2b）··· 3
3. 身体呈小鱼状的流线型，背腹厚度一般明显大于身体宽度；鳃多为膜质片状的单枚（3a）或两枚，触角长度是头宽的3倍以上；个体相对较小，一般小于8 mm·············四节蜉科 Baetidae
身体不呈小鱼状，一般较扁；鳃的形状多样但一般不呈简单的膜质片状，可能为形式多样的分叉、丝状鳃（2b）··· 4
4. 头扁平（4a）；鳃的背叶膜质片状，腹叶丝簇状（4b）·····················扁蜉科 Heptageniidae
头不特别扁平；腹部的鳃形状多样，但都为细长丝状或缘部具细小的缨毛（2b）·················
···细裳蜉科 Leptophlebiidae

蜉蝣目稚虫分科检索表配图如图 5-17-4 所示。

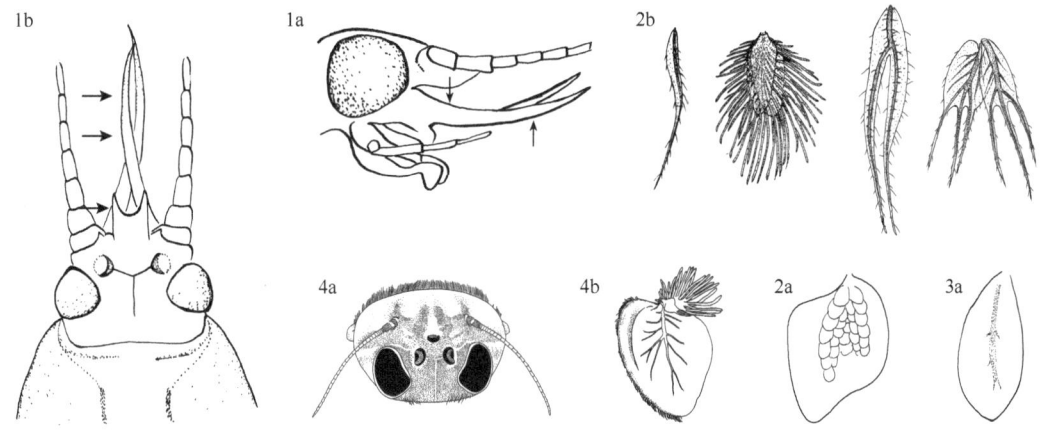

图 5-17-4　蜉蝣目稚虫分科检索表配图（周长发供图）
1a 图中箭头示向上弯曲的上颚牙；1b 图中箭头示突出的额突与上颚牙

（四）蜉蝣目常见科的识别

1. 蜉蝣科

（1）稚虫主要鉴别特征　个体较大。身体圆柱形，常为淡黄色或黄色；上颚突出成明显的牙状，除基部外，上颚牙表面不具刺突，端部向上弯曲；各足极度特化，适合于挖掘；身体表面和足上密生长细毛；鳃7对，除第1对较小外，其余各鳃分2枚，每枚又为两叉状，鳃缘呈缨毛状，位于体背。生活时，鳃由前向后按顺序具节律性地抖动；尾丝3根。

（2）成虫主要鉴别特征　个体较大，除触角和尾丝外，体长一般在15 mm以上；复眼黑色，大而明显；翅面常具棕褐色斑纹；前翅 MP_2 脉和 CuA 脉在基部极度向后弯曲，远离 MP_1 脉，A_1 脉不分叉，由许多短脉将其与翅后缘相连；尾丝3根（图 5-17-5）。

2. 小蜉科

（1）稚虫主要鉴别特征　体长 5~15 mm；身体的背腹厚度略小于体宽，不特别扁，也不呈圆柱形，常为较暗的红色、绿色或黑褐色；体背常具各种瘤突或刺状突起；腹部第1节上的鳃

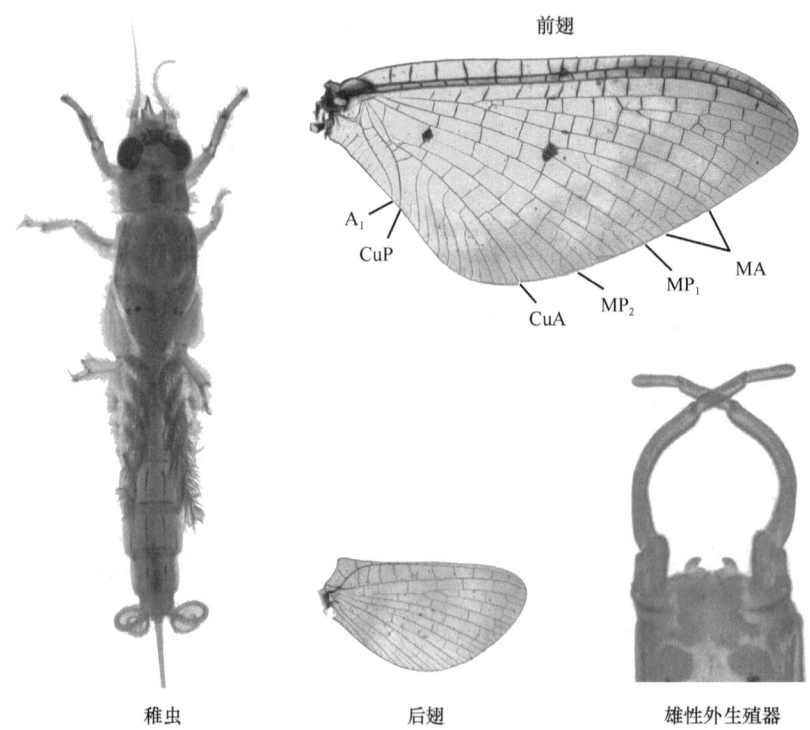

稚虫　　　　　　　后翅　　　　　　雄性外生殖器

图 5-17-5　绢蜉 *Ephemera serica*（蜉蝣科 Ephemeridae）形态特征（周长发供图）

很小，不易看见或缺失；第 2 节无鳃，第 3～5、3～6、3～7 或 4～7 腹节上的鳃一般分背腹 2 枚，背方的膜质片状，腹方的鳃常为两叉状，每叉又分为若干小叶；第 3 或第 4 腹节上的鳃有时扩大而盖住后面的鳃；鳃背位；尾丝 3 根，具刺。

（2）成虫主要鉴别特征　　体色一般为红色或褐色，复眼上半部红色，下半部黑色；前翅翅脉较弱，MP_1 脉与 MP_2 脉之间具 2～3 根长闰脉；MP_2 脉与 CuA 脉之间具闰脉，CuA 脉与 CuP 脉之间具 3 根或 3 根以上的闰脉，CuP 脉与 A_1 脉向翅后缘强烈弯曲；翅缘纵脉间具单根缘闰脉；尾铗第 1 节长度不及宽度的 2 倍，第 2 节长度是第 1 节长度的 4 倍以上，第 3 节较第 2 节短或极短；尾丝 3 根（图 5-17-6）。

3. 扁蜉科

（1）稚虫主要鉴别特征　　身体各部扁平，背腹厚度明显小于身体的宽度；足的关节为前后型；鳃位于第 1～7 腹节体背或体侧，每枚鳃分为背腹两部分，背方的鳃片状、膜质，而腹方的鳃丝状、一般成簇，第 7 对鳃的丝状部分很小或缺失；尾丝 2 或 3 根。

（2）成虫主要鉴别特征　　前翅的 CuA 脉与 CuP 脉之间具典型的排列成 2 对的闰脉；后翅明显，MA 脉与 MP 脉分叉；身体一般具黑色、褐色或红色的斑纹；尾须 2 根（图 5-17-7）。

4. 细裳蜉科

（1）稚虫主要鉴别特征　　体长一般在 10 mm 以下；下颚须与下唇须 3 节；鳃 6 或 7 对，除第 1 和第 7 对鳃可能变化外，其余各鳃端部大多分叉，具缘毛，形状各异，一般位于体侧，少数位于腹部；尾丝 3 根。

（2）成虫主要鉴别特征　　虫体一般在 10 mm 以下；雄成虫的复眼分为上下两部分，上半部分为棕红色，下半部分为黑色；前翅的 MA_1 脉与 MA_2 脉之间具 1 根闰脉；MP_1 脉与 MP_2 脉之间具 1 根闰脉，MP_2 脉与 CuA 脉之间无闰脉，CuA 脉与 CuP 脉之间具 2～8 根闰脉；臀脉（A）

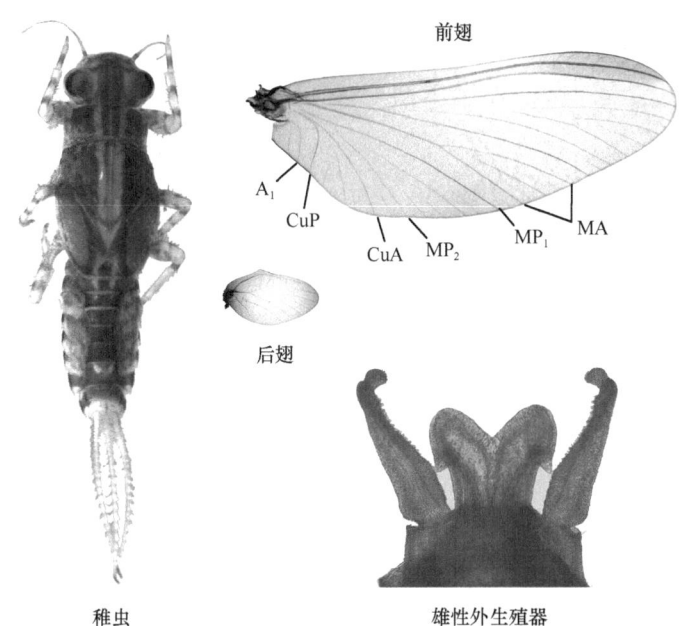

图 5-17-6　红天角蜉 *Uracanthella rufa*（小蜉科 Ephemerellidae）形态特征（周长发供图）

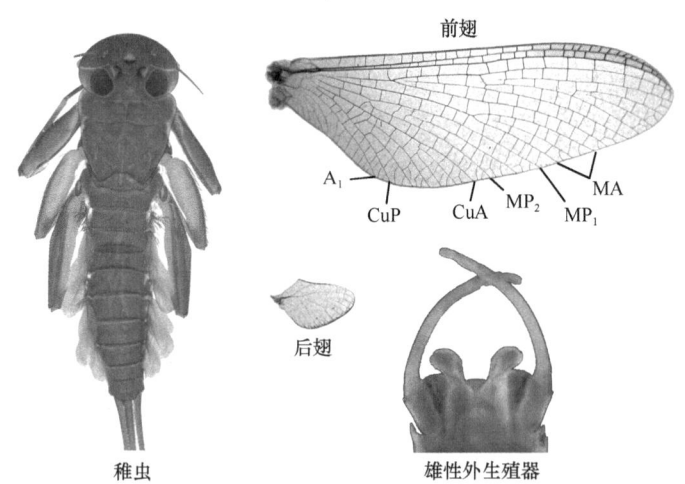

图 5-17-7　桶形赞蜉 *Paegniodes cupulatus*（扁蜉科 Heptageniidae）形态特征（周长发供图）

2~3根，强烈向翅后缘弯曲；尾铗 2~3 节，一般 3 节，第 2~3 节远短于第 1 节；阳茎常具各种附着物；尾丝 3 根（图 5-17-8）。

5. 四节蜉科

（1）稚虫主要鉴别特征　　一般较小，体长为 3~12 mm；身体大多呈流线型，运动有点像小鱼；身体背腹厚度多大于身体宽度；触角长度大于头宽的 3 倍；后翅芽有时消失；腹部各节的侧后角延长成明显的尖锐突起；鳃一般 7 对，有时 5 对或 6 对，位于第 1~7 腹节背侧面，大多为单枚膜质；尾丝 2 或 3 根，具长而密的细毛。

（2）成虫主要鉴别特征　　复眼分明显的上下两部分，上半部分呈锥状，橘红色或红色；下半部分圆形，黑色；前翅的 IMA、MA$_2$、IMP、MP$_2$ 脉基部游离，横脉减少，在相邻纵脉间的翅缘部具典型的 1 或 2 根缘闰脉；后翅极小或缺如；前足 5 节，中后足的跗节 3 节；阳茎退化成膜质；尾丝 2 根（图 5-17-9）。

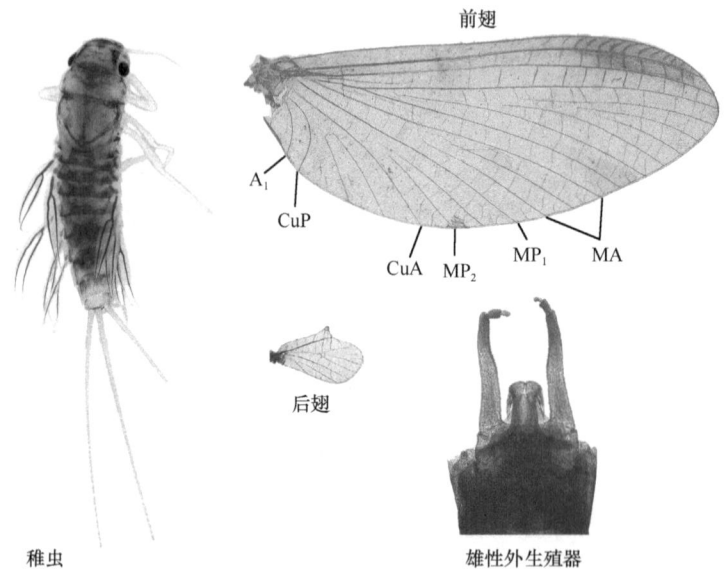

图 5-17-8　紫金柔襀蜉 *Habrophlebiodes zijinensis*（细裳蜉科 Leptophlebiidae）形态特征（周长发供图）

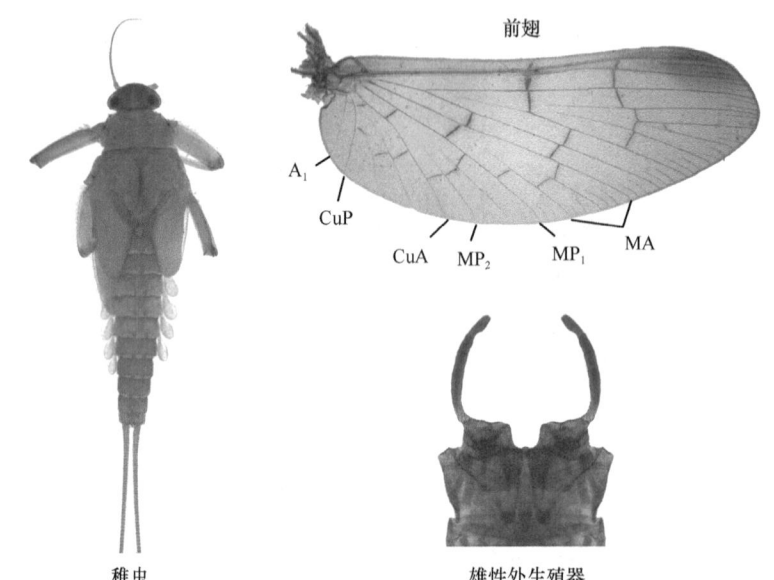

图 5-17-9　二刺花翅蜉 *Baetiella bispinosa*（四节蜉科 Baetidae）形态特征（周长发供图）

作业与思考题

1. 比较蜉蝣目亚成虫与成虫的形态特点，查找文献，探讨亚成虫的可能起源与存在意义。
2. 蜉蝣目亚成虫与成虫的生活期极短，口器退化。试比较蜉蝣稚虫、亚成虫、成虫口器的形态，并查找文献，探讨雌雄蜉蝣目昆虫是如何保持同步成熟并成功繁殖后代的。
3. 比较四节蜉科、蜉蝣科、扁蜉科稚虫的身体形态，推测它们可能的生活习性。
4. 比较蜉蝣科、细裳蜉科、扁蜉科翅脉的特点，推测它们可能的演化关系。

实验十八 蜻 蜓 目

本实验彩图

一、实验目的

掌握蜻蜓目的主要形态特征，了解蜻蜓目常见科的识别特征。

二、实验材料与器具

【针插标本】 蟌科、扇蟌科、色蟌科、隼蟌科、丝蟌科、蜓科、春蜓科、大蜓科、蜻科。
【袋装标本】 蟌科、扇蟌科、色蟌科、隼蟌科、丝蟌科、蜓科、春蜓科、大蜓科、蜻科。
【实验器具】 体视显微镜、镊子、培养皿、手持放大镜等。

三、实验内容与方法

（一）蜻蜓目昆虫的形态特征

以蟌科为例，蜻蜓目的形态特征如图 5-18-1 所示。

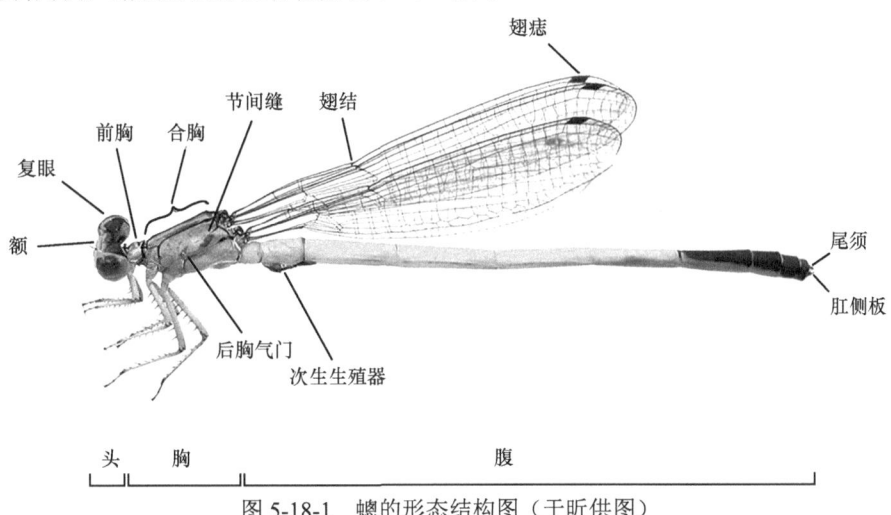

图 5-18-1　蟌的形态结构图（于昕供图）

（二）蜻蜓目分科主要特征

蜻蜓目分科特征主要包括：复眼的大小、形状、占头部的比例，翅的脉序、形状、位置，足的特殊结构如是否延展、有无特殊的齿等构造，腹部的形状及相对比例等特征。

（三）蜻蜓目常见科分类检索表

蜻蜓目常见科分类检索表

1. 前后翅形状及翅脉基本一致（1a），复眼间距较大，腹部大多修长纤细 ········· **2（均翅亚目）**
   前后翅形状及翅脉不同，后翅相对宽阔，有发达的臀域（1b）；复眼间距小，停栖时翅平展于胸背面 ·· **6（差翅亚目）**
2. 前翅结前横脉多于 5 条（2a），翅脉密集，翅室较多 ····································· **3**
   前翅结前横脉 2 条（2b），翅脉稀疏，翅室较少 ··· **4**
3. 唇基显著突出如鼻；腹长短于翅长 ·· **隼蟌科 Chlorocyphidae**

唇基正常，腹部长度大于翅长 ·· 色蟌科 Calopterygidae
4. 翅端纵脉间有闰脉插入（4a），体表常具金属光泽，停栖时翅常展开 ············ 丝蟌科 Lestidae
  翅端纵脉间没有闰脉（4b），体表少有金属光泽 ··· 5
5. 足胫节刺长，其长度大于其间距的 2 倍，复眼间距接近单个复眼直径的 2 倍 ··············
   ·· 扇蟌科 Platycnemididae
   足胫节刺长度远小于其间距的 2 倍，一般小于或相当于其间距；复眼间距不到单个复眼直径的
   1.5 倍 ·· 蟌科 Coenagrionidae
6. 翅前缘的原始结前横脉缺失，后翅具发达的套；复眼紧密接触成一线 ········· 蜻科 Libelulidae
   翅前缘具 2 条明显粗壮的原始结前横脉（6a），后翅无套或不很发达，多为大型种类 ······· 7
7. 两复眼紧密接触呈一线 ·· 蜓科 Aeshnidae
   两复眼互相远离或仅接触在一点 ·· 8
8. 两复眼相距较远；下唇中叶完整，不沿中线分裂 ······················· 春蜓科 Gomphnidae
   两复眼接触于一点，下唇中叶沿中线纵裂 ······················· 大蜓科 Cordulagasteridae

蜻蜓目分科检索表配图如图 5-18-2 所示。

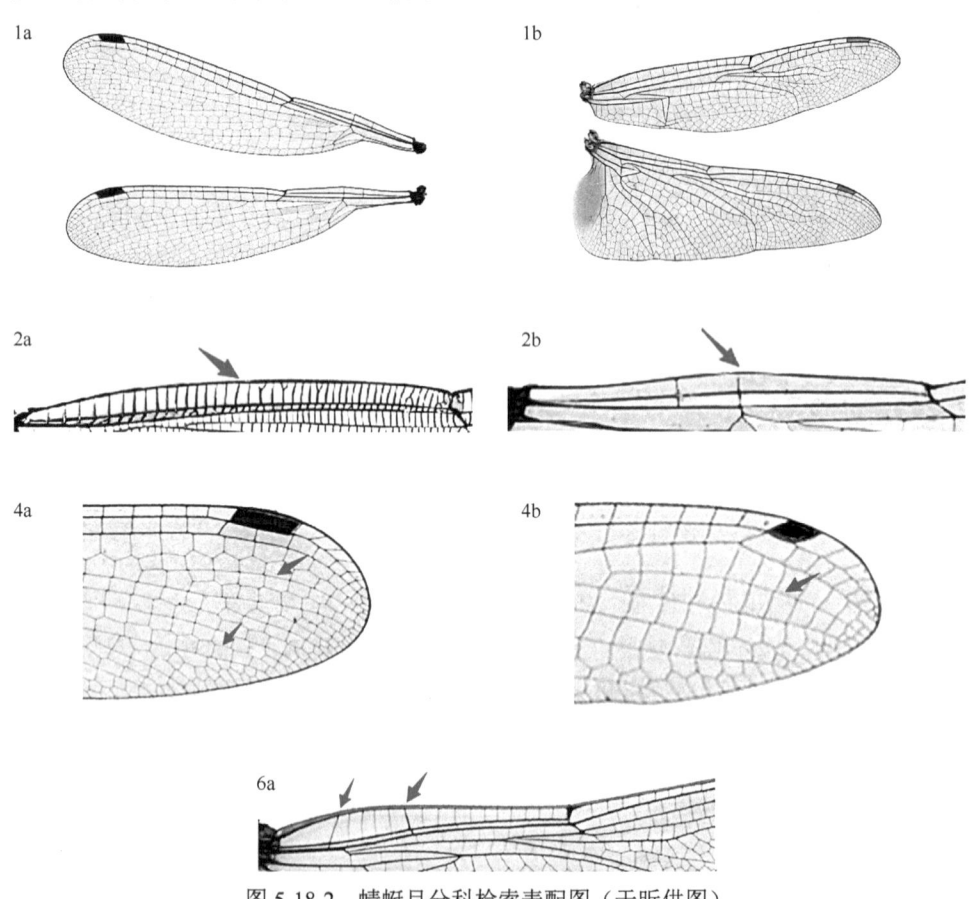

图 5-18-2　蜻蜓目分科检索表配图（于昕供图）
箭头所指为前缘横脉

（四）蜻蜓目常见科的识别

1. 蟌科　复眼间距相对较小，仅有 2 条结前横脉，足胫节刺短，翅脉稀疏（图 5-18-3）。

2. 扇蟌科 复眼间距相对较大，仅有 2 条结前横脉，足胫节刺长，翅脉稀疏（图 5-18-4）。

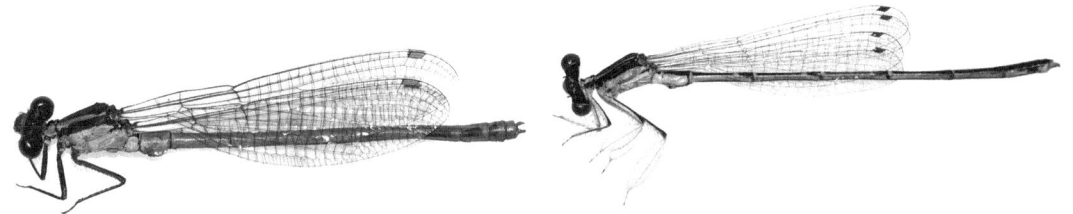

图 5-18-3 蟌科（于昕供图）　　　　　图 5-18-4 扇蟌科（于昕供图）

3. 丝蟌科 体表为闪绿的金属光泽，仅有 2 条结前横脉，翅脉相对密集（图 5-18-5）。

4. 色蟌科 翅脉密集，结前横脉较多，体表有金属光泽，足胫节刺长（图 5-18-6）。

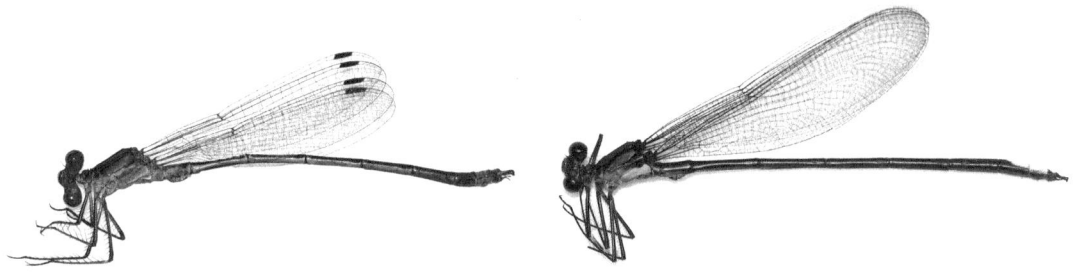

图 5-18-5 丝蟌科（于昕供图）　　　　　图 5-18-6 色蟌科（于昕供图）

5. 隼蟌科 面部唇基突出如鼻，翅脉密集，结前横脉较多，腹部较翅长更短，足胫节刺长（图 5-18-7）。

6. 蜓科 复眼相连成 1 条缝，有 2 条原始结前横脉，翅较大，大型种类（图 5-18-8）。

图 5-18-7 隼蟌科（于昕供图）　　　　　图 5-18-8 蜓科（于昕供图）

7. 大蜓科 复眼相连于一点，有 2 条原始结前横脉，翅相对身体较小，身体黄黑条纹相间，大型种类（图 5-18-9）。

8. 春蜓科 复眼不互相接触，有 2 条原始结前横脉，翅较大，身体黄黑条纹相间，中到大型种类（图 5-18-10）。

9. 蜻科 复眼相连成 1 条缝，没有 2 条原始结前横脉，翅发达，后翅臀区尤为扩展，臀套明显，翅常具斑纹，中型种类（图 5-18-11）。

图 5-18-9 大蜓科(于昕供图)　　　　图 5-18-10 春蜓科(于昕供图)

图 5-18-11 蜻科(于昕供图)

 **作业与思考题**

1. 练习在野外识别蜻蜓目的种类,并记录在实地观察到的蜻蜓目种类。
2. 绘制蜻蜓目常见科的分科检索表。
3. 通过体视显微镜或放大镜仔细观察蜻蜓目的翅脉。
4. 在野外水域仔细观察蜻蜓目昆虫的行为习性。

实验十九　革　翅　目

一、实验目的

掌握革翅目的主要形态特征,了解革翅目常见科的识别特征。

二、实验材料与器具

【实验材料】　革翅目昆虫(蠼螋)的活体或标本及高清照片。
【实验器具】　体视显微镜、镊子、培养皿等。

三、实验内容与方法

（一）革翅目昆虫的形态特征

革翅目通称蠼螋、蝠螋，简称螋，前翅革翅。

体小型至中型，体长4～30 mm；体壁坚硬。口器咀嚼式，前口式；触角丝状，10～50节；有复眼而无单眼，前翅短，缺翅脉，端部平截；后翅膜质，宽大呈扇形，折叠于前翅下；部分种类无翅；跗节3节，第2跗节最短；雌虫腹部8节，雄虫腹部10节；尾须1节，铗状，称尾铗；通常雌虫尾铗直，雄虫尾铗内弯。

（二）革翅目的分类

全世界已记录10科2000种，多分布于热带地区。中国已知229种。

作业与思考题

1. 总结描述革翅目昆虫的形态特征及鉴定方法。
2. 手绘蠼螋的形态示意图。
3. 观察蠼螋的形态特征，推测其生活习性及分类地位，并查找相关资料进行验证。

实验二十　缺　翅　目

本实验彩图

一、实验目的

掌握缺翅目（缺翅虫科）的主要识别特征。

二、实验材料与器具

【实验材料】 缺翅目昆虫的活体、标本或高清照片。
【实验器具】 体视显微镜、镊子、培养皿等。

三、实验内容与方法

（一）缺翅目昆虫的形态特征

成虫体型微型至小型，体长多为2～4 mm，身体柔软。头宽大，近三角形；口器咀嚼式，下口式；下颚须4节，末节最长；下唇须3节，末节膨大；触角9节，各节长念珠状；有翅型复眼发达，额面具3个单眼，体色棕黑色；无翅型缺复眼或单眼，体色淡棕色。前胸背板宽大，近四边形，中、后胸背板后缘显著宽于前缘，近梯形；翅膜质，狭长，易脱落，脉序简单；前翅大于后翅。腿节膨大，后足腿节内侧具刺列，其数量和排列方式为重要分种依据；跗节2节，第1节短小。腹部长卵形，10节，背板具左右对称大刚毛；尾须短小，不分节，密布软柔毛和长刚毛，末端具1至数根长鬃（图5-20-1）。阳茎形态和结构多变，对应不同繁殖行为模式，强烈骨化至弱骨化。渐变态。卵长椭圆形，表面具饰纹，形状依物种而异。若虫形态和成虫近似，体乳白色，触角8节，老熟后增至9节。有翅型若虫具翅芽，初龄若虫翅芽小，老熟个体翅芽狭长色深，可见翅脉。

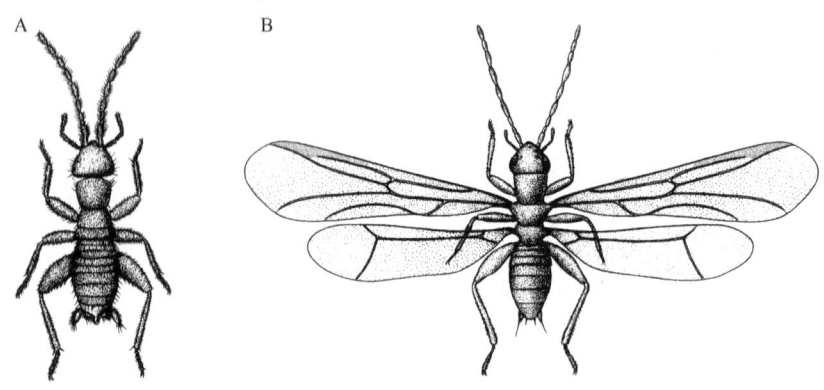

图 5-20-1　缺翅目的代表（殷子为供图，改自彩万志等，2011）
A. 中华缺翅虫；B. 墨脱缺翅虫

（二）缺翅目的分类

缺翅目为昆虫纲多样性最低的目之一，目前全世界仅报道 1 科（缺翅虫科）1 属（缺翅虫属）47 种（国际上也见 2 科 4 亚科系统，由于尚未被广泛接受，本书暂不采用），另包含化石类群 2 属 15 种。我国缺翅虫科已记录 1 属 4 种（图 5-20-2），分布于海南、云南和西藏，台湾报道 1 种，实际为革翅目 1 龄若虫的误鉴定。

图 5-20-2　中国的缺翅目昆虫
A. 中华缺翅虫（无翅型）；B. 墨脱缺翅虫（有翅型）；C. 海南缺翅虫（无翅型）；D. 黄氏缺翅虫（无翅型）。
A 由郑昱辰供图，B、C 由吴超供图，D 由陈兆洋供图

作业与思考题

1. 总结描述缺翅目昆虫的形态特征及鉴定方法。

2. 手绘缺翅目昆虫的形态示意图。
3. 观察缺翅目昆虫的形态特征，推测其生活习性及分类地位，并查找相关资料进行验证。
4. 造成缺翅目较低多样性的因素有哪些？

实验二十一　襀　翅　目

本实验彩图

一、实验目的

掌握襀翅目的主要形态特征，了解襀翅目常见科的识别特征。

二、实验材料与器具

【液浸标本（或新鲜材料）】　卷襀科、叉襀科、襀科等。

【玻片标本】　卷襀科、叉襀科、襀科等。

【实验器具】　体视显微镜、镊子、培养皿等。

三、实验内容与方法

（一）襀翅目昆虫的形态特征

以海豚新襀为例，襀翅目的形态特征如图 5-21-1 所示。

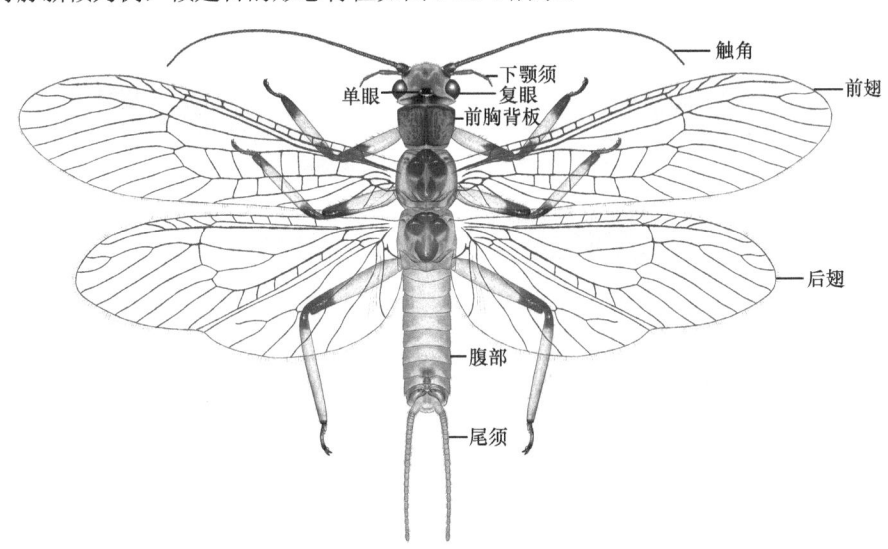

图 5-21-1　襀翅目形态特征图（背面观）（莫娆娆供图）

（二）襀翅目分科主要特征

襀翅目分科特征主要包括：体型大小、前后翅脉相、翅静止时的状态、跗节的相对长度、生殖器形状、尾须节数等。观察标本时，只需要使用体视显微镜即可清楚地观察到翅脉、内外生殖器细节和尾须等特征。

（三）襀翅目常见科分类检索表

襀翅目常见科分类检索表

1. 尾须柱状，仅单节（1a） ··· 2

尾须丝状，多节（1aa）·· 渍科 **Perlidae**
2. 前后翅 Sc_1、Sc_2、R_{4+5} 及 r-m 翅脉组成 1 个明显的"X"形（2a）；静止时翅不向腹部卷折（2b）
·· 叉渍科 **Nemouridae**
前后翅 Sc_1、Sc_2、R_{4+5} 及 r-m 翅脉不组成 1 个明显的"X"形（2aa）；静止时翅向腹部卷折（2bb）
·· 卷渍科 **Leuctridae**

渍翅目分科检索表配图如图 5-21-2 所示。

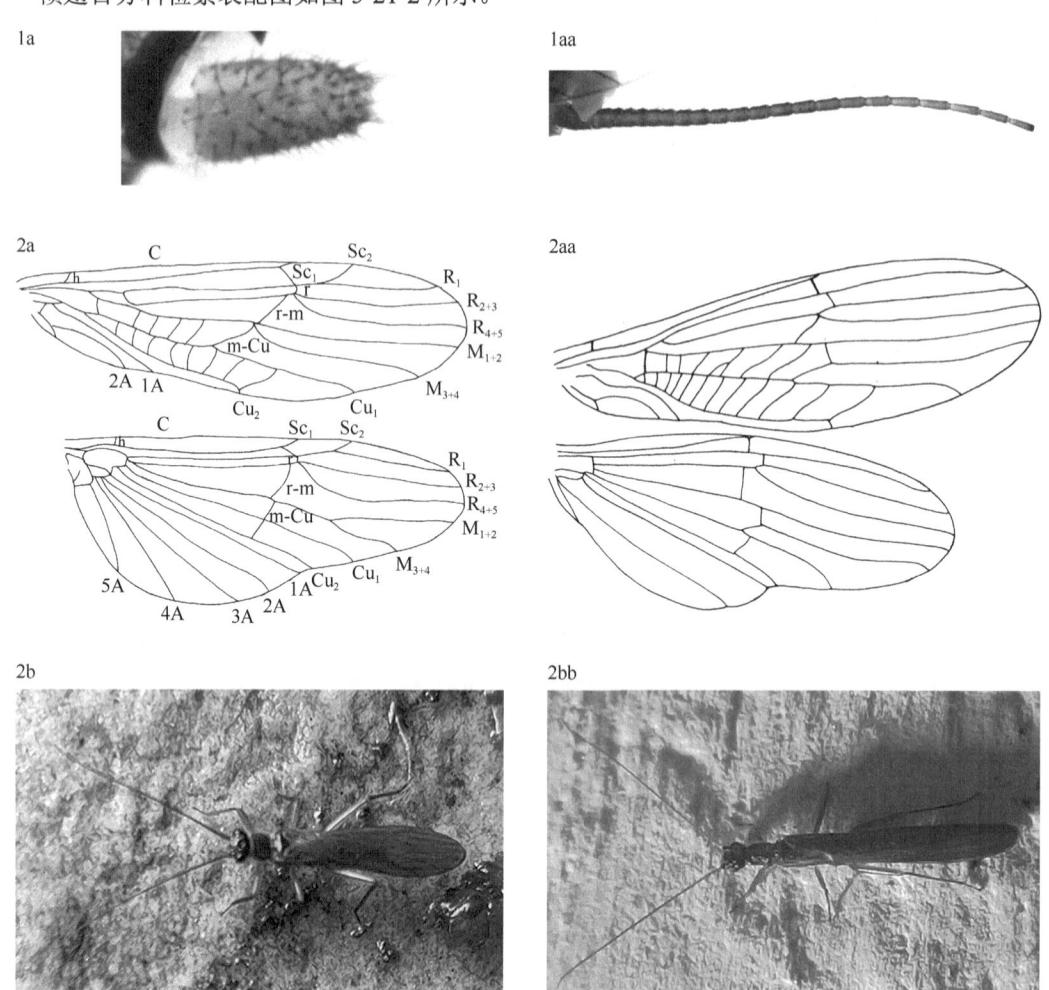

图 5-21-2　渍翅目分科检索表配图
（1a 引自 Mo et al., 2019a；1aa 引自 Mo et al., 2019b；2a 和 2aa 仿杨定等，2015；2b 和 2bb 由莫娆娆供图）

（四）渍翅目常见科的识别

结合《普通昆虫学》教材描述的详细特征，观察各科的主要鉴别特征部位。

1. 卷渍科　尾须单节，柱状；前后翅 Sc_1、Sc_2、R_{4+5} 及 r-m 翅脉不组成 1 个明显的"X"形；腹部末端（第 10 背板）有钩状肛上突；雌虫有前后生殖板（图 5-21-3）。

2. 叉渍科　尾须单节，柱状；前后翅 Sc_1、Sc_2、R_{4+5} 及 r-m 翅脉组成 1 个明显的"X"形；腹部末端（第 10 背板）有矩形肛上突；雌虫有前后生殖板（图 5-21-4）。

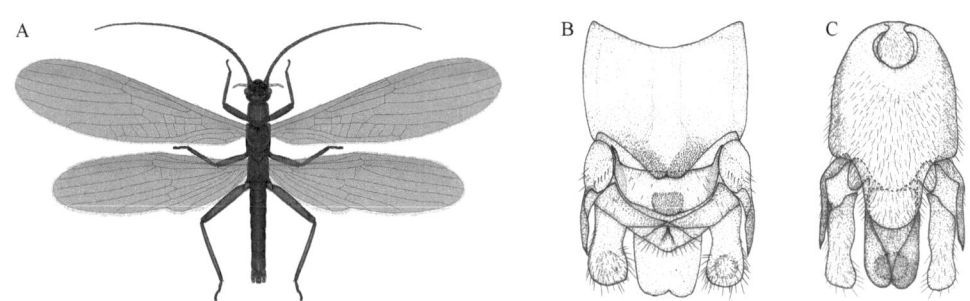

图 5-21-3 卷襀科（莫娆娆供图；B 和 C 仿 Mo et al., 2018）
A. 虫体背面观；B. 外生殖器背面观；C. 外生殖器腹面观

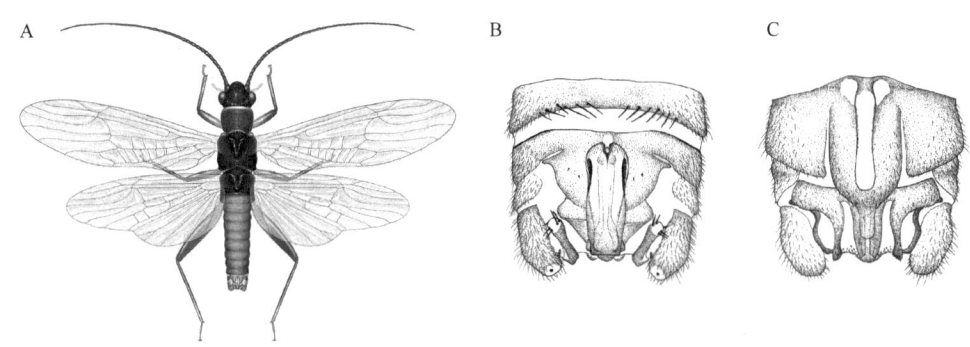

图 5-21-4 叉襀科（仿 Li et al., 2018）
A. 虫体背面观；B. 外生殖器背面观；C. 外生殖器腹面观

3. 襀科 尾须长而多节，丝状；腹部末端（第 10 背板）有特殊的外生殖器；雌虫有后生殖板（图 5-21-5）。

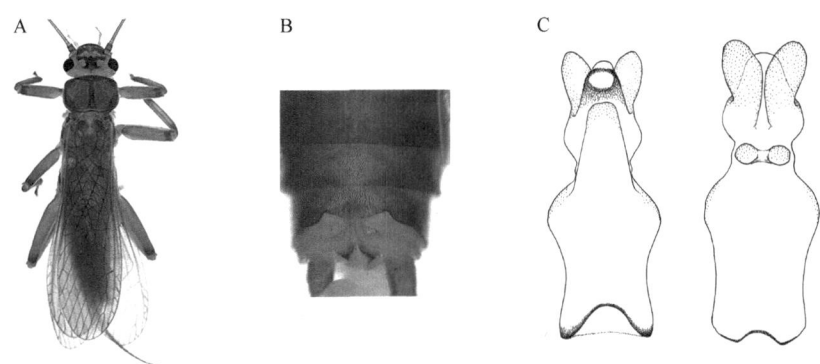

图 5-21-5 襀科（仿 Mo et al., 2019b）
A. 虫体背面观；B. 外生殖器背面观；C. 阳茎背腹面观

 作业与思考题

1. 绘制叉襀科的外生殖器构造图。
2. 绘制卷襀科和襀科的前翅图，并注明名称。
3. 通过解剖、制作玻片或者电镜扫描等方法，比较襀翅目昆虫的口器构造与其他昆虫类群咀嚼式口器的差异。
4. 根据襀翅目的生活习性（条件允许的情况下），调查城市周边环境较好的水生环境的襀翅目类群及其多样性，比较襀翅目与其他水生昆虫的多样性差异。

实验二十二　直　翅　目

本实验彩图

一、实验目的

掌握直翅目的分类方法及分类特征；掌握直翅目的亚目及重要科的特征；学习使用检索表和编制检索表。

二、实验材料与器具

【针插标本（或液浸标本）】　蚱、蚤蝼、癞蝗、斑翅蝗、网翅蝗、蟋蟀、蝼蛄、螽斯等成虫标本。

【实验器具】　体视显微镜、镊子、培养皿等。

三、实验内容与方法

（一）直翅目昆虫的形态特征

直翅目昆虫的形态特征如图 5-22-1 所示。

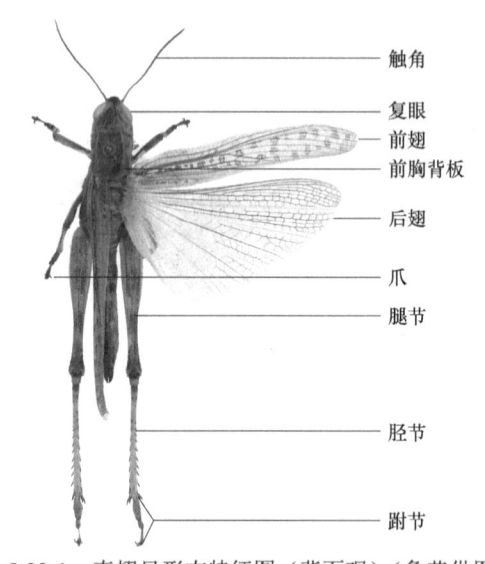

图 5-22-1　直翅目形态特征图（背面观）（鲁莹供图）

（二）直翅目分科主要特征

直翅目分科主要特征包括：触角节数与长度、听器的有无及其所在位置、前足或后足类型、跗节式和产卵器形状等。观察时务必充分利用好体视显微镜，以免影响鉴定结果。

（三）直翅目常见科分类检索表

直翅目常见科分类检索表

1. 触角细长，一般长于体长；若短于体长，则组成触角的节数在 30 节以上；若具听器，则位于前足胫节基部（1a）；若具发音器，则位于前翅基部	2（螽亚目 Ensifera）
触角较短粗，一般短于体长，常少于 30 节；若具听器，则位于腹部的基部两侧（1aa）；若具发音器，则由后足股节内侧与前翅或腹部摩擦发音	4（蝗亚目 Caelifera）
2. 触角短于体长；雌虫产卵器不外露；前足为开掘足（2a）	蝼蛄科 Gryllotalpidae
触角长于体长；雌虫产卵器发达，刀状、剑状（2aa）、长矛状（2bb）或针状，前足非开掘足	3
3. 跗节 4 节（3a）	螽斯科 Tettigoniidae
跗节 3 节（3aa）	蟋蟀科 Gryllidae
4. 前、中及后足跗节均具 3 节（4a）	5
前足和中足跗节最多 2 节，后足跗节 3 节或 1～2 节	10
5. 头部具细纵沟（5a）；后足股节外侧常具棒状或颗粒状隆线	6
头部缺细纵沟；后足股节外侧具羽状隆线	7
6. 头非锥形（6a）；触角丝状；腹部第 2 背板侧面的前下方具摩擦板	癞蝗科 Pamphagidae

头一般锥形（6aa）；触角剑状；腹部第 2 背板侧面的前下方缺摩擦板·················
··锥头蝗科 Pyrgomorphidae
7. 触角丝状（7a），一般较细长···8
触角剑状（7aa），一般较粗短··剑角蝗科 Acrididae
8. 前胸腹板在两前足之间具前胸腹板突，呈锥形、圆柱形或横片状·························
···斑腿蝗科 Catantopidae
前胸腹板在两前足之间平坦或略隆起，但不具前胸腹板突·······················9
9. 前翅中脉域具有中闰脉，少数不明显或消失，至少在雄虫的中闰脉具发音齿；后翅通常具有明显的暗色带纹···斑翅蝗科 Oedipodidae
前翅中脉域一般缺中闰脉，如具中闰脉，则雌雄两性均不具发音齿；后翅多无带纹······
···网翅蝗科 Arcypteridae
10. 前胸背板向后延伸超过胸部，到达或超过腹部；后足跗节 3 节（10a）···········
···蚱科 Tetrigidae
前胸背板向后延伸仅覆盖胸部；后足跗节仅具 1～2 节（10aa），有时退化·······
···蚤蝼科 Tridactylidae

直翅目分科检索表配图如图 5-22-2 所示。

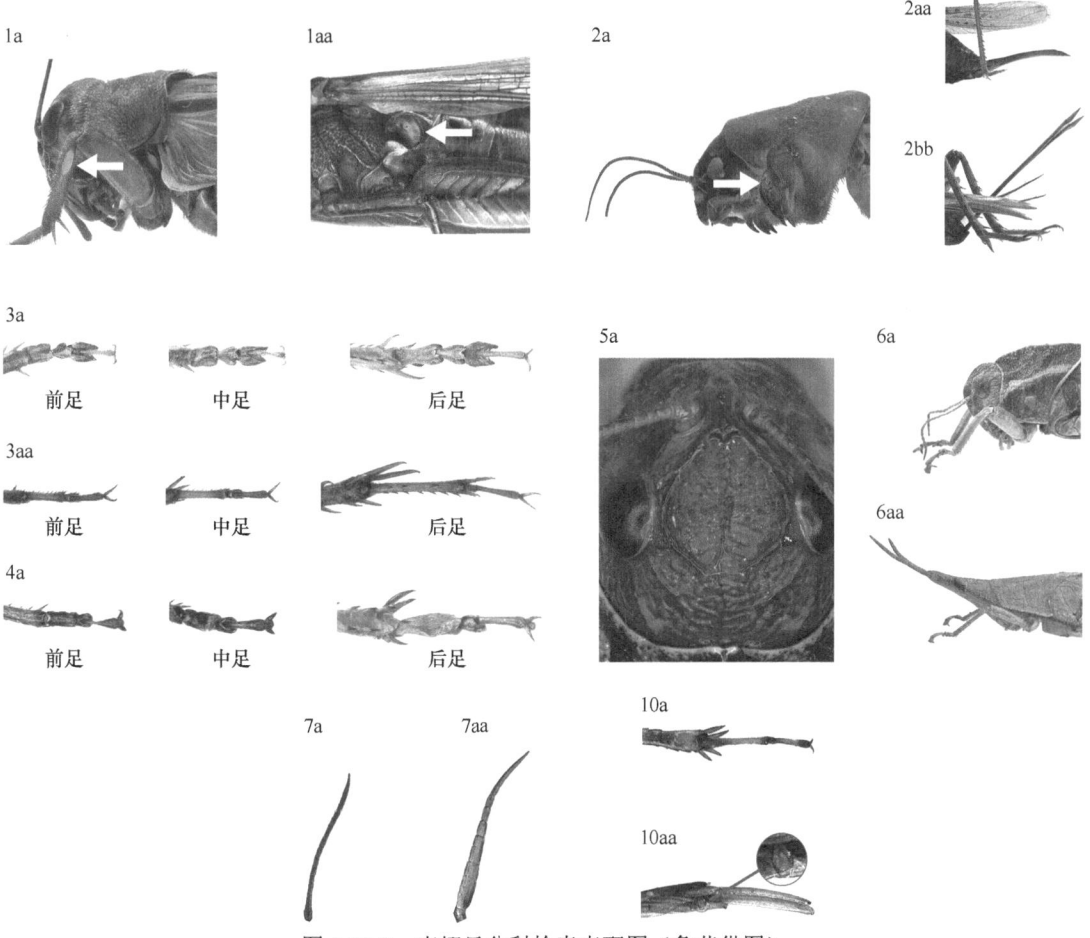

图 5-22-2　直翅目分科检索表配图（鲁莹供图）

（四）直翅目常见科的识别

1. 螽斯科 触角长于体长；雄虫前翅具发音器；前足胫节基部有听器，封闭型；跗节式 4-4-4；雌虫产卵瓣较长，剑状（图 5-22-3）。

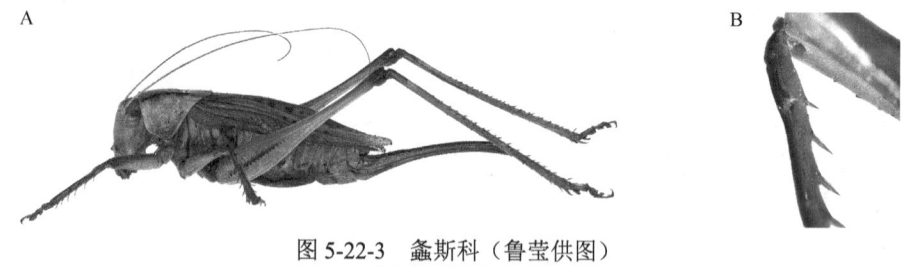

图 5-22-3　螽斯科（鲁莹供图）
A. 全个体侧面观；B. 听器

2. 蟋蟀科 前翅发达，极少数退化；前足胫节基部有听器；跗节式 3-3-3；雌虫产卵瓣针状或长矛状；尾须长（图 5-22-4）。

图 5-22-4　蟋蟀科（鲁莹供图）
A. 全个体侧面观；B. 听器

3. 蝼蛄科 前翅短，雄虫前翅的发音器不发达；前足开掘足，其胫节基部听器不发达；跗节式 3-3-3；雌虫产卵瓣退化（图 5-22-5）。

图 5-22-5　蝼蛄科（鲁莹供图）
A. 全个体侧面观；B. 前足及其上的听器（箭头所示）

4. 癞蝗科 头部大，近卵形，较前胸背板短；触角丝状；前翅和后翅发达，短缩，鳞片状或消失；后足股节外侧常具短棒状或颗粒状隆线；腹部第 2 背板两侧的前下方具摩擦板（图 5-22-6）。

5. 锥头蝗科 头部为锥形，颜面侧观极向后倾斜，有时颜面近波状；触角剑状，基部数节较宽扁，其余各节较细；前胸腹板突明显；前翅和后翅均发达，狭长，端尖或狭圆；后足股节外侧中区具不规则的短棒状隆线或颗粒状突起（图 5-22-7）。

6. 斑腿蝗科 头部一般为卵形，颜面侧观为垂直或向后倾斜；触角丝状；前胸腹板在两前足之间具前胸腹板突，呈锥形、圆柱形或横片状等；后足股节外侧具羽状纹（图 5-22-8）。

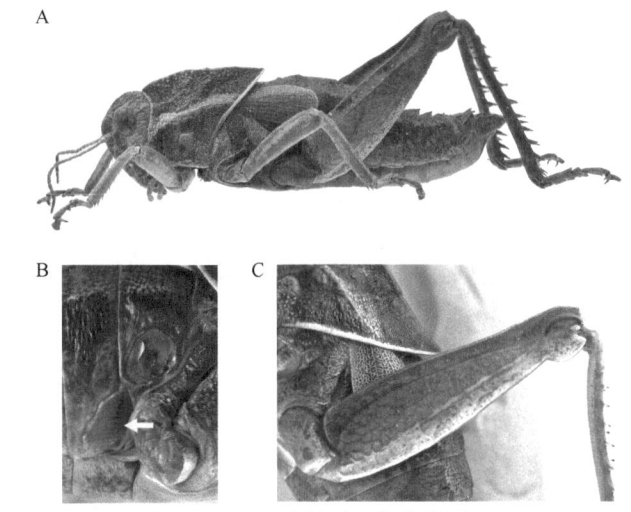

图 5-22-6　癞蝗科（鲁莹供图）
A. 全个体侧面观；B. 摩擦板（箭头所示）；C. 后足股节外侧

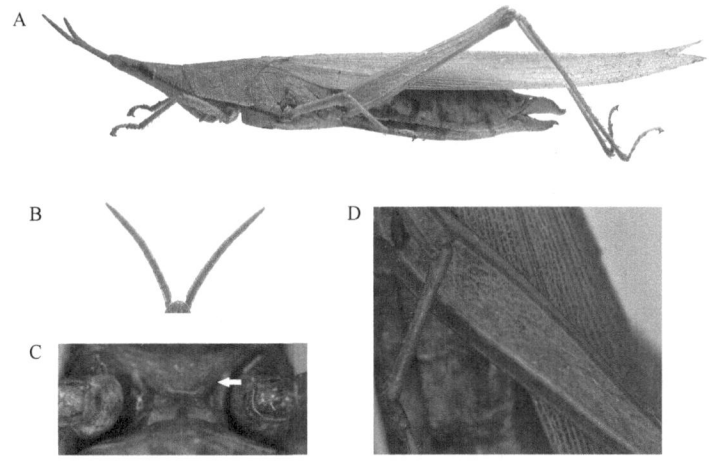

图 5-22-7　锥头蝗科（鲁莹供图）
A. 全个体侧面观；B. 触角；C. 前胸腹板突（箭头所示）；D. 后足股节外侧

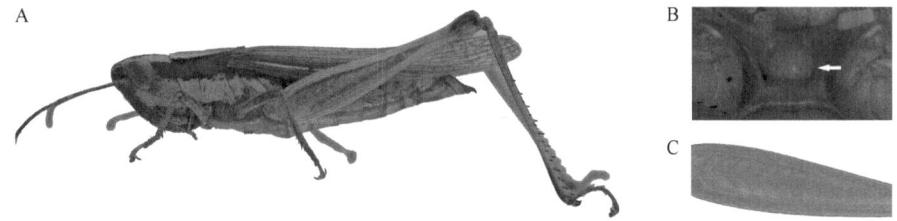

图 5-22-8　斑腿蝗科（鲁莹供图）
A. 全个体侧面观；B. 前胸腹板突（箭头所示）；C. 后足股节外侧

7. 斑翅蝗科　头部近卵形；颜面侧观较直，有时明显向后倾斜；触角丝状；前胸腹板在两前足基部之间平坦或略隆起；前翅中脉域常具有中闰脉，少数不明显或消失，至少在雄虫的中闰脉上具发音齿，后翅通常具有明显的暗色带纹（图 5-22-9）。

8. 网翅蝗科　头部多呈圆锥形；颜面颇向后倾斜，侧观颜面与头顶形成锐角形；触角丝状；前胸腹板在两前足基部之间通常不隆起，平坦，有时呈较小的突起；后足股节内侧近下隆线处常具发音齿；前翅中脉域一般缺中闰脉，如具中闰脉，则雌雄均不具发音齿（图 5-22-10）。

图 5-22-9　斑翅蝗科（鲁莹供图）
A. 全个体侧面观；B. 后翅；C. 前翅中闰脉上的发音齿（箭头所示）

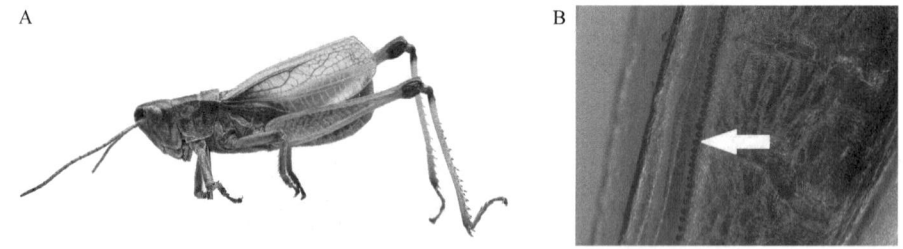

图 5-22-10　网翅蝗科（鲁莹供图）
A. 全个体侧面观；B. 后足股节内侧的发音齿（箭头所示）

9. 剑角蝗科　头部侧面观为钝锥形或长锥形；颜面向后倾斜，与头顶成锐角；触角剑状；前胸腹板具突起或平坦；后足股节外侧具羽状纹（图 5-22-11）。

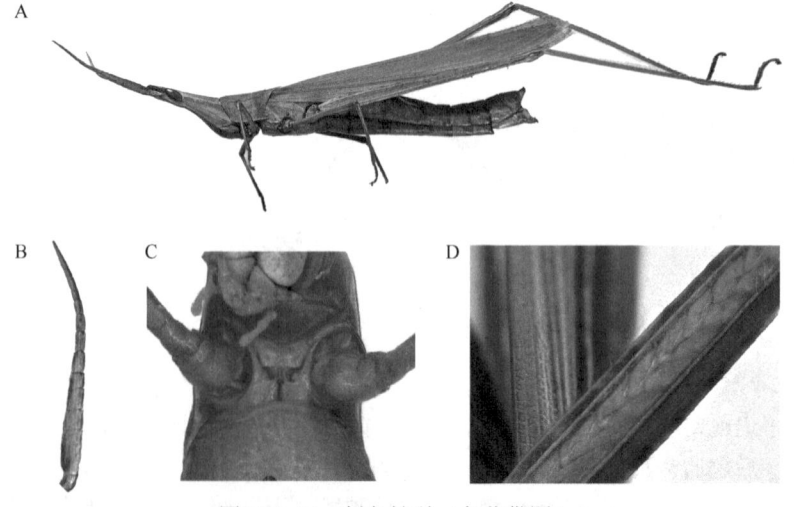

图 5-22-11　剑角蝗科（鲁莹供图）
A. 全个体侧面观；B. 触角；C. 前胸腹板；D. 后足股节外侧

10. 蚱科　　颜面隆起在触角之间分叉成沟状；触角丝状；前胸背板侧叶后缘通常具 2 个凹陷，少数仅具 1 个凹陷；跗节式 2-2-3；前胸背板菱形，接近或超出腹末（图 5-22-12）。

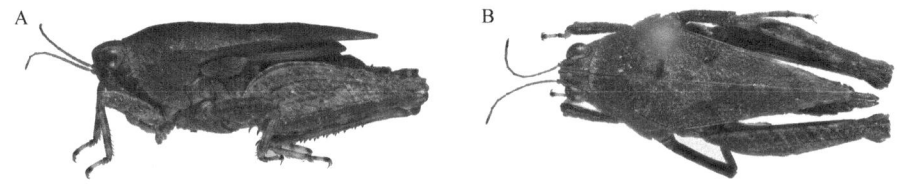

图 5-22-12　蚱科（鲁莹供图）
A. 全个体侧面观；B. 全个体背面观

11. 蚤蝼科　　前胸背板盔状；前足开掘足，其胫节无听器；后足跳跃足；跗节式 2-2-1（图 5-22-13）。

图 5-22-13　蚤蝼科（鲁莹供图）
A. 全个体侧面观；B. 前足；C. 后足

 **作业与思考题**

1. 列表比较螽斯科、蟋蟀科、蝼蛄科、蚱科、蚤蝼科、癞蝗科、锥头蝗科、斑腿蝗科、斑翅蝗科、网翅蝗科、剑角蝗科的形态特征。
2. 编制本次实验观察到的直翅目昆虫的二项式检索表。
3. 根据直翅目的生活习性，调查校园周边草地或林缘地带分布的直翅目昆虫种类，并在此基础上分析其多样性及与栖息地的关系。

实验二十三　螳　螂　目

本实验彩图

一、实验目的

掌握螳螂目的主要形态特征，了解螳螂目常见科的识别特征。

二、实验材料与器具

【**液浸标本（或新鲜材料）**】　　广斧螳、棕静螳、中华刀螳等。
【**干制标本**】　　广斧螳、棕静螳、中华刀螳、薄翅螳等。
【**实验器具**】　　体视显微镜、镊子、培养皿等。

三、实验内容与方法

（一）螳螂目昆虫的形态特征

螳螂目昆虫的形态特征如图 5-23-1 所示。

（二）螳螂目常见科分类检索表

螳螂目常见科分类检索表

1. 头顶无锥状突起，前足胫节外列刺不倒伏，相互分离·················· 螳科 **Mantidae**
   头顶具锥状突起，前足胫节外列刺倒伏，相互紧邻·················· 花螳科 **Hymenopodidae**

螳科和花螳科的前足胫节特征如图 5-23-2 所示。

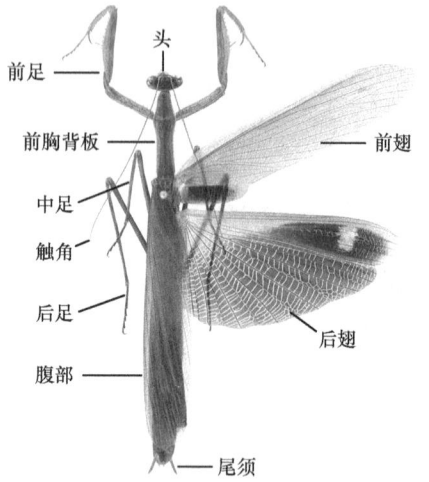

图 5-23-1 螳螂目形态特征图（背面观）（吴超供图）

图 5-23-2 螳科（A）和花螳科（B）的前足胫节特征（吴超供图）

在日常生产生活中，通常仅能见到 4 种螳螂，分别为：薄翅螳（*Mantis religiosa*）、中华刀螳（*Tenodera sinensis*）、棕静螳（*Statilia maculata*）、广斧螳（*Hierodula patellifera*）；均属螳科（图 5-23-3）。

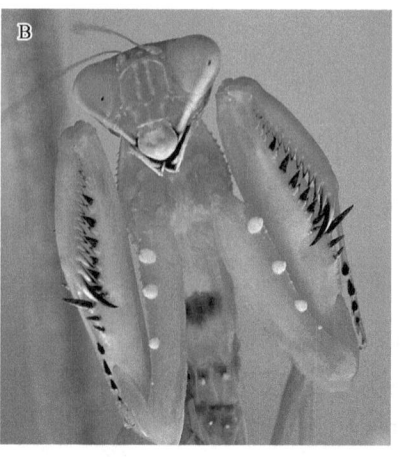

图 5-23-3 常见螳科代表的前足特征（吴超供图）
A. 中华刀螳；B. 广斧螳；C. 棕静螳；D. 薄翅螳

 **作业与思考题**

1. 绘制中华刀螳前足结构。
2. 简述螳螂目昆虫前足特化的重要意义。
3. 比较螳螂目昆虫的前足及雄性外生殖器构造与其他昆虫类群的差异。
4. 根据螳螂目昆虫的生活习性，调查校园内园林植物上的螳螂目种类及其多样性。

实验二十四　蜚蠊目（不含白蚁超科）

本实验彩图

一、实验目的

掌握蜚蠊目的主要形态特征，了解蜚蠊目常见科的识别特征。

二、实验材料与器具

【实验材料】　蜚蠊目昆虫的活体或标本及高清照片。
【实验器具】　体视显微镜、镊子、培养皿等。

三、实验内容与方法

（一）蜚蠊目昆虫的形态特征

蜚蠊目昆虫的形态特征如图 5-24-1 所示。

体微型至大型，长卵圆形或卵圆形，扁平，长 3～90 mm。头部一般光滑，少数具短毛或刻点。口器咀嚼式，下口式。触角丝状，室内及野外常见种类触角多细长，部分木食性蜚蠊及硕蠊科部分亚科种类触角较短。多数蜚蠊复眼发达，少数穴居类群复眼退化[如菌栖蚁巢蠊（*Attaphila fungicola*）]；单眼 2 个或无。下颚须 5 节，下唇须 3 节。前胸背板发达，盾形，盖住头部或稍露头顶。有长翅、短翅和无翅种类；有发达翅者，前翅覆翅，后翅膜翅，臀区发达，停息时 2 对翅平放于体背。足长，多刺，跗节 5 节。腹部背板 10 节，雄虫腹板

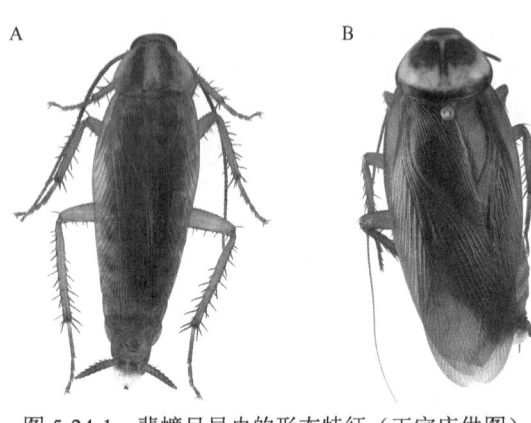

图 5-24-1 蜚蠊目昆虫的形态特征（王宗庆供图）
A. 德国小蠊；B. 美洲大蠊

9 节，雌虫腹板 7 节；有时部分类群存在第 8、9 背板退化并包被于第 7 背板之下的情况（如隐尾蠊）；部分种类第 7 背板具腺体开口。雄虫第 9 腹板（下生殖板）常具 1 对刺突，有些类群具 1 个尾刺或无；尾须 1 对，1 至多节。

（二）蜚蠊目的分类

已知的蜚蠊目可分为 9 科近 5000 种，主要分布于亚热带及热带雨林地区。中国已知 7 科 400 余种。

蜚蠊目分科检索表

1. 具翅个体后翅臀域仅向腹侧折叠 1 次而非扇形折叠 ·············· 2（地鳖总科 Corydioidea）
   非上述 ·· 3
2. 体长通常小于 5 mm，白色或浅黄色；翅脉非常简单，脉近乎直线 ············ 蟾蠊科 Nocticolidae
   体长通常大于 5 mm，体色多样；翅脉相对复杂 ···································· 地鳖蠊科 Corydiidae
3. 阳茎结构复杂，明显分为左、右 2 部分 ·························· 4（蜚蠊总科 Blattoidea）
   阳茎结构简单，明显分为左、中、右 3 部分 ···················· 5（硕蠊总科 Blaberoidea）
4. 尾须通常较短，卵胎生或胎生；雌虫下生殖板不分瓣 ····························· 硕蠊科 Blaberidae
   尾须通常较长，绝大多数卵生，罕见卵胎生；雌虫下生殖板多不分瓣，罕见短的纵向缺刻 ····
   ·· 姬蠊科 Ectobiidae
5. 前后翅形状、大小几乎相等 ·· 白蚁超科 Termitoidae
   非上述 ·· 6
6. 第 7 背板延长至完全隐藏于腹末；雄虫第 7 腹板似雌虫下生殖板，完全隐藏于尾器 ···········
   ·· 隐尾蠊科 Cryptocercidae
   非上述 ·· 7
7. 唇基隆起，罕见不隆起（澳大利亚种类）······································ 褶翅蠊科 Anaplectidae
   唇基不隆起 ·· 蜚蠊科 Blattidae

其中较常见的有以下 3 科。

1. 姬蠊科 体小至中型，相对纤细、柔弱；体常黄褐色，前胸背板常有红褐色或黑褐色条纹或斑块；足纤细，前足腿节常具 1 列大小不一的刺；胸、腹部背板较薄软，T1、T7、T8 常特化，具毛或具腺体；尾须长，伸出肛上板后缘，多毛。雌虫下生殖板不分裂成 2 瓣，雄性外生殖器分左、中、右阳茎，结构较复杂，纤细。卵荚革质、光滑，侧脊齿突无或不明显。重要种类有德国小蠊（*Blattella germanica*），为卫生害虫，世界性分布。

2. 蜚蠊科 体小至中型，相对粗壮；体多红褐色、黑褐色，前胸背板较宽大，光滑，或具刻点或瘤突；足较粗壮，前足腿节常具列刺，为 A2 型或 A3 型；胸、腹部背板较厚（硬），尾须长，通常伸出肛上板后缘，多毛。雌虫下生殖板分裂成 2 瓣；雄虫下生殖板具 1 对圆柱形尾刺，雄性外生殖器阳茎结构非常复杂。卵荚光滑，侧脊齿突明显。常见种类有美洲大蠊（*Periplaneta americana*），为卫生害虫，传播病原物及过敏原。

3. 硕蠊科 体小至大型，粗壮；黑褐色或黑色，前胸背板较宽大，常有刻点或瘤突；足粗壮，前足腿节常不具列刺；胸、腹部背板较厚（硬），尾须短，通常不伸出肛上板后缘，多毛。雌虫下生殖板不分瓣，雄性外生殖器分左、中、右阳茎，结构简单，粗壮。卵荚膜质。代表种类有黑带大光蠊（*Rhabdoblatta nigrovittata*）、马达加斯加发声蟑螂（*Gromphadorhina portentosa*）、巨型穴居蜚蠊（*Macropanesthia rhinoceros*）等。

作业与思考题

1. 凝练蜚蠊目昆虫的典型形态特征。
2. 手绘蜚蠊目昆虫的形态示意图。
3. 观察蜚蠊目昆虫的形态特征，推测其生活习性及分类地位，并查找相关资料进行验证。

实验二十五 白 蚁 超 科

本实验彩图

一、实验目的

掌握白蚁超科的主要形态特征，了解白蚁超科常见科的识别特征。

二、实验材料与器具

【实验材料】 木白蚁科、鼻白蚁科、白蚁科等的液浸标本或新鲜材料。
【实验器具】 体视显微镜、生物显微镜、培养皿、镊子等。

三、实验内容与方法

（一）白蚁超科昆虫的形态特征

以白蚁科黑翅土白蚁和鼻白蚁科黑胸散白蚁为例，白蚁超科的形态特征详见图 5-25-1 和图 5-25-2。

（二）白蚁超科分科主要特征

成虫分科特征主要包括：后翅有无臀叶、跗节节数、触角节数、前后翅鳞大小、翅膜形状、左上颚形状及齿的特征、有无单眼及有无囟孔。兵蚁分科特征主要包括：跗节节数、上颚形状、有无囟孔、有无眼点、前胸背板与头壳比较及前胸背板形状。

注意：标本在采集及储存过程中可能会损坏，浸泡标本还有可能变形或变色。用体视显微镜观察标本时，应先观察标本有无损坏情况，如触角是否断损，最好找到完整的新鲜标本或浸泡标本进行观察。

观察前，还应先对标本进行整姿处理，以便进行观察。观察过程中，还应每间隔 5 min 左右对标本滴加 75% 的乙醇，以防标本皱缩变形。由于白蚁超科昆虫的形态存在明显个体差异，因此每个白蚁超科昆虫种类的标本最好观察 3~5 头完整的有翅成虫或兵蚁。

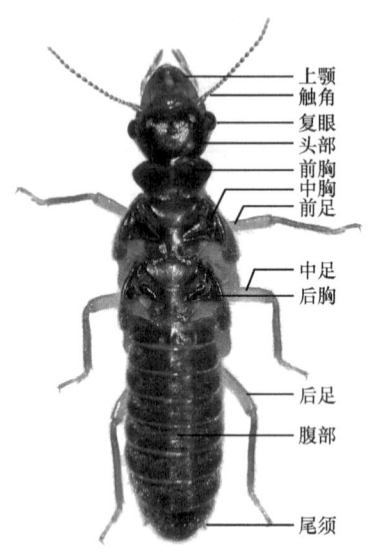 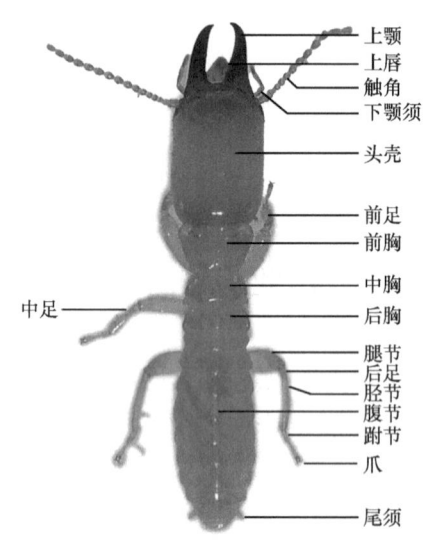

图 5-25-1　黑翅土白蚁脱翅成虫形态
特征图（徐鹏供图）

图 5-25-2　黑胸散白蚁兵蚁形态
特征图（徐鹏供图）

（三）白蚁超科常见科分类检索表

白蚁超科成虫常见科分类检索表

1. 前翅鳞明显大于后翅鳞，甚至覆盖于后翅鳞上，翅膜网状	2
前翅鳞短，不明显大于后翅鳞，前后翅鳞分开，翅膜非网状	白蚁科 Termitidae
2. 头部无囟，左上颚具 2 个缘齿	木白蚁科 Kalotermitidae
头部有囟，左上颚具 3 个缘齿	鼻白蚁科 Rhinotermitidae

白蚁超科兵蚁常见科分类检索表

1. 头部无囟，具眼点	木白蚁科 Kalotermitidae
头部有囟，缺眼点	2
2. 前胸背板前叶翘起，两侧凹陷成马鞍状	白蚁科 Termitidae
前胸背板扁平	鼻白蚁科 Rhinotermitidae

（四）白蚁超科常见科的识别

结合《普通昆虫学》教材的描述，观察各科的主要鉴别特征。

1. 木白蚁科

成虫：头赤褐色，触角、下颚须、上唇褐黄色，胸、腹及腿节为黑褐色，胫节跗节淡黄色，翅黄褐色。头近长方形，复眼小、近圆形，单眼长圆形，位于复眼上方。后唇基为短横条，不隆起，前唇梯形。触角 14～16 节，第 2、3、4 节长度略等，或第 2、3 节略等，第 4 节较短。前翅翅鳞大于后翅翅鳞，前翅翅鳞覆盖后翅翅鳞。前翅脉：Sc 极短，R 伸达翅长的 1/3，Rs 伸达翅尖，由基部至末端约有 7 个短翅脉与前缘相连，M 在肩缝处独立伸出，最初比较靠近 Cu，但在伸达翅长 2/4～3/4 处折转与 Rs 相连，另有不明显的分支与 Rs 及 Cu 相连，Cu 共有 10 余分支（图 5-25-3）。

兵蚁：头前部黑色，头后部暗赤色，触角、胸部和腹部淡黄色。头短而厚，近方形，头额部不呈垂直的截断面，坡面与上颚形成的交角明显大于 90°。头顶中央有 1 个大型浅坑，触角窝的内上方及下方有 1 个明显突起，朝前伸出。上唇后部为横方形，前部侧缘合拢成三角形，触角 11~15 节，眼在触角窝后方侧壁上。上颚短小，左上颚中段有 3 枚粗短的齿，第 1 齿略微斜向前方，第 2 齿朝向内，右上颚 2 枚朝向前的齿，其部位比左上颚齿略靠后。前胸背板宽与头宽约相等，前缘中央呈宽"V"形凹入，两侧角向前伸突，略翘起，覆盖头后部，后缘中央略向前凹入（图 5-25-4~图 5-25-6）。

图 5-25-3 铲头堆砂白蚁有翅成虫（贾豹供图）

图 5-25-4 铲头堆砂白蚁兵蚁（贾豹供图）

图 5-25-5 铲头堆砂白蚁兵蚁头部
正背面观（贾豹供图）

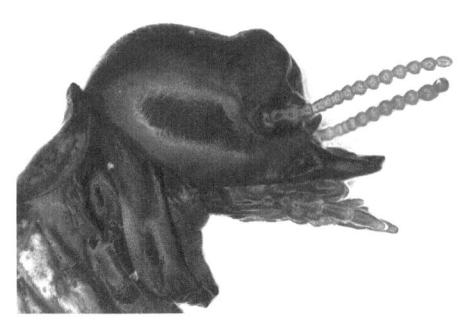
图 5-25-6 铲头堆砂白蚁兵蚁头部
正侧面观（贾豹供图）

2. 鼻白蚁科

成虫：头背面深黄褐色，胸、腹背面褐黄色，腹部腹面黄色，翅微具淡黄色。复眼近于圆形，单眼长圆形，其与复眼的距离小于单眼本身的宽度。后唇基极短，淡黄色，长度相当于宽度的 1/4~1/3。前唇基白色，长于后唇基。上唇淡黄色，前端圆形。触角 19~21 节，多数第 3 或第 4 节较短。前胸背板前缘向后凹，侧缘与后缘连成半圆形，后缘中央向前凹入。前翅鳞大于后翅鳞。翅面密布细短毛。前翅脉 M 在肩缝处独立伸出，距 Cu 较近于 Rs，Cu 有 6~8 个分支。后翅脉 M 由 Rs 基部分出，分出后距离 Cu 较近，Cu 有 7 或 8 个分支（图 5-25-7）。

兵蚁：头及触角浅黄色，上颚黑褐色，腹部乳白色。头呈椭圆形，最宽处在头的中段以后，前端及后端均较中段狭窄，囟孔上窄下宽，卵圆形，大而显著，位于头前端，朝向前方，上颚镰刀形，前部弯向中线，左上颚基部有一深凹刻，其前另有 4 个小突起，越靠前越小，最前的小突起位于上颚中点之后，颚面的其余部分光滑无齿，上唇近舌形，前端尖且有一不很明显的透明尖，伸达闭拢的上颚长度的一半，触角 14~15 节，多数第 3 或第 4 节较短。前胸背板平坦，较头狭窄，前缘及后缘中央有缺刻（图 5-25-8~图 5-25-11）。

图 5-25-7　台湾乳白蚁有翅成虫（徐鹏供图）　　　图 5-25-8　台湾乳白蚁兵蚁（徐鹏供图）

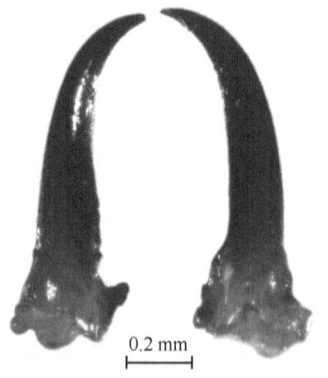
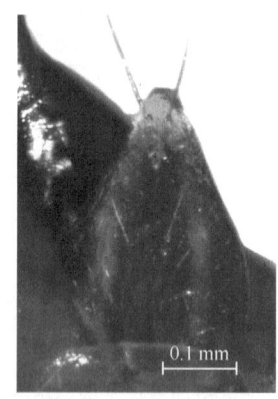

图 5-25-9　台湾乳白蚁兵蚁
头部囟孔（箭头所示，徐鹏供图）
　　图 5-25-10　台湾乳白蚁兵蚁
上颚（徐鹏供图）
　　图 5-25-11　台湾乳白蚁兵蚁
上唇（徐鹏供图）

3. 白蚁科

成虫：头背面及胸、腹部背面为黑褐色，腹面为棕黄色，上唇前半部橙红色，后半部淡褐色，中间有 1 条白色横纹，上唇前缘及侧缘呈白色透明，翅黑褐色。头圆形，复眼和单眼均椭圆形，单、复眼间距等于单眼本身的长。后唇基隆起，长小于宽之半，中央有纵缝将后基分成左右两半，前唇基与后唇基等长。触角 19 节，第 2 节长于第 3 节或第 4 节，或等于第 5 节。前胸背板前宽后窄，前缘中央无明显缺刻，后缘中央向前凹入，前胸背板中央有一淡色"十"字形斑。其两侧前各有 1 个圆形淡色点。翅长大，前翅鳞略大于后翅鳞，前翅脉 M 由 Cu 分出，末端有许多分支，Cu 有 10 余分支，后翅脉 M 由 Rs 分出（图 5-25-12 和图 5-25-13）。

图 5-25-12　黑翅土白蚁有翅成虫（徐鹏供图）

兵蚁：头暗黄色，腹部淡黄色到灰白色。头部毛稀疏，胸、腹部毛较密。头卵圆形，长大于宽，最宽处在头的中后部，前端略狭窄。额部平坦，后颏粗短，前端狭窄，略突向腹面。上颚镰刀状，左上颚齿位于中点前方，齿尖略向前，右上颚内缘对应部位有 1 枚微齿，小而不显著。上唇舌形，前端窄而无透明小块，两侧呈弧形，后部较宽，上唇沿侧边有 1 列直立的长刚毛，端部约伸过上颚中段，未遮盖颚齿。触角 16～17 节，第 2 节长约等于第 3 节与第 4 节之和，第 3 节长于或有时短于第 4 节。前胸背板前部狭窄，向前方斜翘起，后部较宽，前胸背板元宝形，前部和后部的两侧交角处各有一斜向后方的裂沟，前缘和后缘中央均有明显的凹刻（图 5-25-14～图 5-25-16）。

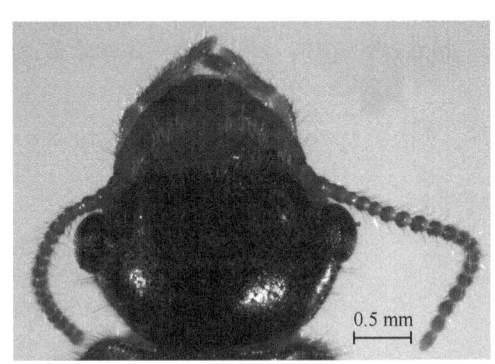

图 5-25-13　黑翅土白蚁有翅成虫头部正背面（徐鹏供图）

图 5-25-14　黑翅土白蚁（徐鹏供图）
左. 兵蚁；中. 工蚁背面观；右. 工蚁侧面观

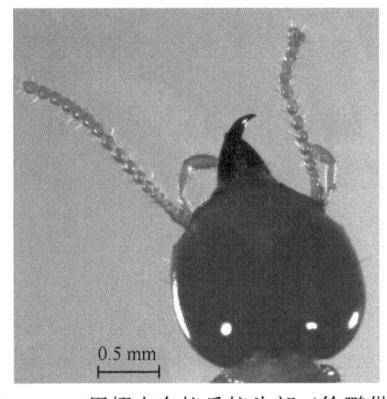

图 5-25-15　黑翅土白蚁兵蚁头部（徐鹏供图）

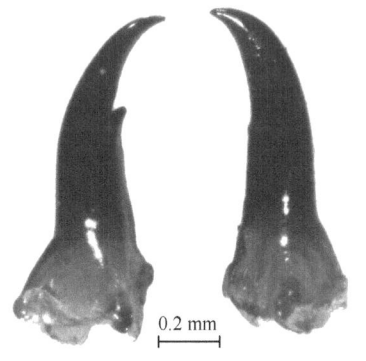

图 5-25-16　黑翅土白蚁兵蚁上颚（徐鹏供图）

作业与思考题

1. 绘制 3 种代表性白蚁的兵蚁头部和前胸图，并注明名称。
2. 编制常见白蚁科的分科检索表。
3. 调查校园内存在的白蚁种类及危害特点。

实验二十六　螳　螂　目

一、实验目的

掌握螳螂目的主要形态特征，了解螳螂目常见科的识别特征。

二、实验材料与器具

【实验材料】　螳䗛目昆虫的标本及高清照片。
【实验器具】　体视显微镜、镊子、培养皿等。

三、实验内容与方法

（一）螳䗛目昆虫的形态特征

体小型至中型，体长 11～25 mm。雌雄二型，雄虫一般比雌虫小。头近三角形；口器咀嚼式，下口式；触角长丝状，26～32 节；无单眼；前胸侧板发达；无翅；跗节 5 节；尾丝 1 节，雌虫尾须短小，雄虫尾须大且突出。

（二）螳䗛目的分类

全世界已知现生种 2 科 15 属 21 种，仅分布于非洲，极其珍稀。中国尚未发现。

作业与思考题

1. 总结描述螳䗛目昆虫的形态特征及鉴定方法。
2. 手绘螳䗛目昆虫的形态示意图。
3. 观察螳䗛目昆虫的形态特征，推测其生活习性及分类地位，并查找相关资料进行验证。

实验二十七　蛩蠊目

一、实验目的

掌握蛩蠊目的主要形态特征，了解蛩蠊目的基本概况。

二、实验材料与器具

【实验材料】　蛩蠊目昆虫的活体或标本及高清照片。
【实验器具】　体视显微镜、镊子、培养皿等。

三、实验内容与方法

（一）蛩蠊目昆虫的形态特征

蛩蠊目昆虫通称蛩蠊。

体小型至中型，体长 10～35 mm，柔软。口器咀嚼式，前口式；触角丝状，通常 28～40 多节；复眼退化或缺；无单眼；前胸近方形，大于中胸或后胸；无翅；足的基节大，跗节 5 节，第 1～4 节腹面端部两侧具 1 对膜质垫，第 5 跗节腹面具 1 垫；腹部 10 节；尾须长，5～9 节；雌虫产卵器发达，刀剑状。

（二）蛩蠊目的分类

全世界已知 1 科 4 属 32 种，仅分布于北半球，极其罕见。中国仅知 2 种，其中 1 种由王书永先生在 1986 年于长白山首次发现，定名为中华蛩蠊（*Galloisiana sinensis*），为中国Ⅰ级重点保护野生动物；另一种为陈氏西蛩蠊（*Grylloblattella cheni*），发现于我国新疆。

作业与思考题

1. 总结描述蛩蠊目昆虫的形态特征及鉴定方法。
2. 手绘蛩蠊目昆虫的形态示意图。
3. 观察蛩蠊目昆虫的形态特征，推测其生活习性，并查找相关资料进行验证。

实验二十八 纺 足 目

一、实验目的

掌握纺足目的主要形态特征，了解纺足目的基础分类。

二、实验材料与器具

【实验材料】　　纺足目昆虫的活体或标本及高清照片。
【实验器具】　　体视显微镜、镊子、培养皿等。

三、实验内容与方法

（一）纺足目昆虫的形态特征

纺足目昆虫通称足丝蚁，简称鲸。生性活泼、行动迅速，前足能纺丝筑巢。

体小型至中型，体长 6～15 mm；柔软，色暗。雌雄二型。口器咀嚼式，前口式；触角丝状或近念珠状，12～32 节；复眼肾形；无单眼；胸部约与腹部等长；雌虫通常无翅；雄虫有翅，少数无翅；前后翅相似，狭长，多毛，翅脉简单；足粗短；前足基节膨大，有丝腺，能纺丝筑巢；后足腿节特别膨大；跗节 3 节；腹部 10 节；尾须 1 对，2 节；部分雄虫的腹部末节和尾须左右不对称。

（二）纺足目的分类

全世界已记载 8 科 300 多种，主要分布于热带和亚热带地区。中国已记载 7 种，主要分布于云南、广东、福建和台湾等地。

作业与思考题

1. 描述纺足目昆虫的形态特征及鉴定方法。
2. 手绘纺足目昆虫的形态示意图。
3. 观察纺足目昆虫的形态特征，推测其生活习性及分类地位，并查找相关资料进行验证。

实验二十九　䗛　目

一、实验目的

掌握䗛目的主要形态特征，了解䗛目的基本概况。

二、实验材料与器具

【实验材料】　䗛目昆虫（杆䗛、长角棒䗛）的活体或标本及高清照片。
【实验器具】　体视显微镜、镊子、培养皿等。

三、实验内容与方法

（一）䗛目昆虫的形态特征

䗛目又称竹节虫目，通称竹节虫、杆䗛和叶䗛，简称䗛。

体中型至巨型，体长 30～550 mm；杆状或叶状。部分种类雌雄二型明显，雌虫明显比雄虫大。口器咀嚼式，下口式，少数前口式；触角丝状或念珠状，8～100 节；复眼小，位于头部前侧；单眼仅见于有翅种类；长翅、短翅或无翅；无翅种类的前胸短小，中胸和后胸细长；有翅种类的前胸比中胸或后胸大；足细长，易脱落；跗节多为 5 节，少数 3 节；尾须短小，1 节。若虫与成虫相似，但无翅，无尾须，触角节数较少，生殖器官发育不全。

（二）䗛目的分类

全世界已记载 6 科 3000 种，主要分布于热带和亚热带地区。中国已知 228 种。

作业与思考题

1. 描述䗛目昆虫的形态特征及鉴定方法。
2. 手绘杆䗛和叶䗛的形态示意图。
3. 观察杆䗛和叶䗛的形态特征，推测其生活习性，并查找相关资料进行验证。

实验三十　啮虫目

本实验彩图

一、实验目的

掌握啮虫目的主要形态特征。

二、实验材料与器具

【实验材料】　啮虫目昆虫的活体或标本及高清照片。
【实验器具】　体视显微镜、镊子、培养皿、生物显微镜等。

三、实验内容与方法

（一）啮虫目昆虫的形态特征

以台湾狭啮（*Stenopsocus formosanus*）为例，啮虫目昆虫的形态特征如图5-30-1所示。

头大，可活动；口器咀嚼式，下口式；后唇基（postclypeus）特别发达（图5-30-2）；触角丝状，11节以上；多数种类复眼发达，向两侧突出；少数种类复眼退化；有翅型个体有单眼3个，无翅型缺单眼；前胸与颈膜结合类似颈部；中后胸发达，紧密连接；翅具长翅、短翅、小翅及无翅4种类型；长翅型的翅膜质，翅脉简单（图5-30-3）；前翅大，一般超出腹部末端；停息时2对翅呈屋脊状叠放于体背，但也有的平置或近似平置；步行足，跗节2~3节；腹部10节，第1节两侧具听器；外生殖器位于腹部第8~10节，生殖器结构简单，无尾须。

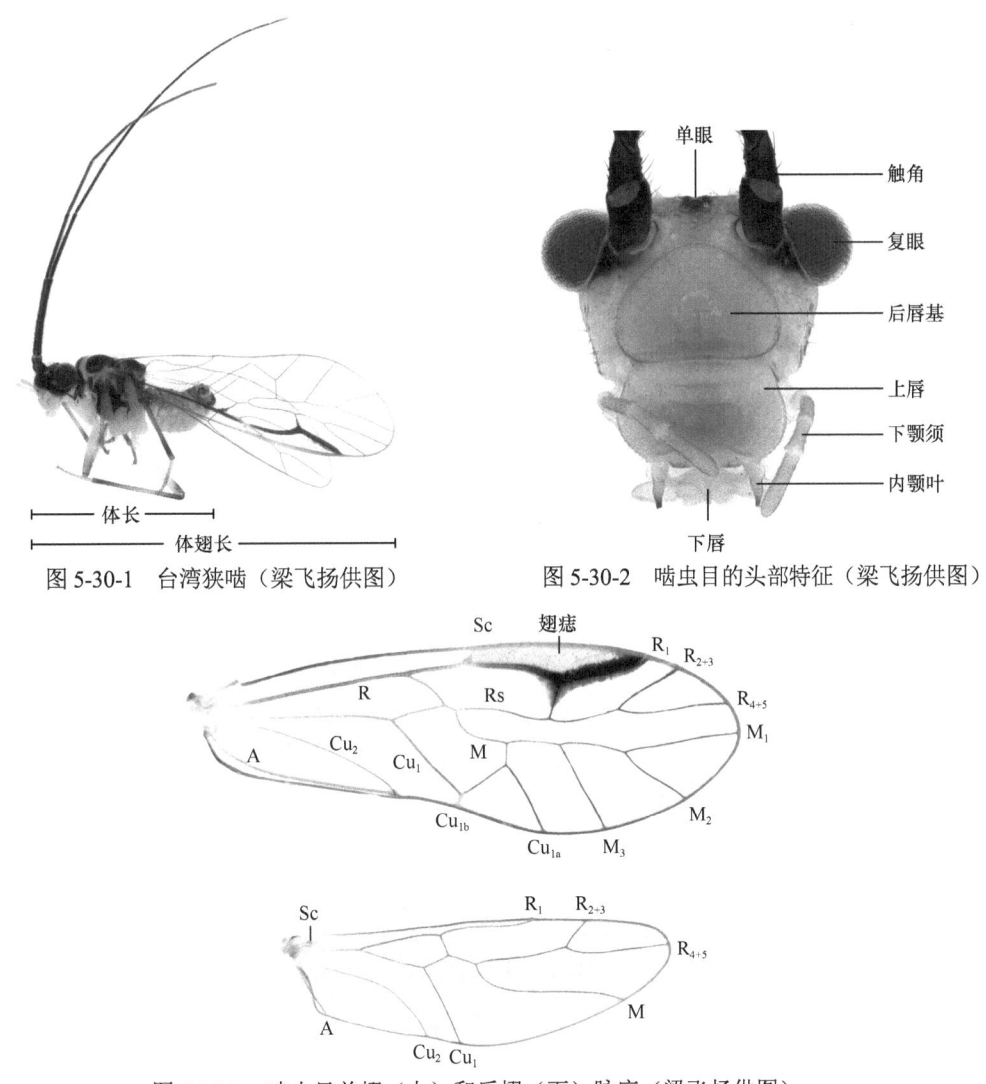

图5-30-1 台湾狭啮（梁飞扬供图）

图5-30-2 啮虫目的头部特征（梁飞扬供图）

图5-30-3 啮虫目前翅（上）和后翅（下）脉序（梁飞扬供图）

（二）啮虫目的分类

啮虫目（Psocoptera）昆虫体型微小，种类十分丰富，已知物种可分为窃啮亚目（Trogiomorpha）、粉啮亚目（Troctomorpha）和啮亚目（Psocomorpha）3 个亚目。其中窃啮亚目包括 7 科，粉啮亚目包括 10 科，啮亚目包括 26 科（图 5-30-4）。目前，全世界已知啮虫目昆虫约 6000 种。

啮虫目分亚目检索表

1. 下唇须 2 节，基节小，端节大 ·· 2
   下唇须 1 节，近三角形或圆形 ·· 啮亚目 Psocomorpha
2. 触角不超过 17 节 ·· 粉啮亚目 Troctomorpha
   触角不少于 18 节 ·· 窃啮亚目 Trogiomorpha

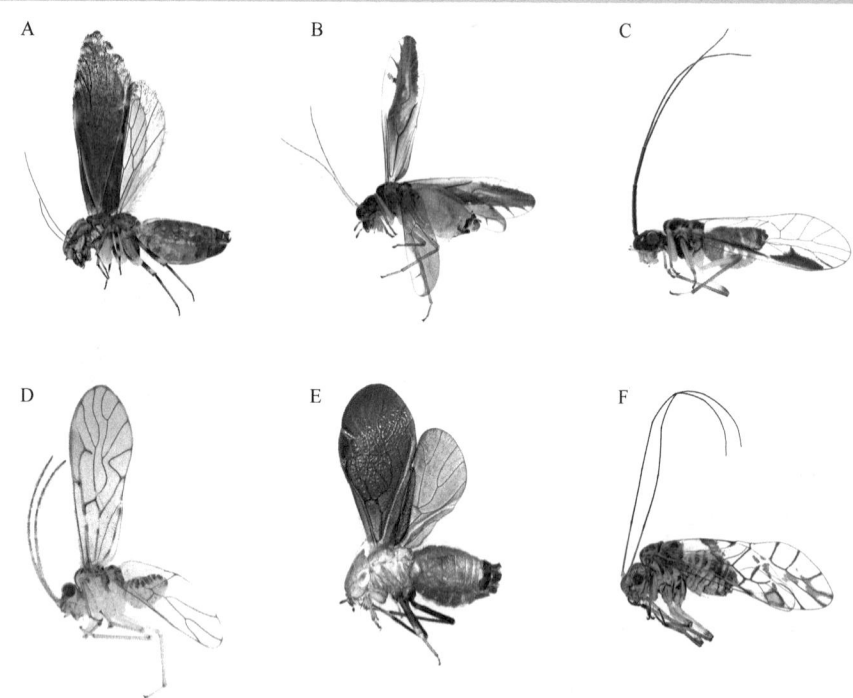

图 5-30-4 啮虫目代表（梁飞扬供图）
A. 重啮科波重啮（*Ancylentomus* sp.）；B. 单啮科中带单啮（*Caecilius medivittatus*）；C. 狭啮科黑痣狭啮（*Stenopsocus phaeostigmus*）；D. 双啮科斜红斑双啮（*Amphipsocus declivimaculatus*）；E. 丽啮科背突丽啮（*Calopsocus infelix*）；F. 啮科白斑触啮（*Psococerastis albimaculata*）

 **作业与思考题**

1. 总结描述啮虫目昆虫的形态特征及鉴定方法。
2. 手绘啮虫目昆虫的形态示意图。
3. 观察啮虫目昆虫的形态特征，推测其生活习性及分类地位，并查找相关资料进行验证。

实验三十一 半 翅 目

一、实验目的

掌握半翅目的主要形态特征，了解半翅目常见科的识别特征。

二、实验材料与器具

【液浸标本】 飞虱、叶蝉、沫蝉、角蝉、网蝽等。

【玻片标本】 柑橘木虱、烟粉虱、桃蚜、红松球蚜、葡萄根瘤蚜、瘿棉蚜、吹绵蚧、粉蚧、红蜡蚧、矢尖蚧、紫胶蚧、臭虫等。

【针插标本】 龙眼鸡、碧蛾蜡蝉、蚱蝉、鼋蝽、田鳖、蝎蝽、划蝽、蟾蝽、仰蝽、猎蝽、盲蝽、姬蝽、花蝽、长蝽、红蝽、缘蝽、土蝽、稻绿蝽、刺肩蝽、荔蝽、盾蝽、龟蝽等。

【干制标本】 半翅目常见科的干制标本、介壳虫雄虫、紫胶蚧及其分泌的紫胶蜡、白蜡虫及其分泌的虫白蜡。

【实验器具】 体视显微镜、镊子、培养皿等。

三、实验内容与方法

（一）半翅目的分科特征和方法

半翅目分科的主要特征包括：触角类型和节数，喙节数，口器的着生位置（图 5-31-1），单眼数目，前胸背板形状，前翅有无缘片、楔片和膜质部脉序，小盾片形状和大小、足的类型、后足胫节有无距或刺突、跗节式、爪着生位置、腹管、管状孔、肛环或臀板等。

鉴别介壳虫前，需要制作虫体玻片标本。观察半鞘翅特征时，要区别缘片、楔片、爪片和膜片（图 5-31-2）。

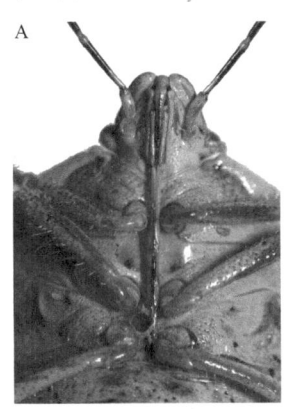

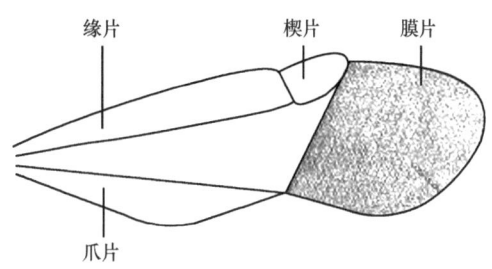

图 5-31-1　半翅目头胸部侧面观
（示口器的着生位置）（郝亚楠供图）
A. 喙从头部前下方伸出；B. 喙从头部后下方伸出

图 5-31-2　花蝽科前翅模式图
（郝亚楠供图）

（二）半翅目常见科分类检索表

半翅目常见科分类检索表

1. 触角丝状 ··· 2
   触角刚毛状 ··· 35
2. 喙从头部前下方伸出；前翅半鞘翅；雌虫产卵器有 2 对产卵瓣 ······ 3（异翅亚目 Heteroptera）
   喙从前足基节间伸出；前翅覆翅或膜翅；雌虫产卵器有 3 对产卵瓣或无特化的产卵器 ········
   ··· **24（胸喙亚目 Sternorrhyncha）**
3. 触角比头短，隐藏在复眼下的槽内 ··· 4
   触角比头长或等长，常显露在外面 ··· 7

4. 前足捕捉足；后足行走足 ··· 5
   前足非捕捉足；后足游泳足 ··· 6
5. 体细长如螳螂或宽阔似蝎子；腹末的呼吸管长 ······································· 蝎蝽科 Nepidae
   体长卵形，扁平；腹末的呼吸管短 ··· 负蝽科 Belostomatidae
6. 头部的后缘盖住前胸背板的前缘；体背隆起不明显，游泳时背向上，腹面朝下；前足跗节匙状
   ··· 划蝽科 Corixidae
   头部的后缘不盖住前胸背板的前缘；体背隆起明显，游泳时背向下，腹面朝上；前足跗节正常，
   不为匙形 ··· 仰泳蝽科 Notonectidae
7. 腹部腹面密被银白色绒毛；水生 ·· 8
   腹部腹面不被银白色绒毛；陆生 ·· 10
8. 头部比胸部长或等长，体细长如杆 ··· 尺蝽科 Hydrometridae
   头部明显比胸部短 ·· 9
9. 前足前跗节不分裂，爪着生在其末端 ··· 水蝽科 Mesoveliidae
   前足前跗节分裂，爪着生在其末端之前 ·· 黾蝽科 Gerridae
10. 触角 5 节，少数 4 节 ·· 11
    触角 4 节 ·· 14
11. 小盾片大，盾形或半球形，盖住整个腹部 ··· 12
    小盾片小，三角形或舌形，仅盖住腹部的小部分 ·· 13
12. 前翅长于体长，膜片折叠于小盾片之下；跗节式 2-2-2 ·························· 龟蝽科 Plataspidae
    前翅与体等长，膜片不折叠；跗节式 3-3-3 ··· 盾蝽科 Scutelleridae
13. 体黑色或红褐色；前足开掘足，胫节有强大的刺 ···································· 土蝽科 Cydnidae
    体绿色或褐色；前足行走足，胫节无刺，或仅有小刺 ····························· 蝽科 Pentatomidae
14. 体形似蟾蜍；跗节式 1-2-3 ··· 蟾蝽科 Gelastocoridae
    体形不似蟾蜍；跗节式 2-2-2 或 3-3-3 ·· 15
15. 头部背面、前胸背板及前翅上有网状纹 ·· 网蝽科 Tingidae
    头部背面、前胸及前翅上无网状纹，或翅退化 ·· 16
16. 头部后端收缩成颈状；喙 3 节，粗短而弯曲 ·· 猎蝽科 Reduviidae
    头部后端正常，不收缩成颈状；喙 4 节，较细直 ·· 17
17. 体扁卵圆形；无翅或仅有退化成鳞状的前翅 ··· 臭虫科 Cimicidae
    体长形；前翅和后翅常正常 ··· 18
18. 前翅有缘片及楔片 ·· 19
    前翅无缘片或楔片 ·· 20
19. 无单眼；前翅中部呈钝角弯曲，膜片有 2 个翅室，室端无纵脉 ············· 盲蝽科 Miridae
    单眼 2 个；前翅直，中部不弯曲，膜片常具 2~4 条不明显的纵脉 ····· 花蝽科 Anthocoridae
20. 喙基部弯曲，不贴于头部；前翅膜片上有多个翅室；足上多刺 ············· 姬蝽科 Nabidae
    喙基部直，不用时贴于头部下方；前翅膜片上至多有 3 个翅室；足上无刺 ······················· 21
21. 无单眼；前翅膜片有 2~3 个翅室 ··· 红蝽科 Pyrrhocoridae
    有单眼；前翅膜片至多有 1 个翅室 ··· 22
22. 前翅膜片有 4~5 条纵脉，有时有 1 个翅室 ·· 长蝽科 Lygaeidae
    前翅膜片有 8 条以上的纵脉，但无翅室 ·· 23
23. 体细长，边缘常平行，无金属光泽；触角、前胸背板和足常有扩展成叶状的突起；触角着生

头部背面；纵脉端部常分叉···缘蝽科 Coreidae
体宽扁，中间比两端宽，边缘不平行，有时有金属光泽；触角和足正常，无叶状的突起；触角着生在头部腹面；纵脉端部不分叉···荔蝽科 Tessaratomidae
24. 跗节2节···25
跗节1节··30
25. 触角10节，末节端部具2刺；单眼3个；前翅R脉、M脉和Cu_2脉基部愈合，近翅中部分成3支，近翅端部每支再各具2分支···木虱科 Psyllidae
触角3~7节，末节端部正常；单眼2个··26
26. 触角7节；体和翅上被有白色蜡粉···粉虱科 Aleyrodidae
触角3~6节；体和翅上没有白色蜡粉···27
27. 头部与胸部之和不长于腹部；前翅有Rs脉、M脉、Cu_1脉和Cu_2脉4条斜脉；尾片有各种形状；腹部常有腹管···28
头部与胸部之和长于腹部；前翅有M脉、Cu_1脉和Cu_2脉3条斜脉；尾片半月形；腹部无腹管···29
28. 腹管明显突出；触角上有圆形感觉孔···蚜科 Aphididae
腹管不明显；触角上有横带状感觉孔··瘿绵蚜科 Pemphigidae
29. 有翅型触角5节，有3~4个宽带状感觉孔；无翅型触角3节；有翅型的前翅Cu_1脉和Cu_2脉基部分离，后翅仅1条斜脉··球蚜科 Adelgidae
有翅型和无翅型触角均是3节，有翅型有2个感觉孔，无翅型只有1个感觉孔；有翅型的前翅Cu_1脉和Cu_2脉基部共柄，后翅无斜脉···根瘤蚜科 Phylloxeridae
30. 雌虫腹部有气门；雄虫有复眼···31
雌虫腹部无气门；雄虫无复眼···32
31. 雌虫有口器···绵蚧科 Monophlebidae
雌虫无口器···珠蚧科 Margarodidae
32. 雌虫腹末有臀裂；肛门上有2块三角形的肛板···蚧科 Coccidae
雌虫腹末无臀裂；肛门上无肛板···33
33. 雌虫被有盾状介壳；腹部第4~8节或第5~8节愈合成臀板；肛门周围无肛环或肛环刺毛···盾蚧科 Diaspididae
雌虫不被盾形介壳；腹部末端几节不愈合成臀板；肛门周围有肛环和肛环刺毛·········34
34. 雌虫体包被在树脂状蜡质内；腹部末端有管状的肛突·······························胶蚧科 Kerriidae
雌虫体包被在蜡粉内；腹部末端无管状的肛突···································粉蚧科 Pseudococcidae
35. 前翅基部肩片发达；前翅2条臀脉相接成"Y"形·······················36（蜡蝉亚目 Fulgoromorpha）
前翅基部无肩片；前翅臀区没有"Y"形脉·····································38（蝉亚目 Cicadomorpha）
36. 后翅臀区多横脉，脉序网状；头多向前延伸，唇基有侧脊·······················蜡蝉科 Fulgoridae
后翅臀区少横脉，脉序不呈网状···37
37. 前翅臀区脉上有颗粒；后足胫节端部无距···蛾蜡蝉科 Flatidae
前翅臀区脉上无颗粒；后足胫节端部有1枚大距···································飞虱科 Delphacidae
38. 单眼3个；前足开掘足，腿节常具齿或刺；跗节无中垫·····························蝉科 Cicadidae
单眼2个；前足行走足，腿节常无齿或刺；跗节有中垫···39
39. 前胸背板发达，向前、向后、向上或向两侧延伸成角状突出·············角蝉科 Membracidae
前胸背板正常，无角状突出···40

40. 后足胫节有 2 条以上的棱脊，棱脊上有成列小刺·· 叶蝉科 Cicadellidae
    后足胫节有 1~2 个侧刺，末端有 1~2 圈端刺··41
41. 复眼近圆形，长约等于宽；前胸背板前缘直或稍向前突························ 沫蝉科 Cercopidae
    复眼长卵圆形，长大于宽；前胸背板前缘向前突出或呈角状······ 尖胸沫蝉科 Aphrophoridae

（三）半翅目常见科的主要鉴别特征

根据半翅目分科检索表鉴定各标本至所属的科，然后对照《普通昆虫学》教材的相应章节，仔细观察各科的形态特征，注意比较胸喙亚目、蜡蝉亚目、蝉亚目和异翅亚目 4 个亚目在触角形状和节数、喙的着生位置、前翅基部是否有肩片、跗节式和雌虫产卵器构造等方面的区别。重点观察常见科的以下特征。

1. 木虱科　　触角末节端部有 2 刺。

2. 粉虱科　　成虫和第 4 龄若虫腹部第 9 背板有 1 个管状孔。注意该科与木虱科的不同。

3. 蚜科　　触角上有圆形感觉孔；前翅有 4 条斜脉，M 脉分叉 1~2 次（图 5-31-3A 和 B）；停息时 2 对翅呈屋脊状叠放于体背；腹部有 1 对腹管。

4. 球蚜科　　前翅有 3 条斜脉，Cu_1 脉和 Cu_2 脉基部分离（图 5-31-3C）；停息时 2 对翅呈屋脊状叠放于体背；腹部无腹管。

5. 根瘤蚜科　　前翅有 3 条斜脉，Cu_1 脉和 Cu_2 脉基部共柄（图 5-31-3D）；停息时 2 对翅平放于体背；腹部无腹管。

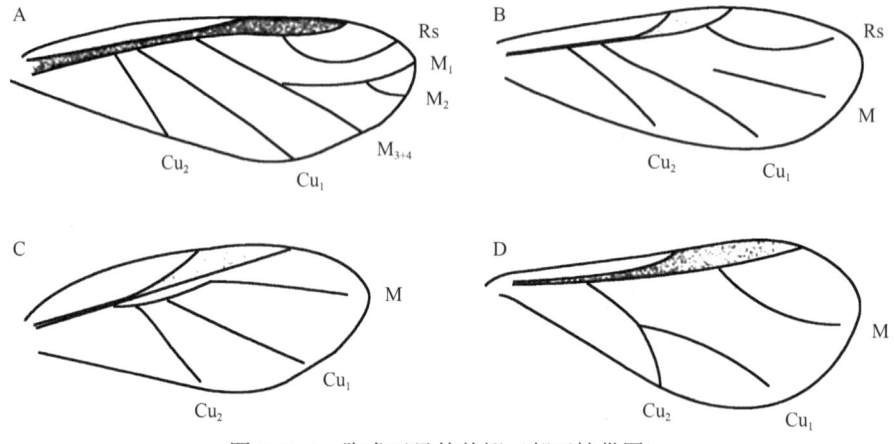

图 5-31-3　胸喙亚目的前翅（郝亚楠供图）
A、B. 蚜科；C. 球蚜科；D. 根瘤蚜科

6. 瘿棉蚜科　　触角上有横带状感觉孔；前翅有 4 条斜脉；腹部腹管退化或消失。注意蚜科、球蚜科、根瘤蚜科与瘿棉蚜科的不同。

7. 绵蚧科　　雌虫体背有白色卵囊；虫体触角 11 节；雄虫腹末有 1 对突起。

8. 粉蚧科　　雌虫被粉状蜡质；虫体触角 5~9 节；肛门周围有肛环和肛环刺毛 4~8 根，雄虫腹末有 1 对白色长蜡丝。

9. 蚧科　　雌虫被蜡质介壳；虫体触角退化或无；腹末有臀裂；肛门上有 2 块肛板；雄虫腹末有 2 条长蜡丝。注意该科与粉蚧科的不同。

10. 盾蚧科　　雌虫被盾状介壳；虫体触角 1 节或无；腹部第 4~8 节或第 5~8 节愈合成臀板；雄虫腹末无蜡丝。注意雌雄两性盾状介壳的形状和大小。

11. 胶蚧科　　雌虫被很厚的介壳；虫体触角极退化；腹末有肛环和肛环刺毛；雄虫腹末有

2条长蜡丝。注意该科与盾蚧科的不同。

12. 蜡蝉科 额与颊膨突；后翅常有鲜艳色彩，臀区脉序网状。

13. 蛾蜡蝉科 形似蛾，头部明显窄于前胸；后翅臀区脉序不呈网状。注意该科与蜡蝉科的区别。

14. 飞虱科 后足胫节端部有1枚大距；比较短翅型成虫与若虫的区别。

15. 蝉科 前足开掘足；前翅和后翅均是膜翅。注意雌虫与雄虫在外生殖器、发音器和听器3处的区别。

16. 叶蝉科 后足胫节有2条以上的棱脊，棱脊上有成列小刺（图5-31-4A）。

17. 沫蝉科 后足胫节有1~2个侧刺，末端有1~2圈端刺（图5-31-4B）。比较该科与飞虱科和叶蝉科的区别。

18. 角蝉科 前胸背板向不同方向延伸成角状突出。

19. 黾蝽科 前足前跗节的爪着生在其末端之前。

20. 负蝽科 前足捕捉足；腹末的呼吸管短。

图 5-31-4 半翅目的代表（郝亚楠供图）
A. 叶蝉后足；B. 沫蝉后足

21. 蝎蝽科 形似螳螂或蝎子；前足捕捉足；腹末的呼吸管长。注意该科与负蝽科在体形、触角节数、喙节数、跗节式和呼吸管长短方面的区别。

22. 划蝽科 中足明显比前足和后足长；跗节式1-1-2或1-2-2。

23. 蟾蝽科 形似蟾蜍；复眼发达，向两侧突出；跗节式1-2-3。

24. 仰泳蝽科 体背隆起似船底；后足明显比前足和中足长；跗节式2-2-2。比较该科与黾蝽科、负蝽科、蝎蝽科和划蝽科4个水生类群的不同。

25. 猎蝽科 头部后端呈颈状；喙3节，粗短而弯曲，腹部侧缘明显宽于翅；前翅膜片常有2个翅室，室端伸出2条纵脉（图5-31-5A）。

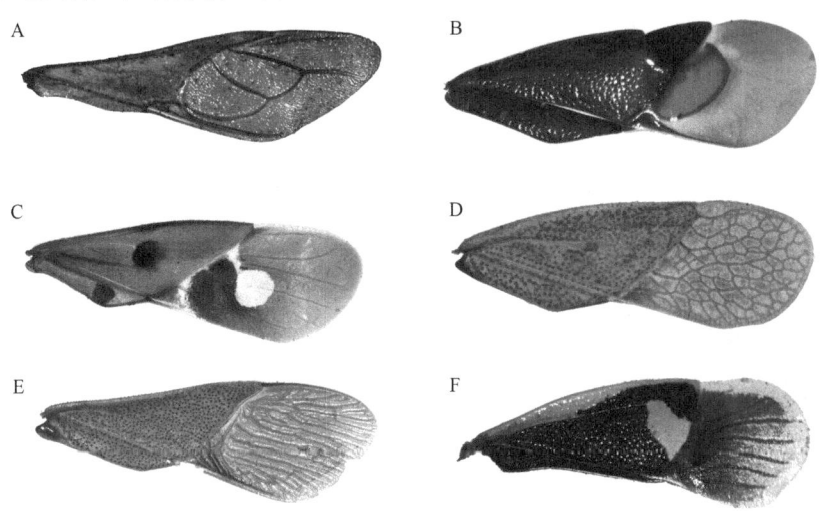

图 5-31-5 半翅目代表的前翅（郝亚楠供图）
A. 猎蝽科前翅；B. 盲蝽科前翅；C. 长蝽科前翅；D. 红蝽科前翅；E. 缘蝽科前翅；F. 蝽科前翅

26. 盲蝽科　　无单眼；前翅在中部呈钝角弯曲（图 5-31-5B），膜片有 2 个翅室，室端无纵脉。
27. 姬蝽科　　头细长，前伸；触角 4 节；前翅膜片上有多个翅室；足上多刺。注意该科与猎蝽科的不同。
28. 花蝽科　　与盲蝽科非常相似。注意其异同。
29. 长蝽科　　前翅膜片上有 4～5 条纵脉（图 5-31-5C）；腹部气门位于背面。
30. 红蝽科　　与长蝽科相似；但无单眼，前翅膜片有 2～3 个翅室可与之区别（图 5-31-5D）。
31. 缘蝽科　　触角、前胸背板和足常具有扩展成叶状的突起；前翅膜片有 8 条以上纵脉从 1 条基横脉上伸出（图 5-31-5E）。
32. 网蝽科　　头部背面、前胸背板及前翅上有网状纹。
33. 臭虫科　　体扁卵圆形；无单眼；常无翅或有退化成鳞状的前翅。注意其臭腺位置与其他异翅亚目昆虫的不同。
34. 土蝽科　　体黑色或红褐色；触角 5 节；足胫节多刺。比较该科与姬蝽科的异同。
35. 蝽科　　　触角 5 节；膜片有多条纵脉（图 5-31-5F）；腹部第 2 气门被后胸侧板遮盖。
36. 荔蝽科　　其形态特征与缘蝽科和蝽科相似。观察比较三者的异同。
37. 盾蝽科　　小盾片盾形，盖住翅和整个腹部。
38. 龟蝽科　　与盾蝽科一样，其小盾片覆盖翅和整个腹部。比较两者在小盾片形状、前翅与体长之比、膜片是否折叠和跗节式 4 方面的不同。

作业与思考题

1. 绘制飞虱科、蝉科、叶蝉科、沫蝉科和角蝉科昆虫的后足胫节特征图。
2. 列表比较绵蚧科、粉蚧科、蚧科、盾蚧科与胶蚧科的主要区别。
3. 绘制木虱科、粉虱科、蚜科、球蚜科和根瘤蚜科昆虫的触角、前翅和后翅特征图。
4. 绘制粉虱科和蚧科整体图。
5. 列表比较学习过的异翅亚目 20 科的主要区别。
6. 绘制花蝽科昆虫前翅图，并注明缘片、楔片、爪片和膜片。
7. 观察半翅目昆虫的形态特征，推测其生活习性及分类地位，并查找相关资料进行验证。

实验三十二　　缨　翅　目

本实验彩图

一、实验目的

掌握缨翅目的主要形态特征，了解缨翅目常见科的识别特征。

二、实验材料与器具

【液浸标本（或新鲜材料）】　管蓟马科、纹蓟马科、蓟马科等。
【玻片标本】　管蓟马科、纹蓟马科、蓟马科等。
【实验器具】　体视显微镜、镊子、培养皿、生物显微镜等。

三、实验内容与方法

（一）缨翅目昆虫的形态特征

以纹蓟马科为例，缨翅目的形态特征如图 5-32-1 所示。

（二）缨翅目分科主要特征

缨翅目分科特征主要包括：触角节数，触角第 3、4 节感觉器形状，前翅形状，翅面是否有横脉、脉鬃和微毛，腹部末端形状、雌虫产卵瓣的弯向（注意：产卵瓣的弯向在新鲜标本中比较明显，但玻片标本可能会由于制作的原因，方向不一致，观察时需要结合其他特征鉴定）。玻片标本观察需要使用生物显微镜，才能观察到触角节数、感觉器、翅脉、脉鬃和微毛等特征。

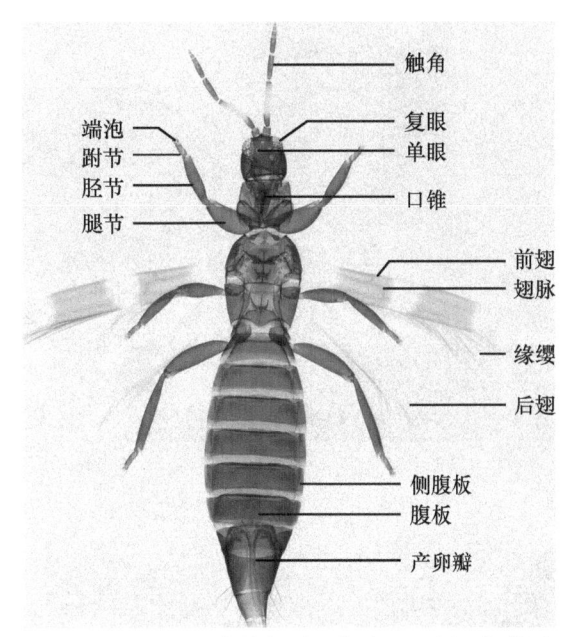

图 5-32-1 缨翅目形态特征图（背面观）（刘经贤供图）

（三）缨翅目常见科分类检索表

缨翅目常见科分类检索表

1. 腹部末端呈管状（1a）；前翅翅面光滑、无翅脉（1b）；雌虫无锯状产卵器·· **管蓟马科 Phlaeothripidae**（管尾亚目 Tubulifera）
   腹部末端呈圆锥状（1aa）；前翅有脉鬃、翅面具微毛（1bb）；雌虫有锯齿状产卵器（1cc，箭头所示）··· **2**（锥尾亚目 Terebrantia）
2. 前翅宽且端部圆，通常具有围脉和横脉（2a）；触角一般 9 节，第 3～4 节感觉器一般呈带状（2b，箭头所示）；产卵瓣背向弯曲（2c，箭头所示）······································· **纹蓟马科 Aeolothripidae**
   前翅狭长且端部尖，不具有横脉（2aa）；触角 6～8 节，第 3～4 节感觉器叉状（2bb，箭头所示）或锥状；产卵器腹向弯曲（2cc，箭头所示）······································· **蓟马科 Thripidae**

缨翅目分科检索表配图如图 5-32-2 所示。

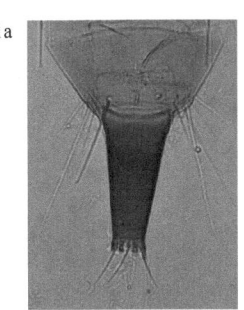
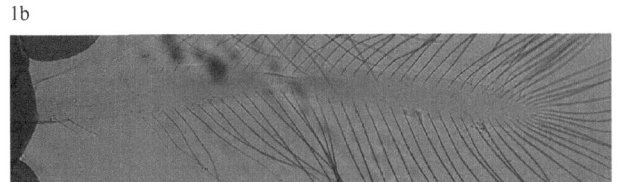

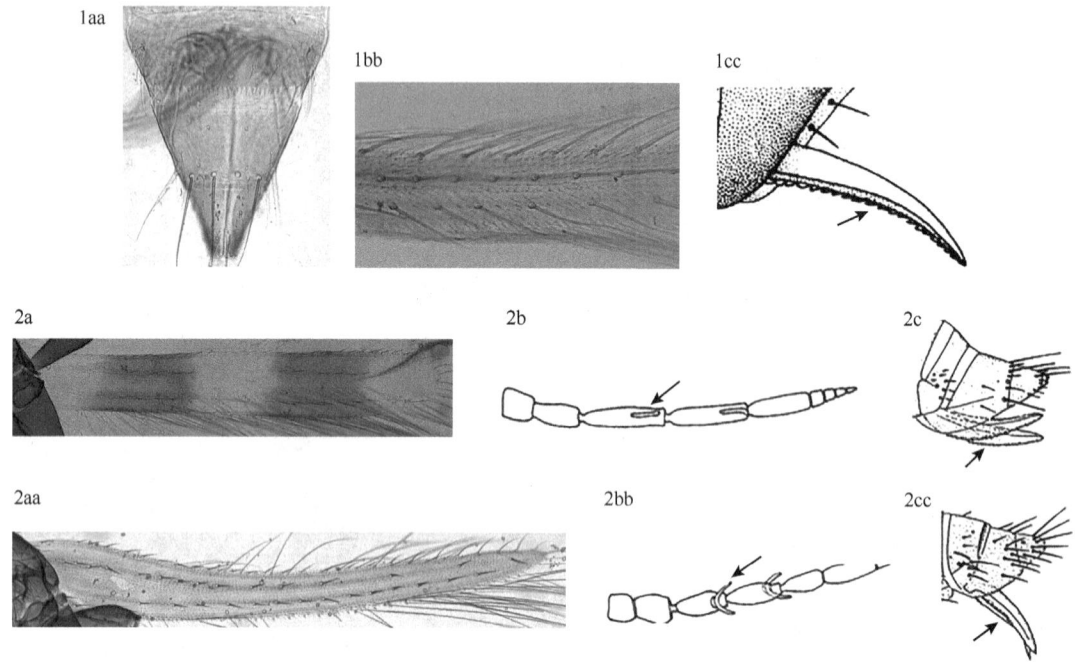

图 5-32-2 缨翅目分科检索表配图（王军供图）

（四）缨翅目常见科的识别

结合《普通昆虫学》教材描述的详细特征，观察各科的主要鉴别部位。

1. 管蓟马科 触角 6~8 节，第 3~4 节具锥形感觉器；前后翅相似，前翅翅脉消失，无脉鬃，翅面无微毛；腹部末端（第 10 腹节）管状；雌虫无锯齿状产卵器（图 5-32-3）。

2. 纹蓟马科 触角 9 节，第 3~4 节具带状感觉器；前翅有横脉和脉鬃，一般有暗色斑纹，翅面具微毛；腹部末端圆锥状；雌虫产卵瓣背向弯曲（图 5-32-4）。

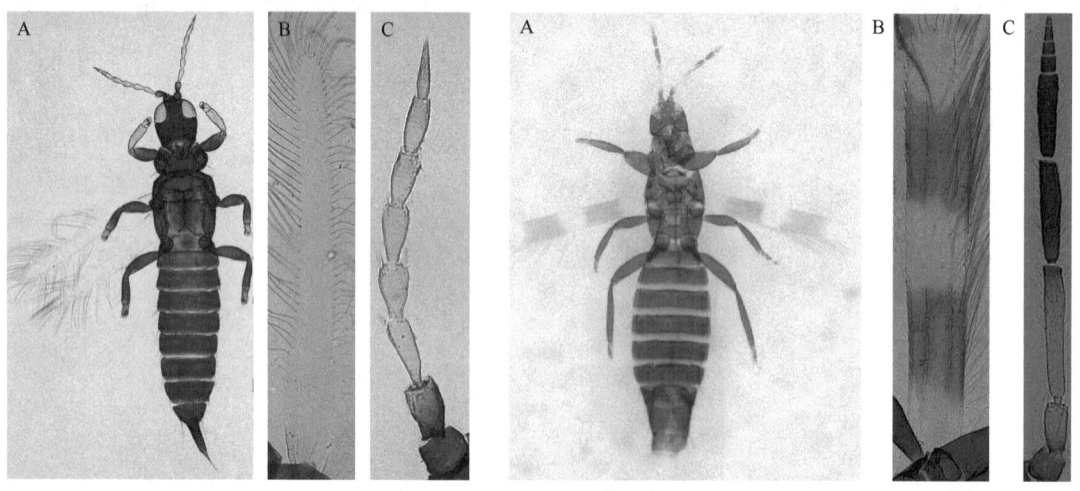

图 5-32-3 管蓟马科（刘经贤供图）
A. 全个体背面观；B. 翅；C. 触角

图 5-32-4 纹蓟马科（刘经贤供图）
A. 全个体背面观；B. 翅；C. 触角

3. 蓟马科 触角 6~8 节，第 3~4 节具叉状或锥状感觉器；前翅狭长，端部尖，无横脉，具脉鬃，翅面具微毛；腹部末端圆锥状；雌虫产卵瓣腹向弯曲（图 5-32-5）。

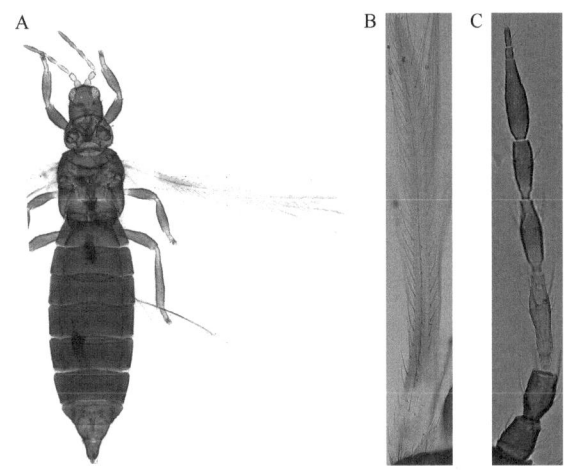

图 5-32-5　蓟马科（王军供图）
A. 全个体背面观；B. 翅；C. 触角

作业与思考题

1. 绘制管蓟马科的口器构造图。
2. 绘制管蓟马科和纹蓟马科的腹部末端图、前翅图，并注明名称。
3. 通过解剖、制作玻片或者电镜扫描（条件允许的情况下）等方法，比较缨翅目昆虫的口器构造与其他昆虫类群刺吸式口器的差异。
4. 根据缨翅目的生活习性，调查校园内园林植物上的缨翅目类群及其多样性，比较缨翅目导致的虫瘿与其他昆虫或节肢动物导致的虫瘿的差异。

实验三十三　膜　翅　目

本实验彩图

一、实验目的

掌握膜翅目的分类方法和主要形态特征，了解膜翅目常见科的识别特征。

二、实验材料与器具

【观察标本】　三节叶蜂科、叶蜂科、树蜂科、茎蜂科、旗腹蜂科、瘿蜂科、小蜂科、锤角细蜂科、细蜂科、广腹细蜂科、姬蜂科、茧蜂科、青蜂科、肿腿蜂科、螯蜂科（雌与雄）、胡蜂科、土蜂科、钩土蜂科、蚁蜂科（雌与雄）、蛛蜂科、蚁科（有翅、无翅）、泥蜂科、蜜蜂科、隧蜂科、切叶蜂科等。

【玻片标本】　赤眼蜂科、缨小蜂科、蚜小蜂科、跳小蜂科、小蜂科、姬小蜂科、金小蜂科等。

【实验器具】　体视显微镜、镊子、培养皿、生物显微镜等。

三、实验内容与方法

（一）膜翅目昆虫的形态特征

以胡蜂科为例，膜翅目的形态特征如图 5-33-1 所示。

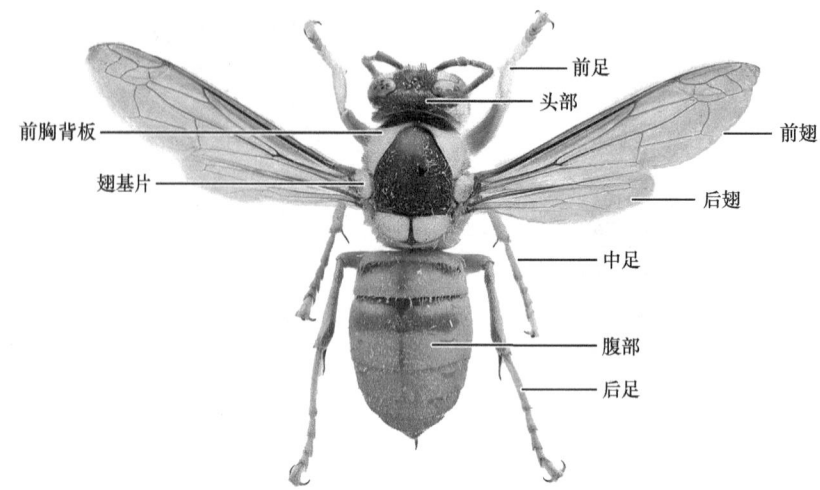

图 5-33-1　胡蜂科（刘经贤供图）

（二）膜翅目的翅脉

膜翅目脉序也是分类的重要依据之一。本书的命名系统综合采用 Gauld 和 Bolton（1988）、Goulet 和 Huber（1993）的翅脉命名系统。膜翅目不同类群的翅脉有所变化，本书仅列出其中几个具有一定代表性的翅脉（图 5-33-2～图 5-33-6）提供参考，主要针对本科生实验教学中常见类群的分类检索。

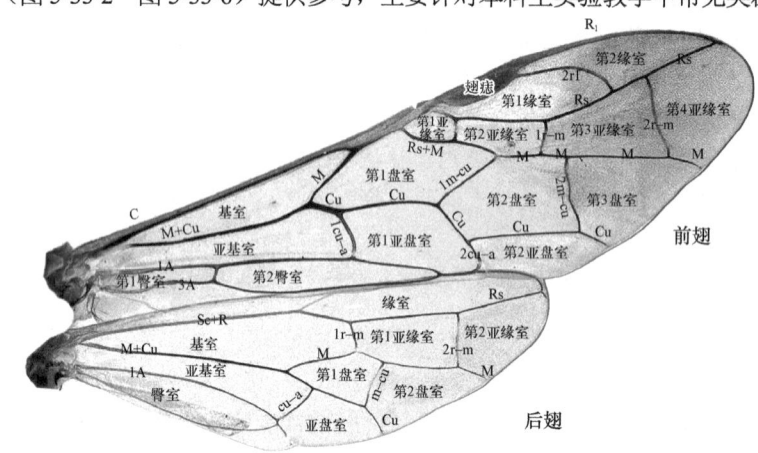

图 5-33-2　叶蜂科的翅脉（刘经贤供图）

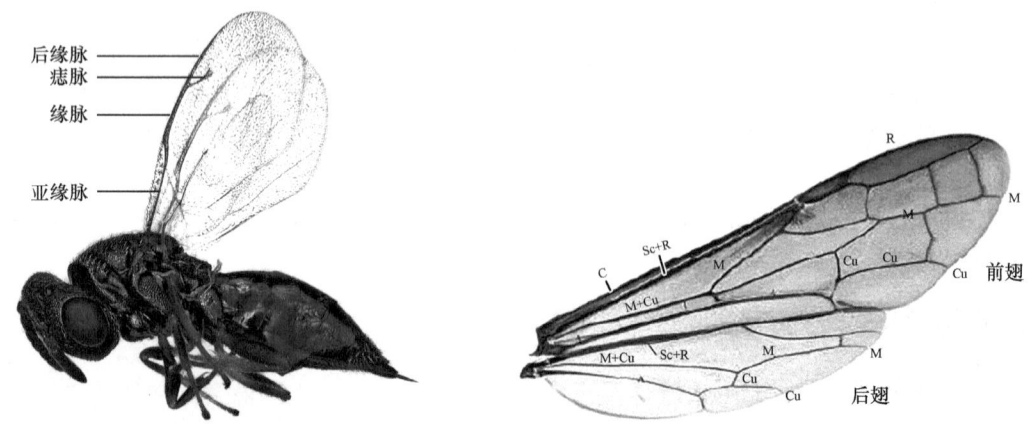

图 5-33-3　金小蜂科的前翅（曹亮明供图）　　图 5-33-4　胡蜂科（狭腹胡蜂亚科）的翅脉（刘经贤供图）

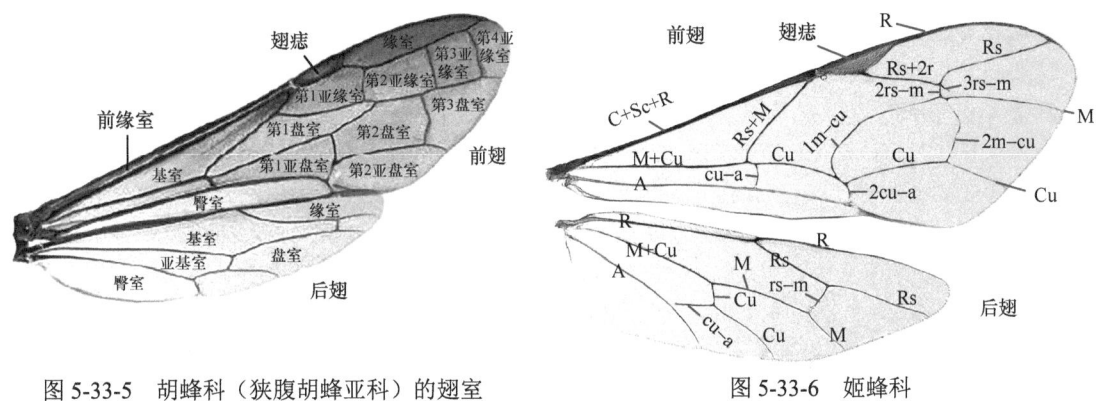

图 5-33-5　胡蜂科（狭腹胡蜂亚科）的翅室
（刘经贤供图）

图 5-33-6　姬蜂科

（三）膜翅目的分科特征

膜翅目的分科特征主要包括：复眼内缘的特征（图 5-33-7）、触角节数和特征；口器类型（包括嚼吸式、咀嚼式两种）、前胸背板与翅基片之间的距离（有翅类型）；前后翅的封闭翅室数量、翅脉特征；足转节的数量、腿节特征、爪的特征、跗节节数等；雌性产卵器（螯针）的位置。

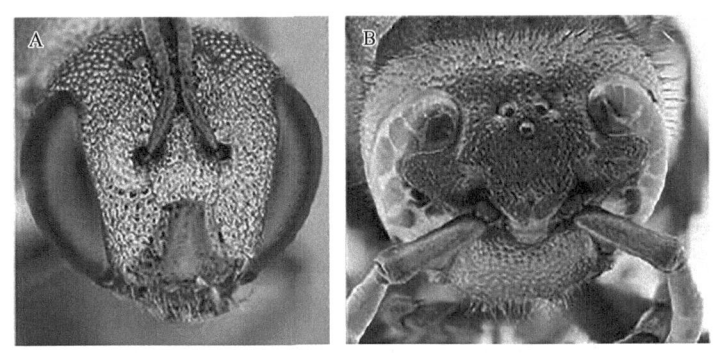

图 5-33-7　复眼内缘强烈不内凹（蜜蜂科）（A）和内缘内凹（胡蜂科）（B）

（四）膜翅目常见科分类检索表

膜翅目常见科分类检索表

1. 无翅 ··	2
有翅 ··	5
2. 腹部有结状节（2a，箭头所示）·· 蚁科 Formicidae
腹部无结状节（2aa）···	3
3. 腹部第 2 背板侧缘有毛毡线（3a）；胸部呈匣子形（3b，箭头所示）	
··· 蚁蜂科 Mutillidae（雌性）
腹部第 2 背板侧缘无毛毡线；胸部不呈匣子形（3aa，3bb）··	4
4. 触角 10 节（4a）；下口式；前足跗节特化成螯爪（4b，箭头所示）·········· 螯蜂科 Dryinidae
触角 12 或 13 节（4aa）；前口式；前足跗节不特化·· 肿腿蜂科 Bethylidae
5. 前翅至少有 1 个封闭的臀室（5a）；后翅至少有 3 个封闭的翅室（5b）·····················	6

	前翅无封闭的臀室，后翅封闭的翅室最多2个或无（5aa、5bb）	7
6.	前足胫节具2枚端距（6a、6b，箭头所示）	8
	前足胫节具1枚端距（6aa，箭头所示）	9
7.	触角3节（7a）；前足胫节端距不分叉（7b，箭头所示） ⋯⋯ 三节叶蜂科 Argidae	
	触角9节（7aa）；前足胫节端距分叉（7bb，箭头所示） ⋯⋯ 叶蜂科 Tenthredinidae	
8.	前胸背板呈哑铃形（8a）；后胸背板具有淡膜区（8b）；雌性腹部背板末端有一刺突（8c，上方箭头所示）；产卵器长（8c，下方箭头所示） ⋯⋯ 树蜂科 Siricidae	
	前胸背板宽大，不呈哑铃形（8aa）；后胸背板无淡膜区（8aa）；雌性腹部背板末端无刺突（8bb，上方箭头所示）；产卵器短（8bb，下方箭头所示） ⋯⋯ 茎蜂科 Cephidae	
9.	腹部着生在并胸腹节最上方，远离后足基节（9a、9b，箭头所示） ⋯⋯ 旗腹蜂科 Evaniidae	
	腹部着生在并胸腹节后端，靠近后足基节（9aa、9bb，箭头所示）	10
10.	前翅最多具有2个封闭的翅室，翅脉退化或消失；体一般小型	11
	前翅翅脉具有3个或以上的封闭翅室，翅脉一般不退化（10aa）[肿腿蜂科例外，但外形似蚁，针从腹部末端伸出可以鉴别（10bb）]；体一般中型至大型	21
11.	前胸背板端角伸达翅基片	12
	前胸背板端角不伸达翅基片	15
12.	前翅缘室近似三角形（12a，箭头所示），无前缘脉，无翅痣；腹部一般侧扁；雌性产卵器从腹末端之前伸出（12b，箭头所示） ⋯⋯ 瘿蜂科 Cynipidae	
	前翅缘室不呈三角形（12aa）（如果呈三角形，则有前缘脉），有翅痣（或痣脉），或翅脉退化（12bb）；腹部不侧扁；雌性产卵器从腹部末端伸出	13
13.	触角着生点紧靠唇基（13a，箭头所示）；腹部两侧具有锐利的边缘或隆脊（13b） ⋯⋯ 广腹细蜂科 Platygastridae	
	触角着生点远离唇基（13aa，箭头所示）；腹部无锐利的边缘或隆脊（13bb）	14
14.	触角着生在触角架上（14a、14b，箭头所示）；翅痣小或无 ⋯⋯ 锤角细蜂科 Diapriidae	
	触角无触角架（14aa，箭头所示）；翅痣大（14bb，箭头所示） ⋯⋯ 细蜂科 Proctotrupidae	
15.	后足腿节特别膨大，胫节略弯曲 ⋯⋯ 小蜂科 Chalcididae	
	后足腿节不特别膨大，胫节直	16
16.	跗节3节；前翅微毛一般排列成行 ⋯⋯ 赤眼蜂科 Trichogrammatidae	
	跗节4或5节；前翅微毛不排列成行	17
17.	触角间距大于触角与复眼的距离；额部触角上方与中单眼之间有一横脊，在复眼之间形成"H"形（17a）；翅缘具长缨毛；体长0.35~1.80 mm ⋯⋯ 缨小蜂科 Mymaridae	
	触角间距小于触角与复眼的距离；额部触角上方与中单眼之间无横脊，不在复眼之间形成"H"形（17aa）；翅无上述长缨	18
18.	中足胫节端距长为中足基跗节的一半以上	19
	中足胫节端距长不达中足基跗节的一半	20
19.	中胸盾片有盾纵沟；尾须着生在腹部末端 ⋯⋯ 蚜小蜂科 Aphelinidae	
	中胸盾片无盾纵沟；尾须着生在腹部中央 ⋯⋯ 跳小蜂科 Encyrtidae	
20.	跗节4节；前足胫节端距直 ⋯⋯ 姬小蜂科 Eulophidae	
	跗节5节；前足胫节端距弯曲 ⋯⋯ 金小蜂科 Pteromalidae	
21.	足转节2节（21a）；触角15节以上；雌性产卵器鞘管状，从腹末之前伸出（21b）	22
	足转节1节（21aa）；触角少于15节；雌性产卵器针状，从腹末伸出（21bb）	23

22. 前翅有 2m-cu 脉（第 2 回脉），无 Rs+M 脉（22a） ··· **姬蜂科 Ichneumonidae**
    前翅无 2m-cu 脉（第 2 回脉），一般有 Rs+M 脉（22aa） ································ **茧蜂科 Braconidae**
23. 并胸腹节与柄后腹之间有 1 或 2 个结节状或鳞片状节（23a、23b） ····································
    ··· **蚁科（有翅型）Formicidae**
    并胸腹节与柄后腹之间无结节（23aa），有时第 1 节与第 2 节之间缢缩，但不呈上述结节状
    （23bb） ·· 24
24. 前胸背板不达翅基片（24a、24b）（蜜蜂科的毛多，不易观察） ·· 25
    前胸背板伸达翅基片（24aa、24bb） ·· 29
25. 口器咀嚼式（25a） ·· 26
    口器嚼吸式（25aa、25bb） ··· 27
26. 前翅缘室开放，Rs 脉末端与 R 脉不相接（26a，箭头所示）；无腹柄（26b）
    ··· **青蜂科 Chrysididae**
    前翅缘室封闭，Rs 脉末端与 R 脉相接（26aa）；通常有腹柄（26bb，箭头所示）
    ··· **泥蜂科 Sphecidae**
27. 下唇须 1~2 节延长，明显长于 3~4 节（27a）；前翅 M 脉通常直（27b） ································ 28
    下唇须 1~2 节不延长，不显著长于 3~4 节（27aa）；前翅 M 脉弧形弯曲（27bb） ·····················
    ··· **隧蜂科 Halictidae**
28. 前翅 3 个亚缘室（28a，数字示亚缘室），如果只有 2 个亚缘室，则第 2 亚缘室比第 1 亚缘室
    短（28b，数字示亚缘室）；花粉篮在后足胫节（28c） ·································· **蜜蜂科 Apidae**
    前翅 2 个亚缘室，长度相等（28aa）；花粉篮在腹部（28bb） ··············· **切叶蜂科 Megachilidae**
29. 前翅 Rs 脉末端与 R 脉不相接，缘室开放，无亚缘室（29a）；后翅无封闭的翅室（29a）；体
    小型 ··· 30
    前翅 Rs 脉末端与 R 脉相接[如果不相接，则有亚缘室（29aa，箭头所示）]，缘室封闭，有亚
    缘室；后翅有封闭的翅室；体中型至大型 ··· 31
30. 触角 10 节，下口式（30a），雌性前足跗节通常特化为螯爪（30a，数字示跗节） ··············
    ··· **螯蜂科 Dryinidae**
    触角 12 或 13 节，雌性前足跗节无螯爪（30aa） ······································ **肿腿蜂科 Bethylidae**
31. 中胸侧板由一斜直的缝分隔成上下两部分（31a，箭头所示）；后足胫节长端距基部有毛状刷
    （31b） ··· **蛛蜂科 Pompilidae**
    中胸侧板无上述的缝或沟（31aa，箭头所示）；后足胫节长端距无毛状刷（31bb，箭头所示）
    ·· 32
32. 复眼内缘在触角窝上方呈强烈"V"形内凹（32a、32b） ··· 33
    复眼内缘在触角窝上方不呈"V"形内凹（32aa） ·· 34
33. 翅端部 1/4 或 1/4 以上的翅面具细密的纵皱隆线（33a）；前翅第 1 盘室短于亚基室（33a） ····
    ··· **土蜂科 Scoliidae**
    翅端部 1/4 或 1/4 以上的翅面无细密的纵皱隆线（33aa）；前翅第 1 盘室长于亚基室（33aa）
    ··· **胡蜂科 Vespidae**
34. 中胸腹板向后延伸覆盖中足基节的一部分，之间有一倒"V"形缺口（34a）；雄性腹板末端有
    一刺突（34b，箭头所示）；腹部第 2 背板侧缘无毛毡线（34c） ············ **钩土蜂科 Tiphiidae**
    中胸腹板不向后延伸覆盖中足基节，之间无倒"V"形缺口（34aa）；雄性腹板末端无刺突（34bb）；
    腹部第 2 背板侧缘通常有毛毡线（34cc） ·· **蚁蜂科 Mutillidae**（雄，有翅）

膜翅目常见科分类检索表配图如图 5-33-8 所示。

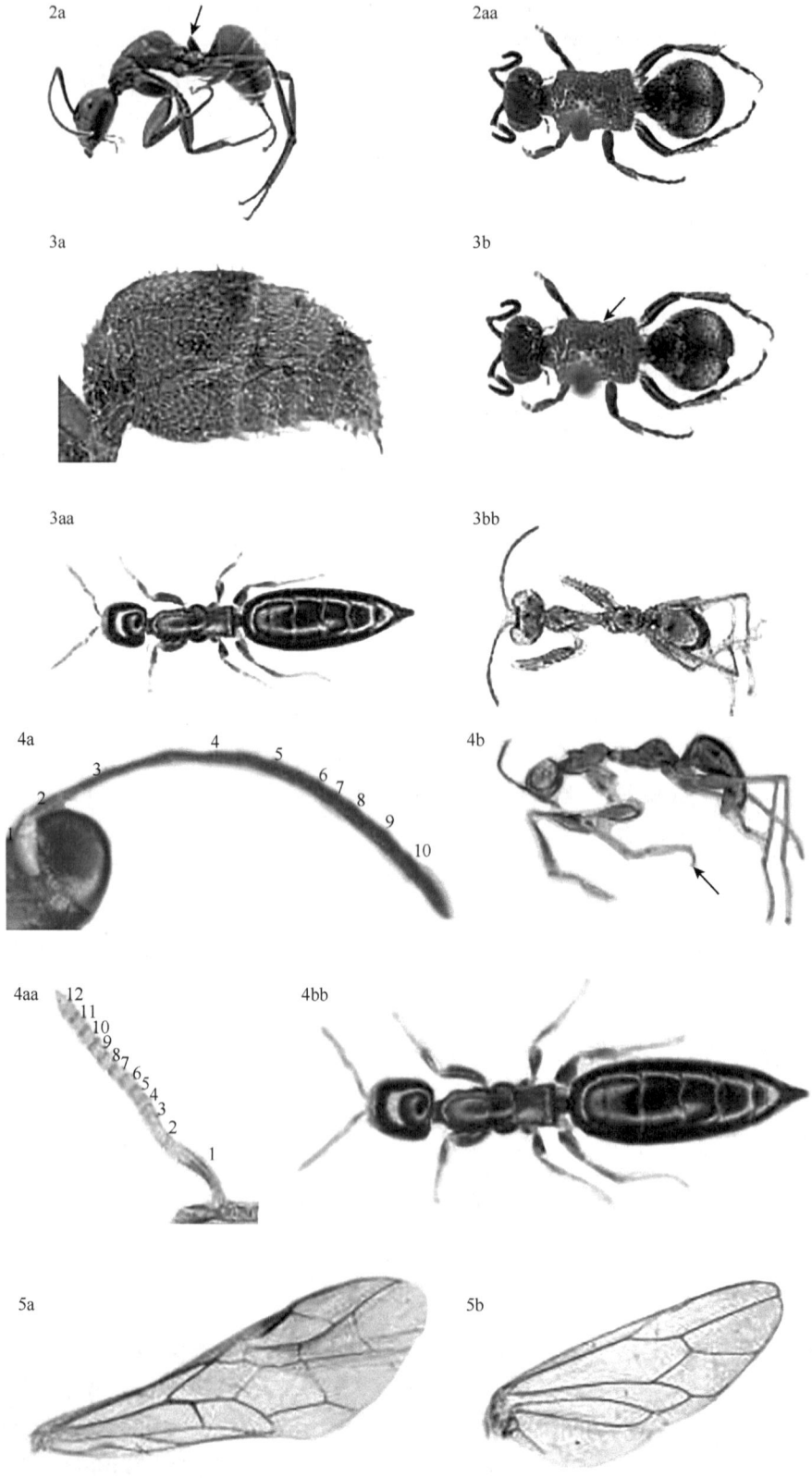

第五章 昆虫系统分类

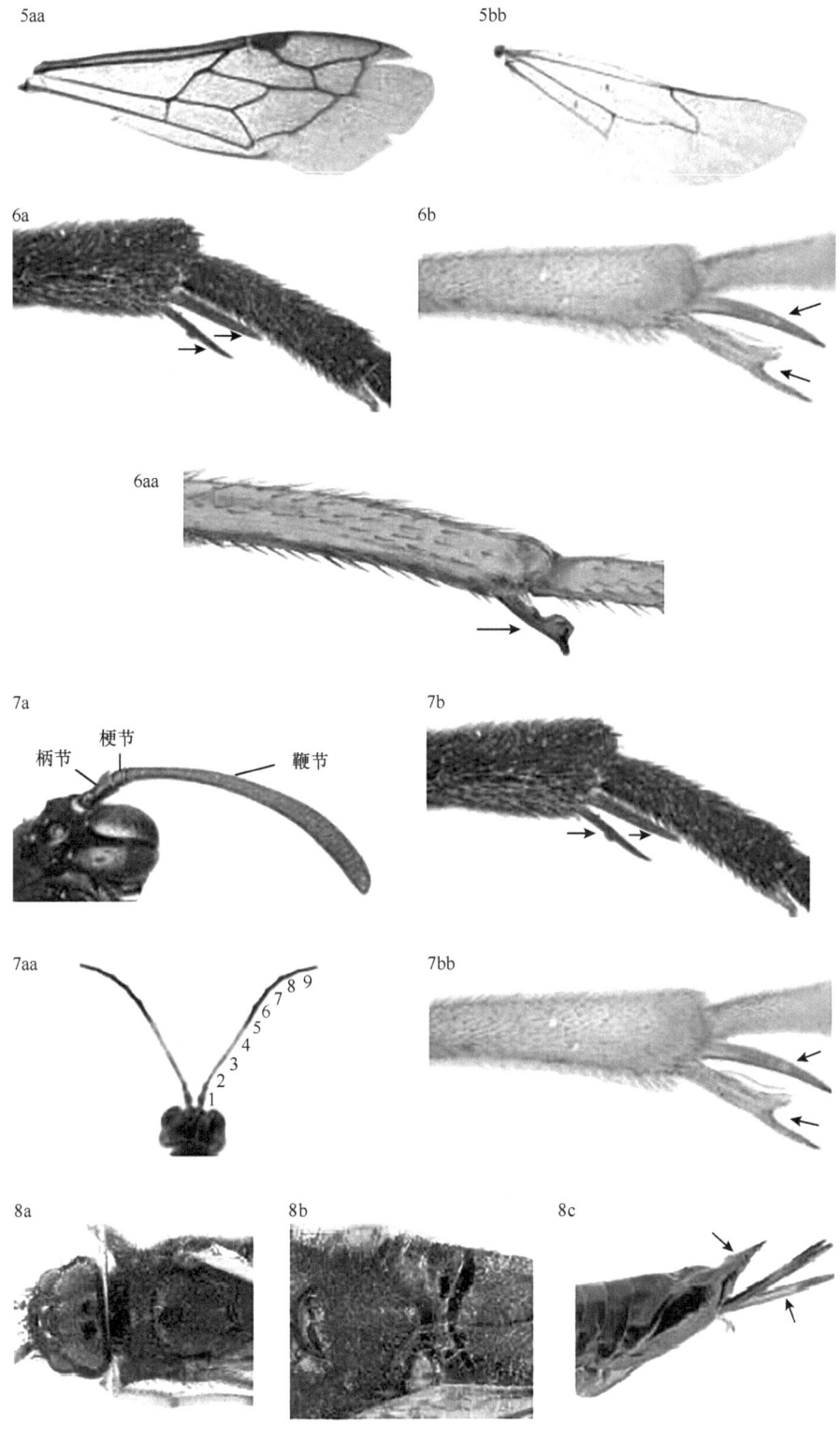

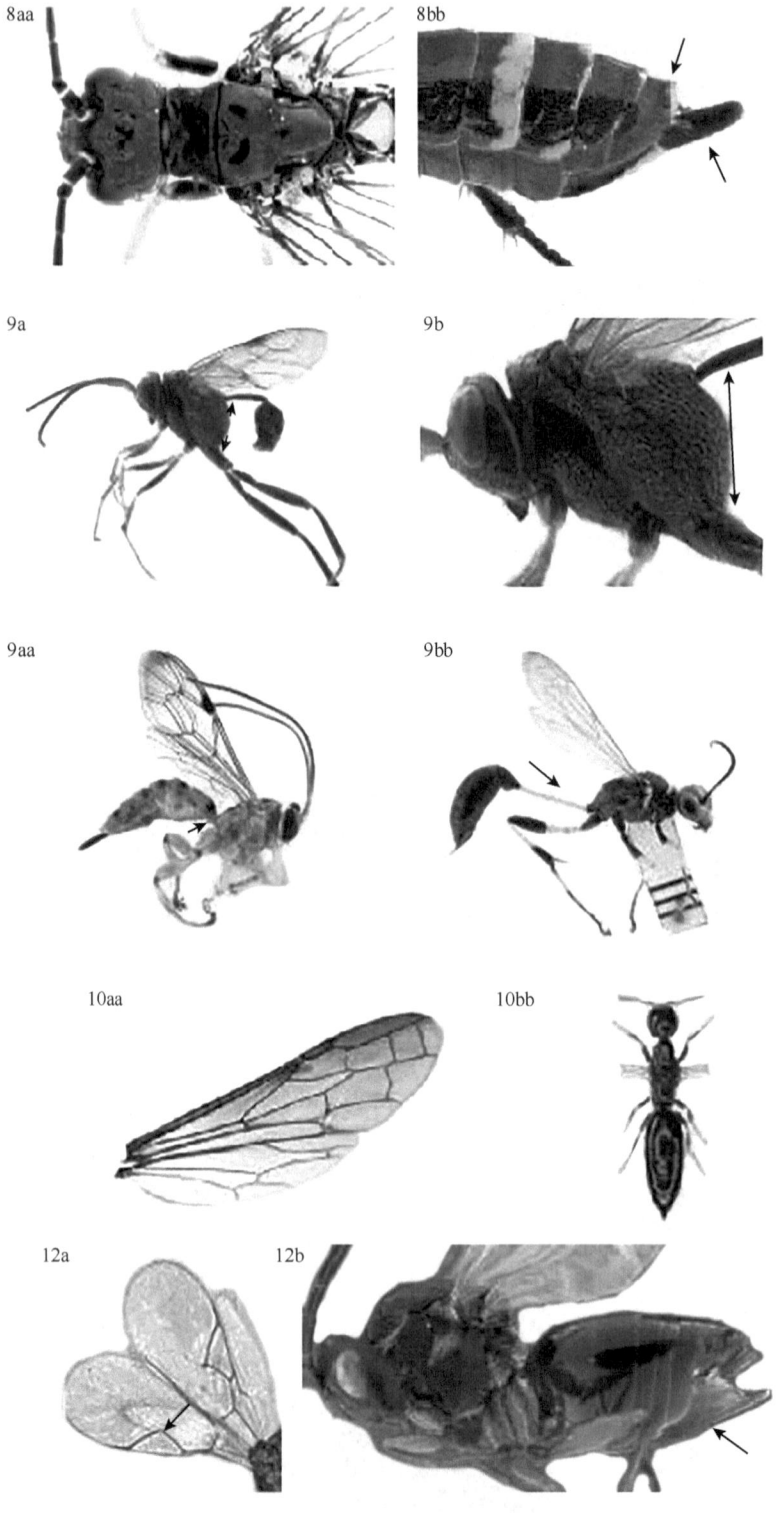

第五章 昆虫系统分类 · 117 ·

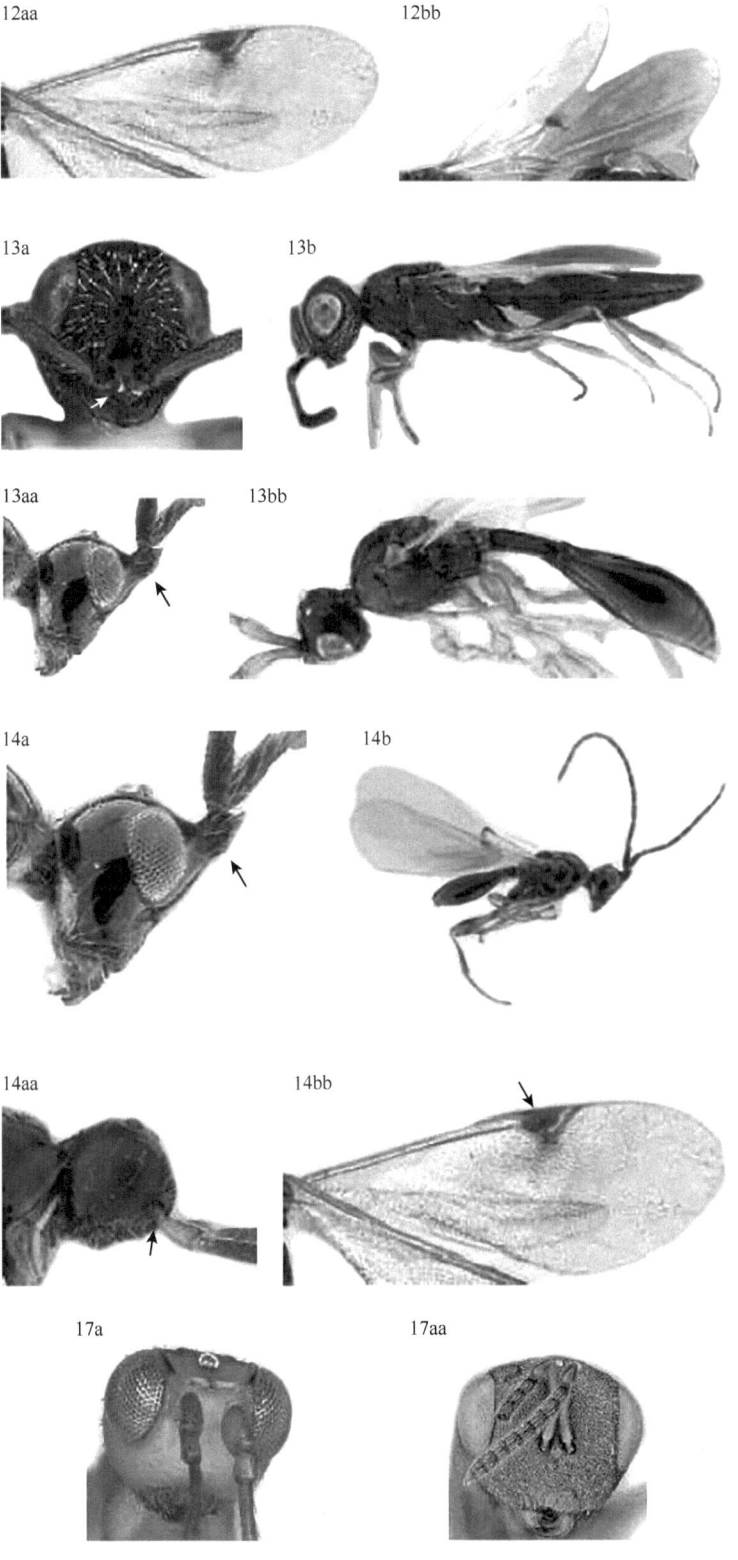

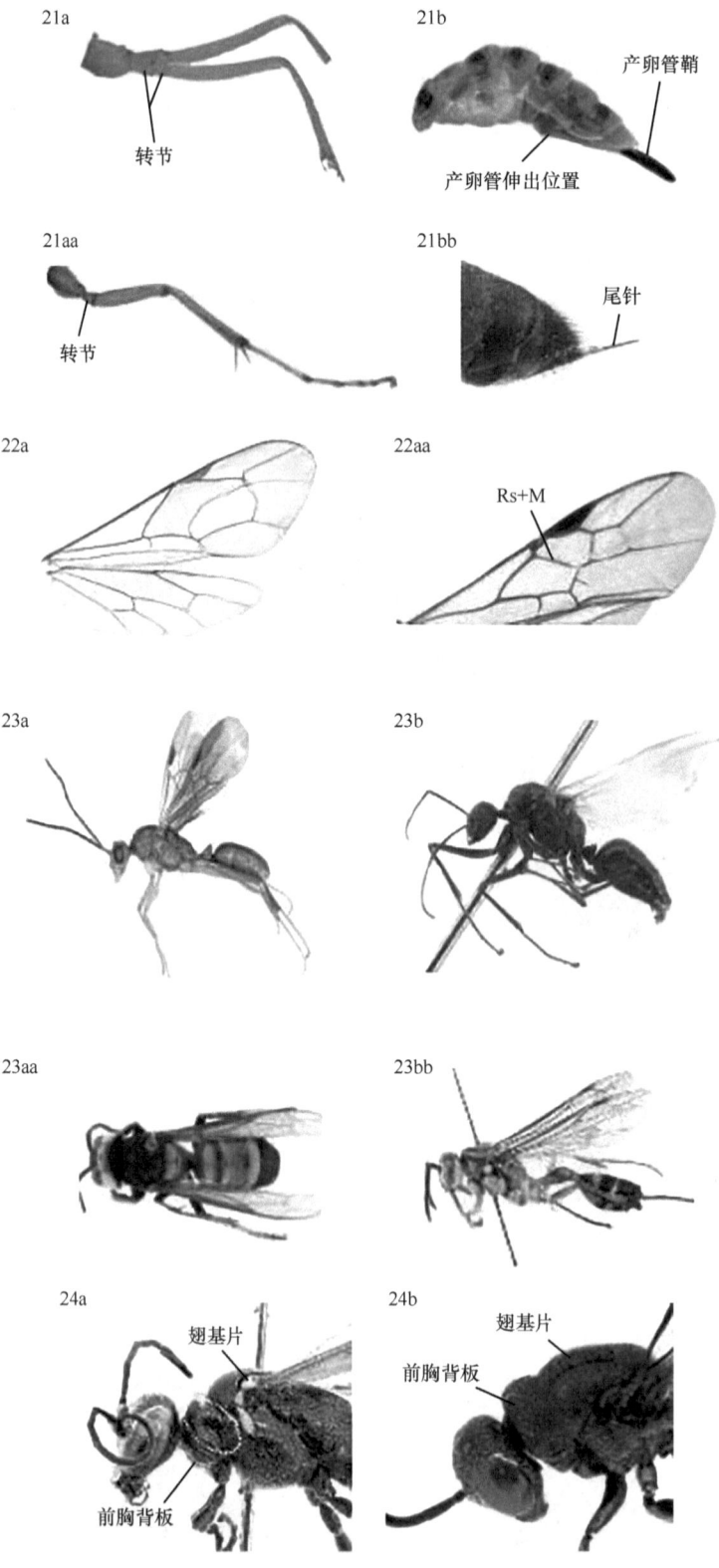

第五章 昆虫系统分类

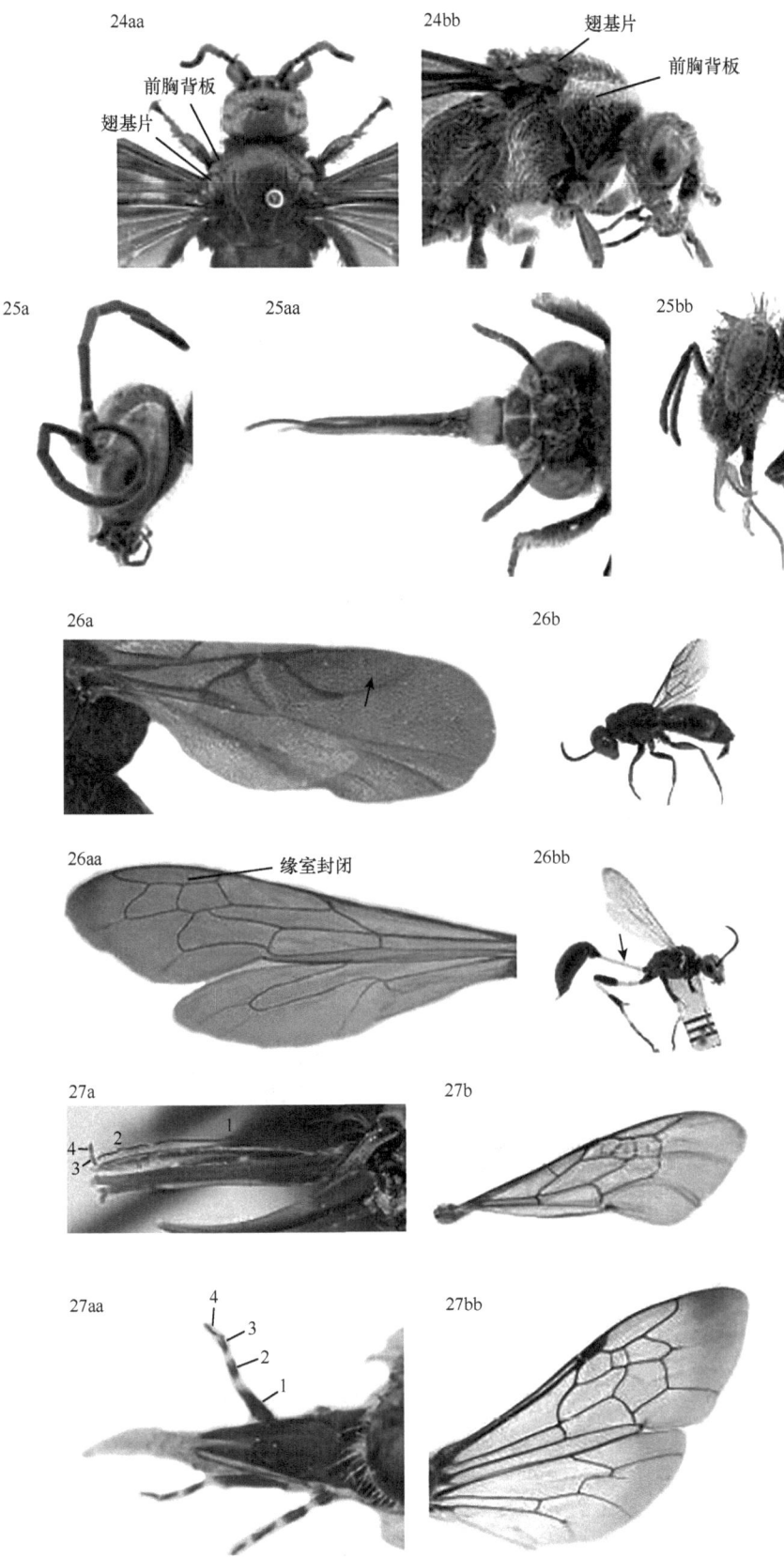

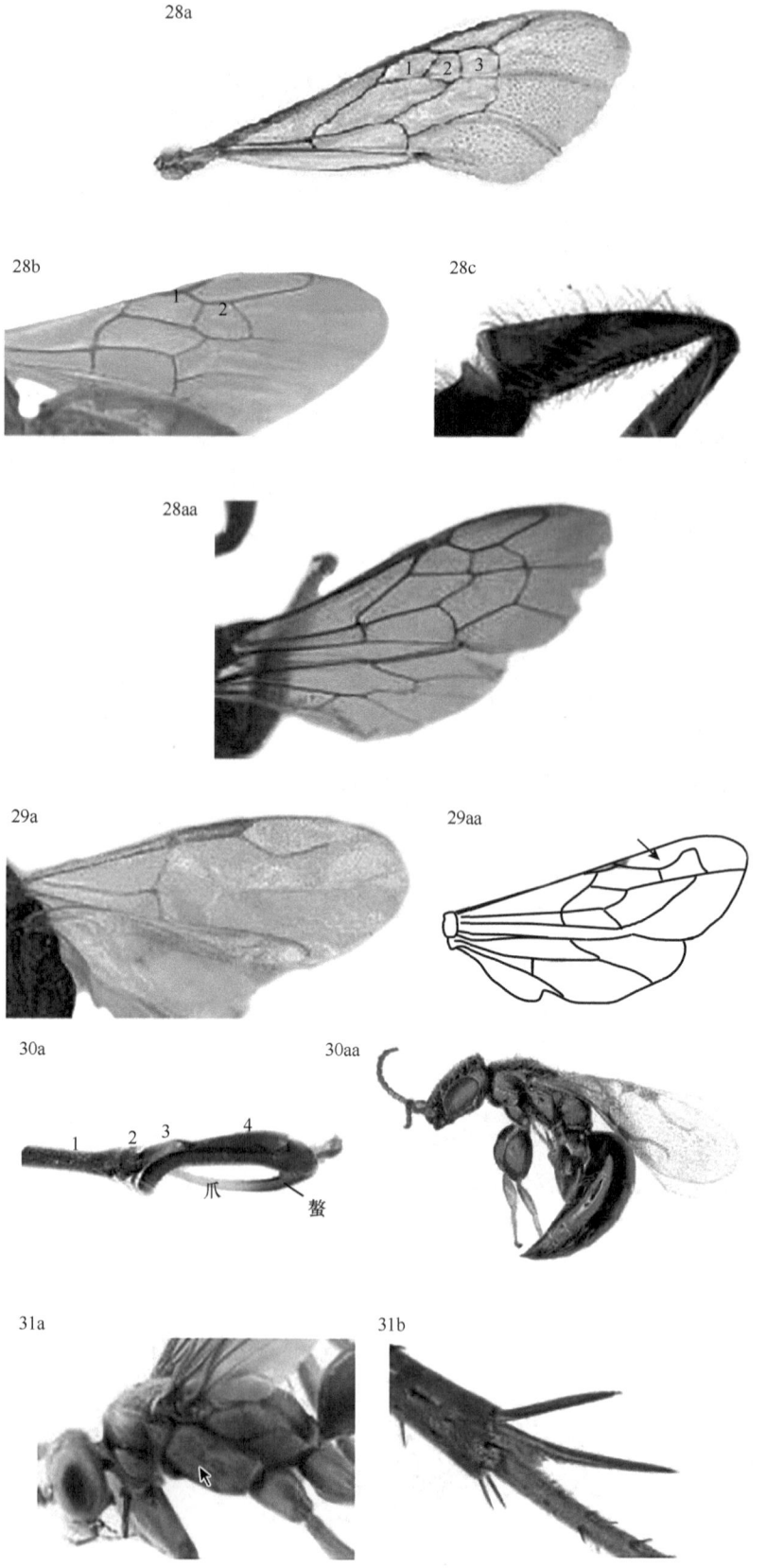

第五章　昆虫系统分类

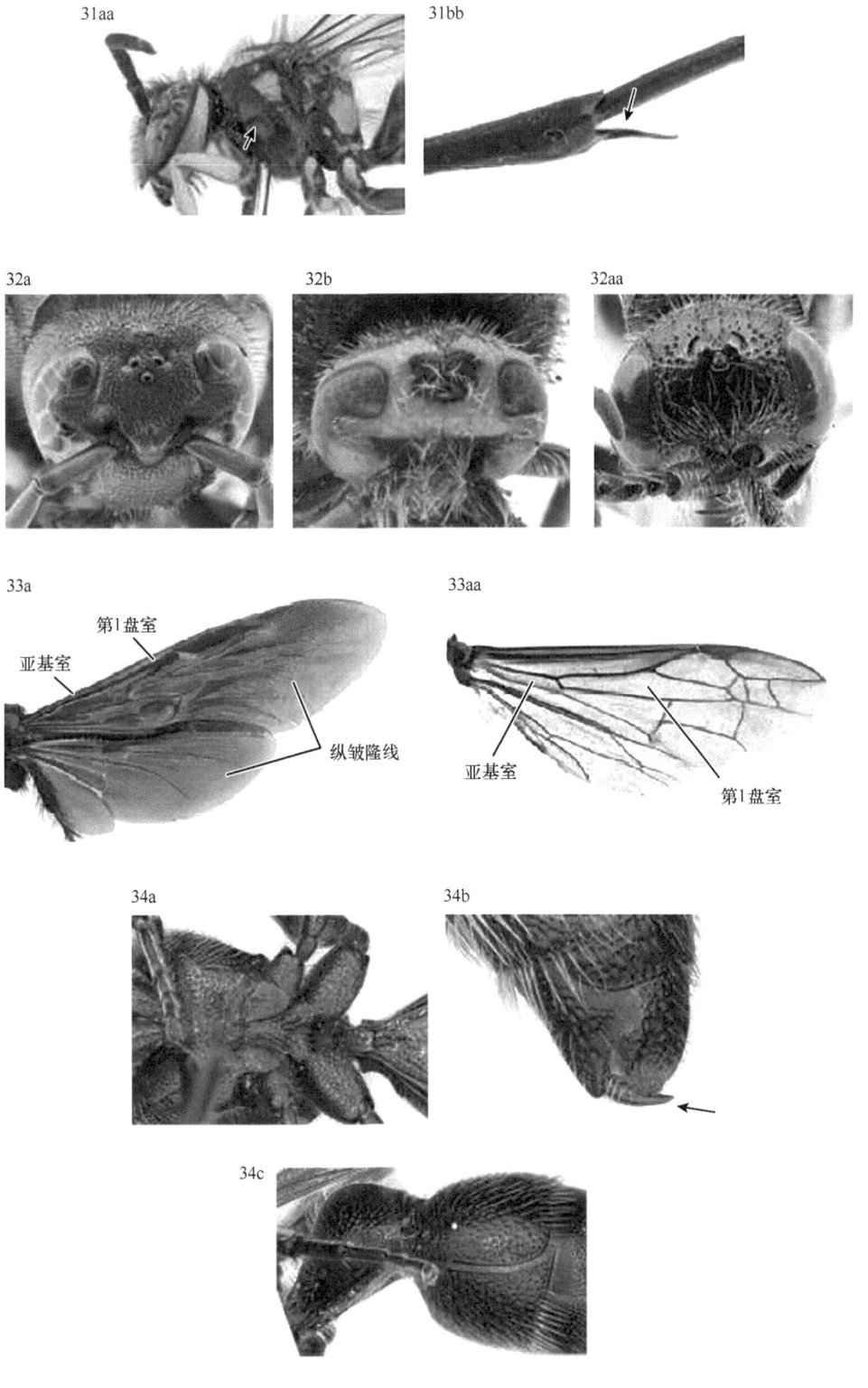

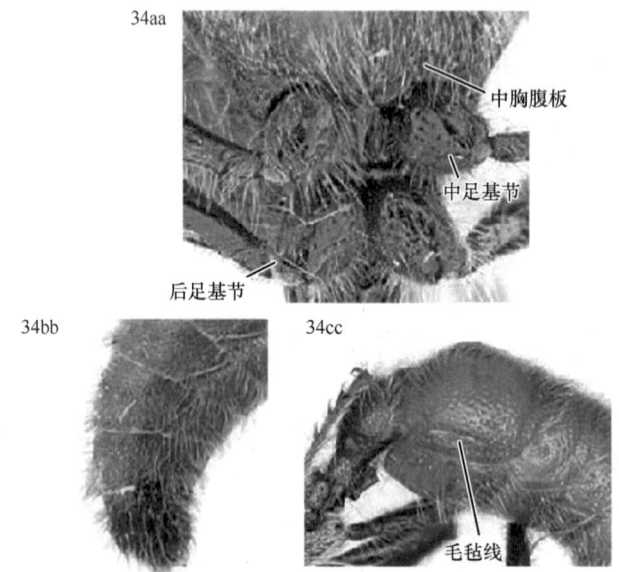

图 5-33-8　膜翅目常见科分类检索表配图

（五）膜翅目常见科的识别

结合《普通昆虫学》教材描述的详细特征，观察各科的主要鉴别部位。由于不少类群的种类很多，特征不唯一，在使用检索表的时候，有时需要通过检索上下联确认。

1. 三节叶蜂科　　触角 3 节；前足胫节端距 2 个，不分叉；有淡膜区（图 5-33-9）。

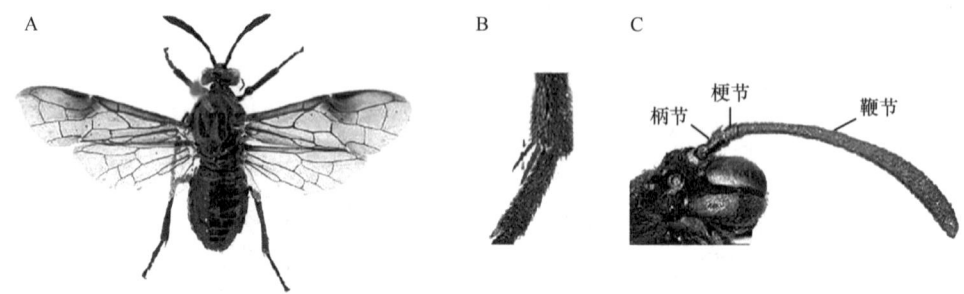

图 5-33-9　三节叶蜂科（刘经贤供图）
A. 整体；B. 前足胫节端距；C. 触角

2. 叶蜂科　　触角 7～11 节；前足胫节端距 2 个，内距常分叉；产卵器锯齿状（图 5-33-10）。

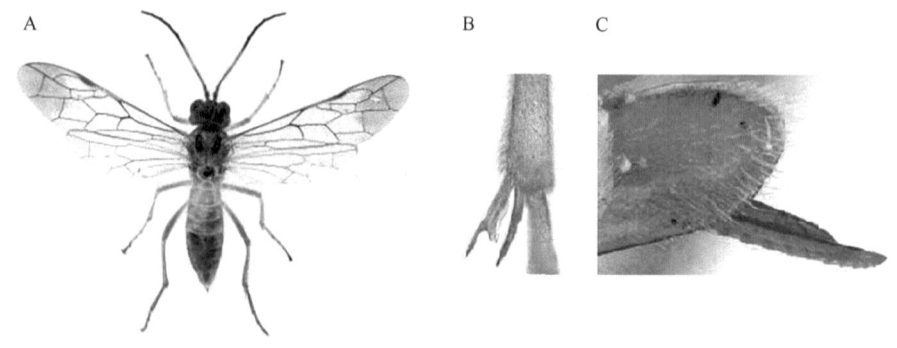

图 5-33-10　叶蜂科（刘经贤供图）
A. 整体；B. 前足胫节端距；C. 产卵器

3. 茎蜂科　前胸背板长宽相等或长大于宽，不呈哑铃形；前足胫节端距 1 个；无淡膜区（图 5-33-11）。

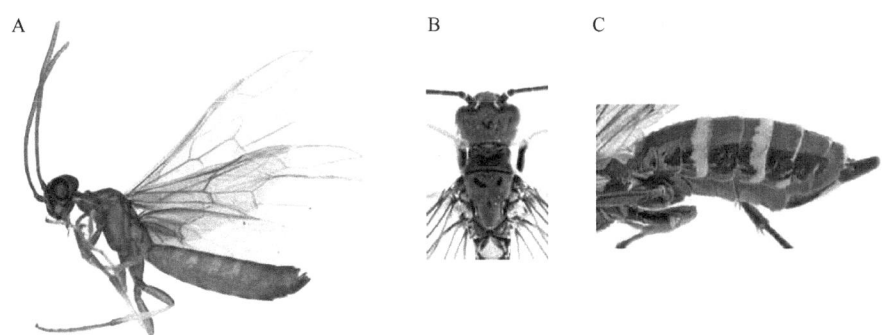

图 5-33-11　茎蜂科
A. 整体（侧面观）；B. 头部和胸部（背面观）；C. 腹部（侧面观）

4. 树蜂科　前胸背板呈哑铃形；前足胫节端距 1 个；雌性腹部背板末端有一刺突，产卵器长（图 5-33-12）。

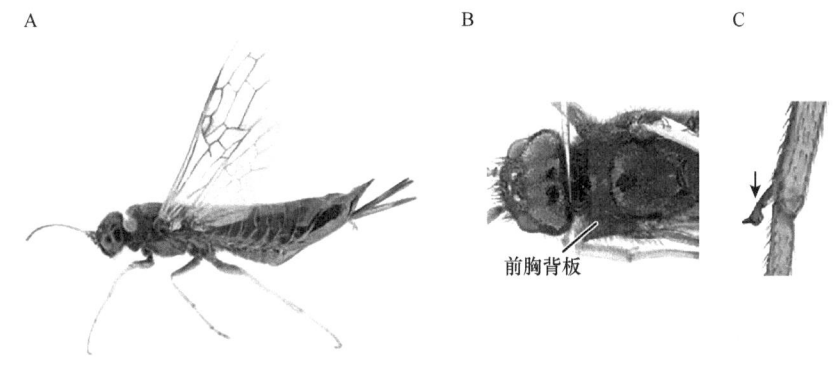

图 5-33-12　树蜂科
A. 整体（侧面）；B. 头部和胸部（背面）；C. 前足胫节端距（箭头所示）

5. 旗腹蜂科　腹部着生在并胸腹节最上方，远离后足基节（图 5-33-13）。

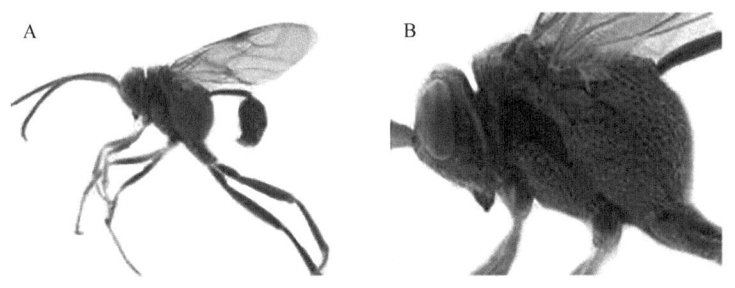

图 5-33-13　旗腹蜂科（李意成供图）
A. 整体（侧面）；B. 头部和胸部（侧面）

6. 小蜂科　前胸背板不伸达翅基片；后足腿节特别膨大，腹缘具齿突，后足胫节向内弧形弯曲（图 5-33-14）。

7. 金小蜂科　体常具有绿色或蓝色金属光泽；跗节 5 节，前足胫节端距弯曲；前翅后缘脉和痣脉发达（图 5-33-15）。

图 5-33-14　小蜂科（背面）（仿何俊华，1977）

8. 姬小蜂科　　触角 5～8 节；跗节 4 节；后缘脉短（图 5-33-16）。

9. 赤眼蜂科　　前翅翅面微毛排列成行；跗节 3 节（图 5-33-17）。

10. 缨小蜂科　　触角窝与中单眼之间有一"H"形的横脊；翅缘有长缨毛（图 5-33-18）。

11. 蚜小蜂科　　体微小型。中足胫节距发达；具盾纵沟；尾须着生在腹部末端（图 5-33-19）。

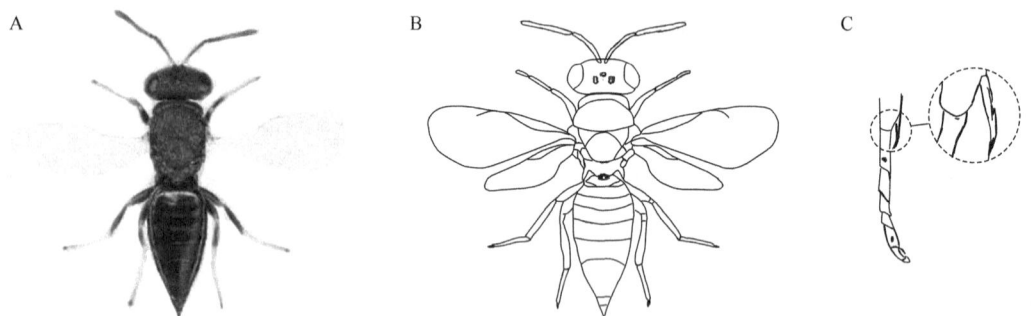

图 5-33-15　金小蜂科（A 由曹亮明供图；B 由李盼供图；C 仿 Goulet and Hubert，1993）
A、B. 整体（背面）；C. 前足胫节端距和跗节

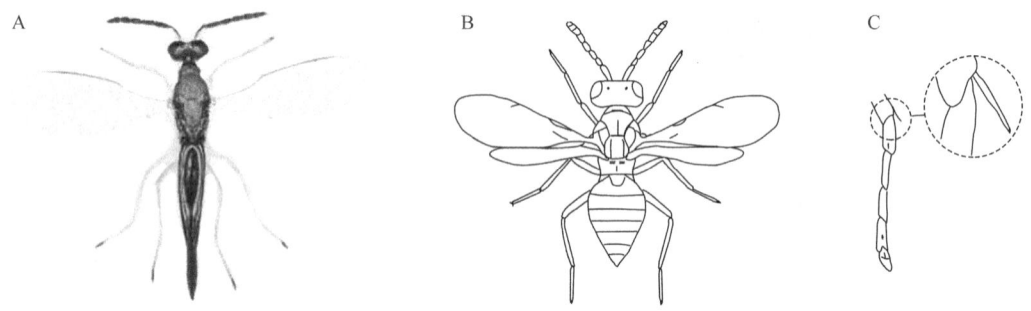

图 5-33-16　姬小蜂科（A 由曹亮明供图；B 由李盼仿何俊华，1977；C 仿 Goulet and Hubert，1993）
A、B. 整体（背面）；C. 前足胫节端距和跗节

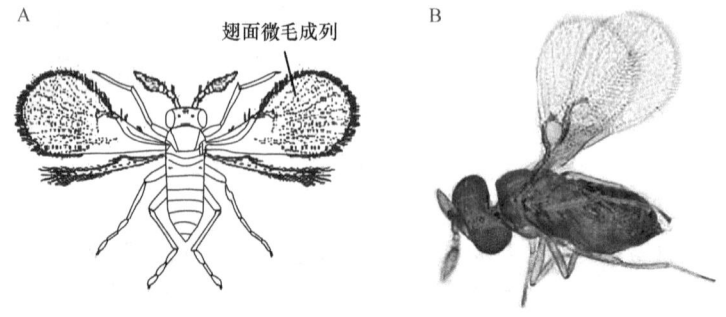

图 5-33-17　赤眼蜂科（A 由李盼仿何俊华，1977；B 由刘经贤供图）
A. 整体（背面）；B. 整体（侧面）

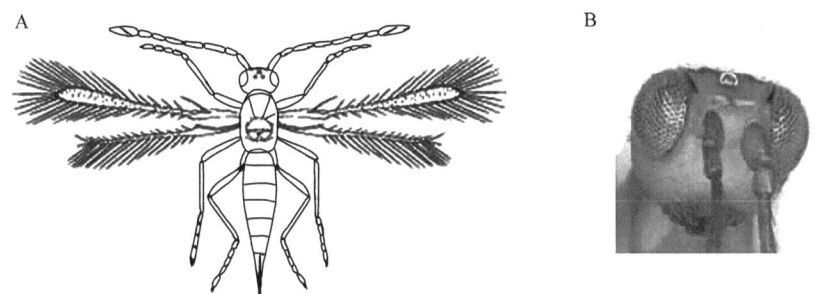

图 5-33-18　缨小蜂科（A 由李盼仿庞雄飞和尤民生，1996；B 由刘经贤供图）
A. 整体（背面）；B. 头部（前面）

图 5-33-19　蚜小蜂科整体背面（李盼仿黄蓬英和黄建，2004）

12. 跳小蜂科　　体微小型。中足胫节端距发达；无盾纵沟；尾须着生在腹部中央（图 5-33-20）。

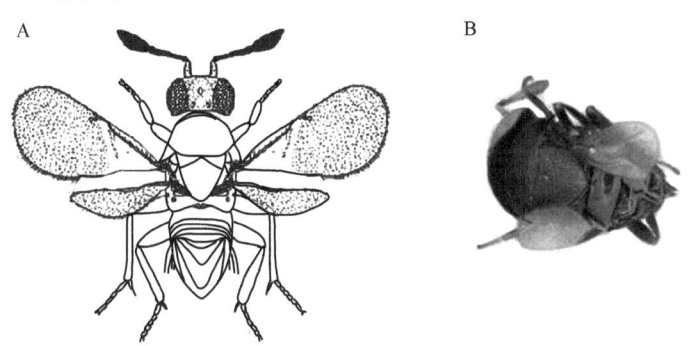

图 5-33-20　跳小蜂科（A 由李盼仿徐志宏和娄巨贤，2004；B 由刘经贤供图）
A. 整体（背面）；B. 实体整体（背面）

13. 瘿蜂科　　前胸背板伸达翅基片；前翅缘室近似三角形，无翅痣；腹部一般侧扁（图 5-33-21）。

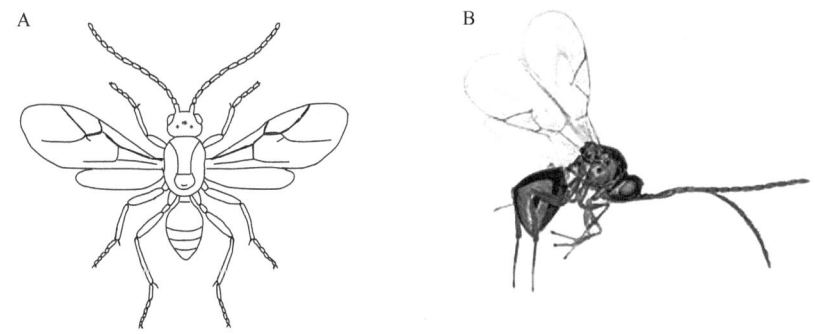

图 5-33-21　瘿蜂科（A 由李盼供图；B 由刘经贤供图）
A. 整体（背面）；B. 整体（侧面）

14. 锤角细蜂科　　触角着生在触角架上；前胸背板伸达翅基片；翅脉退化（图 5-33-22）。

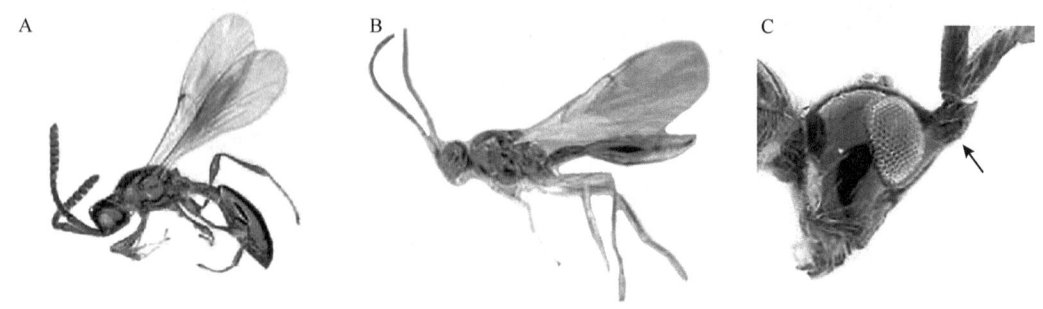

图 5-33-22　锤角细蜂科（刘经贤供图）
A、B. 整体（侧面）；C. 头部（侧面，箭头所示为触角架）

15. 细蜂科　　无触角架；前胸背板伸达翅基片；前翅前缘脉、亚前缘脉和径脉发达，翅痣发达，其余翅脉退化；柄后腹有 1 个大的愈合背板（图 5-33-23）。

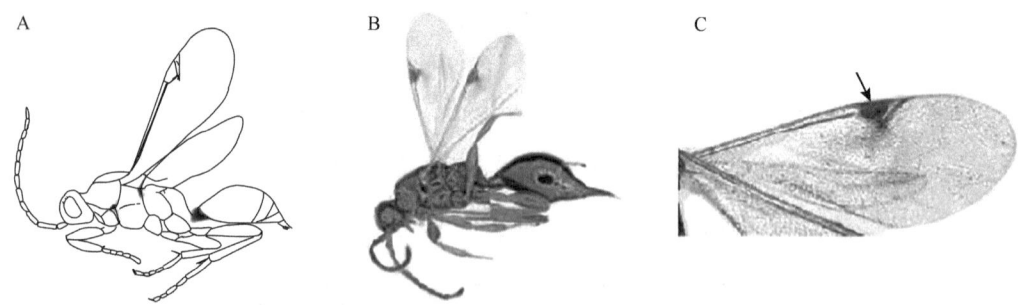

图 5-33-23　细蜂科（A 仿何俊华，2004；B 和 C 由刘经贤供图）
A、B. 整体（侧面）；C. 前翅（箭头所示为翅痣）

图 5-33-24　广腹细蜂科整体（侧面）
（莫文惠供图）

16. 广腹细蜂科　　触角着生点紧靠唇基；前胸背板伸达翅基片；翅脉退化；腹部两侧有锐利的边缘或隆脊（图 5-33-24）。

17. 姬蜂科　　触角一般 15 节以上；前胸背板伸达翅基片；前翅 C 脉、Sc 脉和 R 脉愈合（C+Sc+R 脉）；前翅有第 2 回脉（2m-cu 脉），无 Rs+M 脉（图 5-33-25）。

18. 茧蜂科　　触角一般 15 节以上；前胸背板伸达翅基片；前翅无第 2 回脉（2m-cu 脉），一般有 Rs+M 脉（有些亚科无）（图 5-33-26）。

19. 青蜂科　　常具有青色、蓝色等金属光泽；前胸背板不伸达翅基片；前翅 R 脉与 Rs 脉不相接，缘室开放；腹部可见 3～5 节腹节（注意：有部分种类无金属光泽）（图 5-33-27）。

20. 肿腿蜂科　　前口式；触角 12 或 13 节；翅脉退化；前足腿节一般肿大（实际上，仅部分亚科的种类前足腿节特别肿大）（图 5-33-28）。

第五章　昆虫系统分类

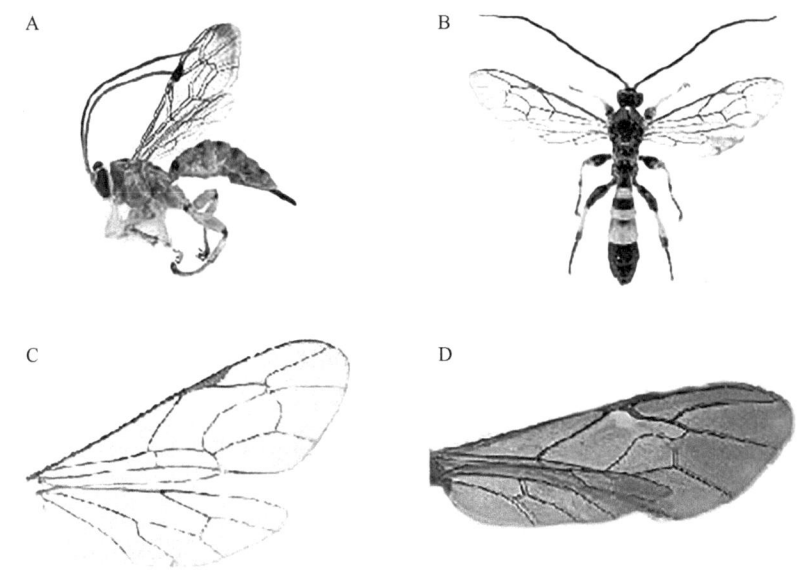

图 5-33-25　姬蜂科（李意成供图）
A. 整体（侧面）；B. 整体（背面）；C、D. 前翅和后翅

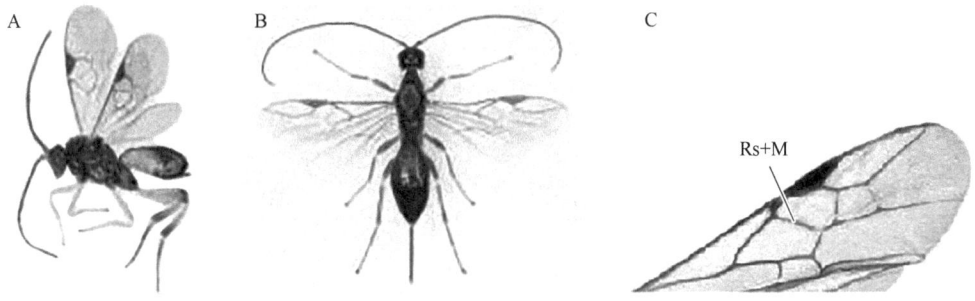

图 5-33-26　茧蜂科（A 和 B 由曹亮明供图；C 由刘经贤供图）
A. 整体（侧面）；B. 整体（背面）；C. 前翅翅脉

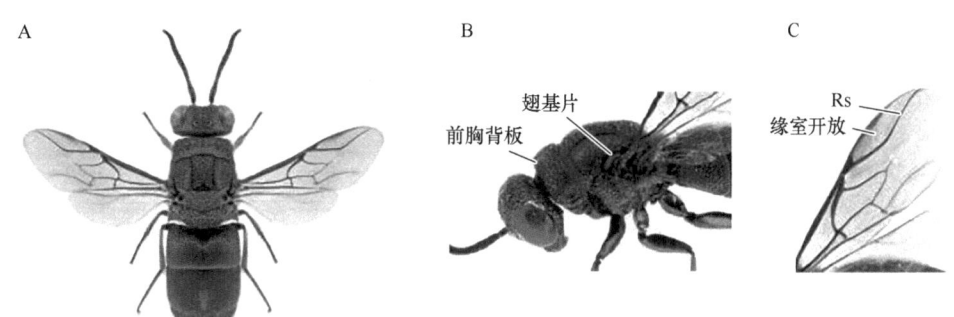

图 5-33-27　青蜂科（A 由叶潇涵供图；B 和 C 由刘经贤供图）
A. 整体（背面）；B. 头部和胸部（侧面）；C. 前翅

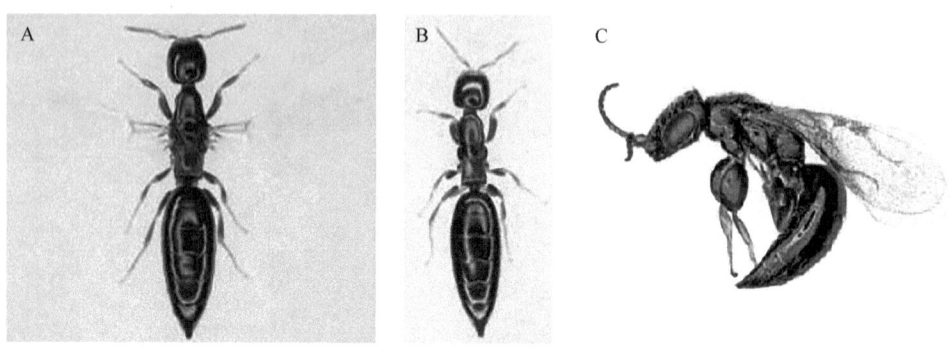

图 5-33-28　肿腿蜂科（A 和 B 由曹亮明供图；C 由李意成供图）
A. 有翅型整体（背面）；B. 无翅型整体（背面）；C. 有翅型整体（侧面）

21. 螯蜂科　　触角 10 节；雌性前足跗节一般特化为螯爪（雄性无螯爪，常足螯蜂亚科的雌雄均无螯爪）；前翅一般有翅痣，径脉不伸达翅缘（图 5-33-29）。

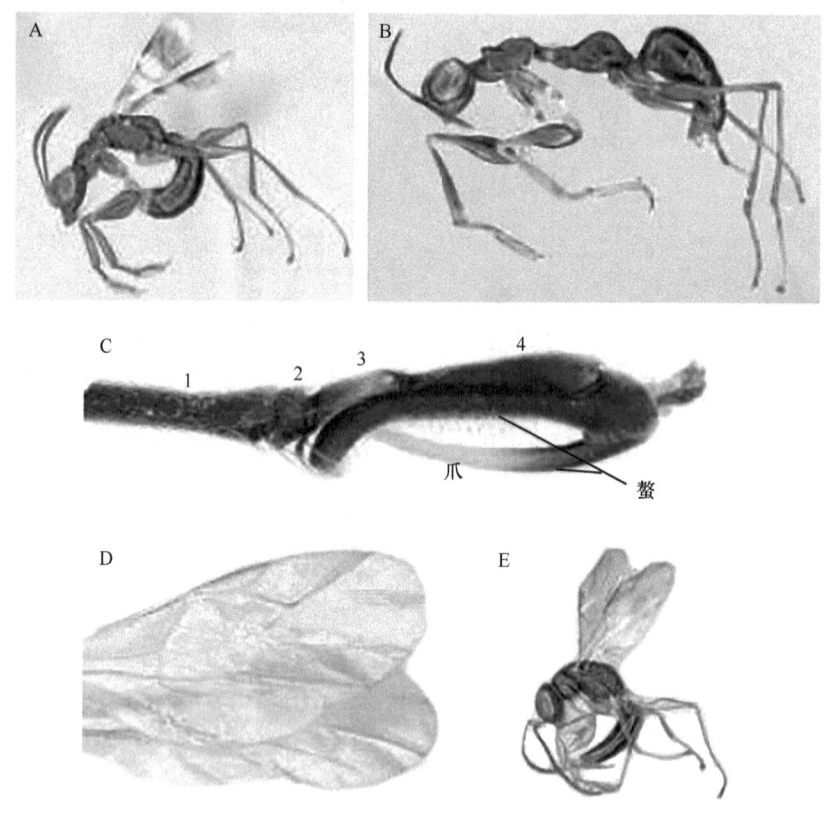

图 5-33-29　螯蜂科（刘经贤供图）
A. 有翅型整体（侧面，雌）；B. 无翅型整体（侧面，雌）；C. 前足螯爪（雌，数字示跗节的节数）；
D. 前后翅；E. 整体（侧面）

22. 胡蜂科　　复眼内缘强烈内凹；前胸背板伸达翅基片；前翅第 1 盘室长于亚基室（注意：蜾蠃亚科、狭腹胡蜂亚科常有腹柄）（图 5-33-30）。

23. 土蜂科　　复眼内缘内凹；前翅翅面具纵皱隆线；体多毛（图 5-33-31）。

24. 钩土蜂科　　前胸背板伸达翅基片；中胸腹板向后延伸盖住中足基节，之间呈一倒"V"形缺口；雄性腹板末端有一刺突（图 5-33-32）。

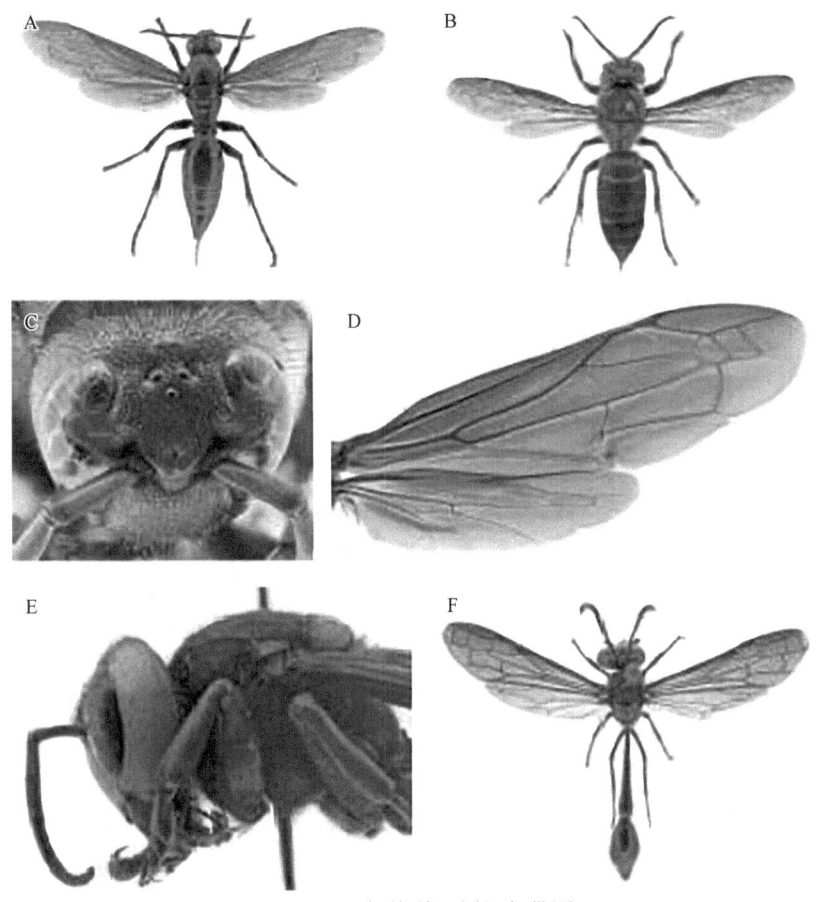

图 5-33-30 胡蜂科（刘经贤供图）
A. 马蜂亚科；B. 胡蜂亚科整体（背面）；C. 头部（前面观）；D. 前后翅；E. 头部和胸部（侧面，胡蜂亚科）；F. 狭腹（胡蜂亚科）

图 5-33-31 土蜂科（刘经贤供图）
A. 整体（侧面）；B. 头部（前面）；C. 前后翅

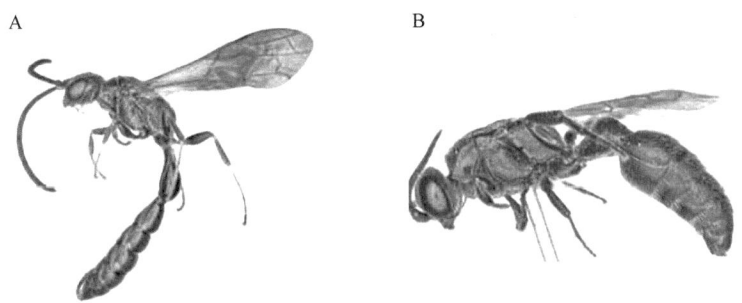

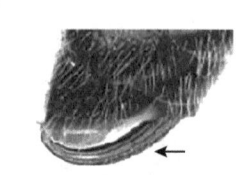

图 5-33-32　钩土蜂科（刘经贤供图）
A、B. 整体（侧面）；C. 中胸腹板（腹面）；D. 腹部末端（雄性，箭头所示为刺突）

25. 蚁蜂科　　雌雄二型；体多毛；前翅翅脉不伸达翅缘；中胸腹板不向后延伸覆盖中足基节；腹部第2背板侧缘一般有毛毡线（图5-33-33）。

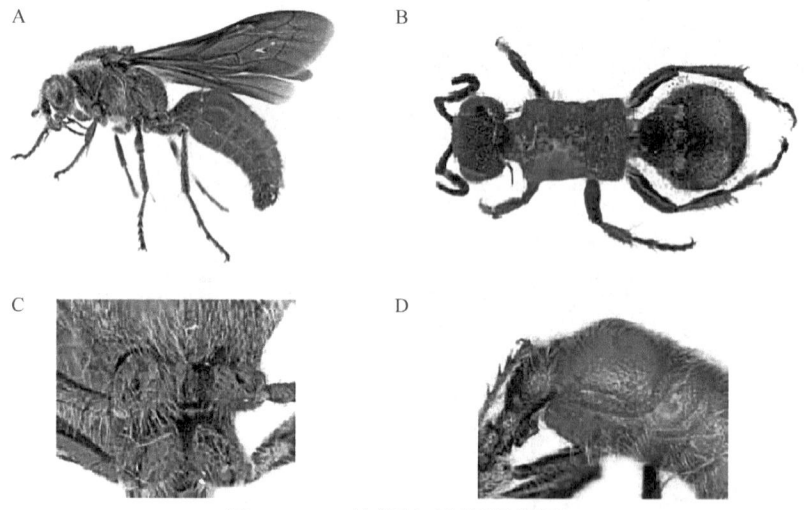

图 5-33-33　蚁蜂科（刘经贤供图）
A. 雄性，整体（侧面）；B. 雌性，整体（背面）；C. 中胸腹板；D. 腹部（侧面）

26. 蛛蜂科　　前胸背板伸达翅基片；中胸侧板有一横缝（注意：该特征在一些蚁科种类也有，在鉴定观察时要综合比较）；后足胫节长端距基部有毛状刷（图5-33-34）。

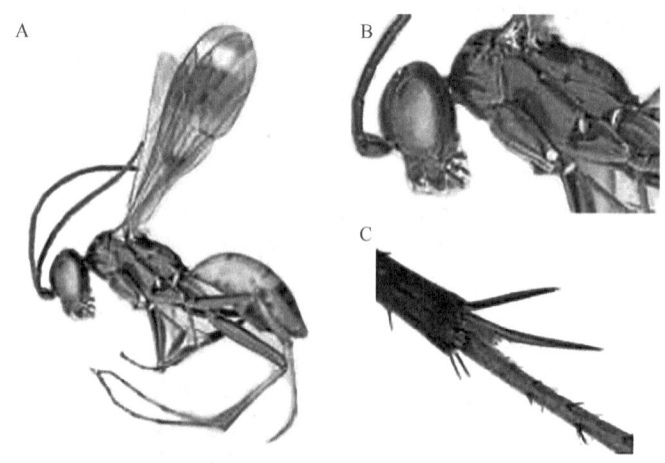

图 5-33-34　蛛蜂科（刘经贤供图）
A. 整体（侧面）；B. 头部和胸部（侧面）；C. 后足胫节长端距

27. 蚁科　　触角柄节非常长，一般膝状，但有翅类群也有丝状的；腹部与并胸腹节之间有

1 或 2 结状节（图 5-33-35）。

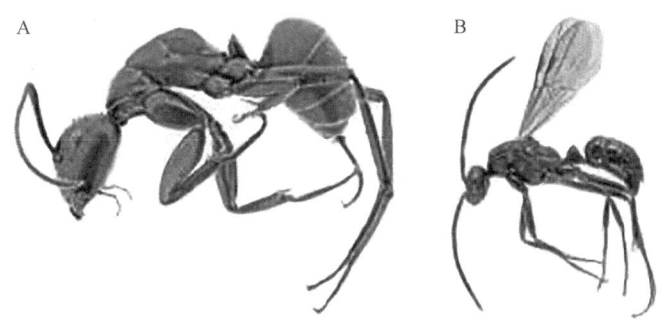

图 5-33-35　蚁科（刘经贤供图）
A. 无翅型（雌性）整体（侧面）；B. 有翅型（雄性）整体（侧面）

28. 泥蜂科　　前胸背板不伸达翅基片；头部和胸部的毛不分叉；通常有腹柄（图 5-33-36）。

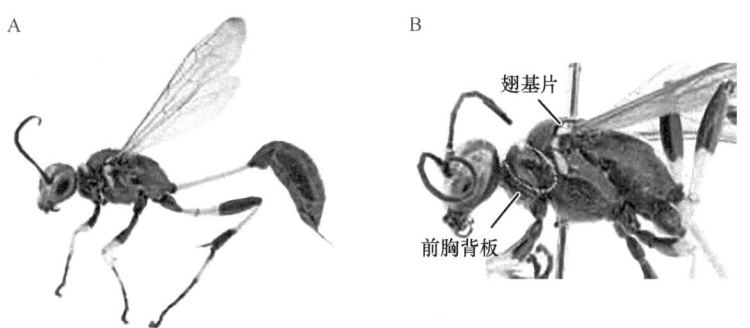

图 5-33-36　泥蜂科（刘经贤供图）
A. 整体（侧面）；B. 头部和胸部（侧面）

29. 蜜蜂科　　口器嚼吸式，下唇须 1～2 节显著长于 3～4 节；前胸背板不伸达翅基片；前翅 M 脉直，一般有 3 个亚缘室；后足携粉足（图 5-33-37）。

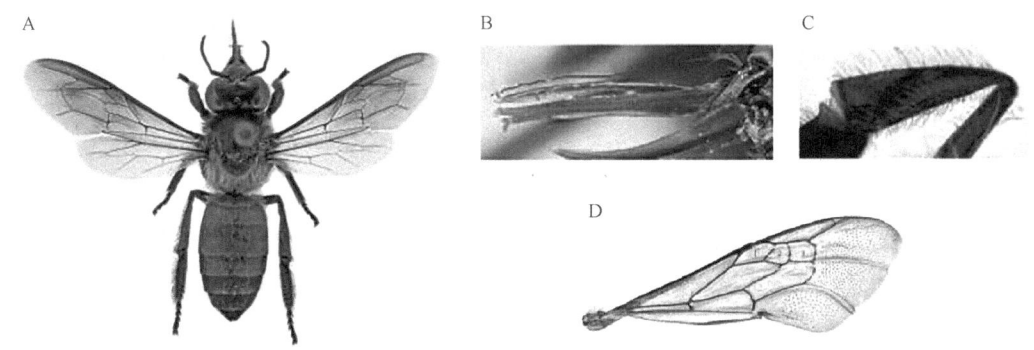

图 5-33-37　蜜蜂科（刘经贤供图）
A. 整体（侧面）；B. 口器；C. 后足胫节（花粉篮）；D. 前翅

30. 隧蜂科　　口器嚼吸式，下唇须 1～2 节不显著长于 3～4 节；前胸背板不伸达翅基片；前翅 M 脉弧形弯曲；后足携粉足（图 5-33-38）。

31. 切叶蜂科　　口器嚼吸式；前胸背板伸达翅基片；前翅具有长约相等或相近的亚缘室 2 个；雌性腹部有花粉篮（图 5-33-39）。

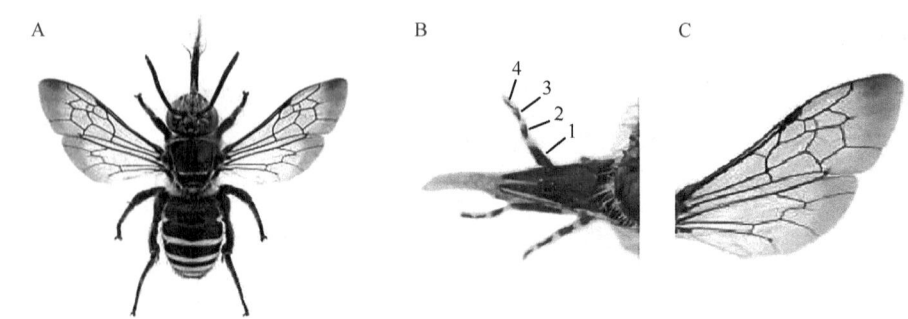

图 5-33-38　隧蜂科（刘经贤供图）
A. 整体（背面）；B. 口器（数字示下颚须节数）；C. 翅

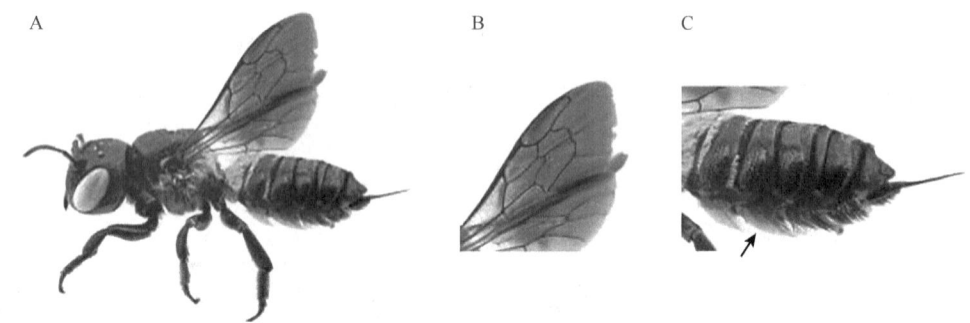

图 5-33-39　切叶蜂科（刘经贤供图）
A. 整体（侧面）；B. 翅；C. 腹部（雌性，箭头所示为花粉篮）

 **作业与思考题**

1. 绘制叶蜂科、姬蜂科、茧蜂科、胡蜂科翅脉图，并标注翅脉。
2. 编制叶蜂科、旗腹蜂科、姬蜂科、细蜂科、广腹细蜂科、锤角细蜂科、蛛蜂科、胡蜂科、土蜂科、蜜蜂科、泥蜂科的二项式检索表。
3. 比较蜜蜂科、隧蜂科、泥蜂科、胡蜂科、叶蜂科口器结构的差异，制作玻片标本。
4. 比较叶蜂科、小蜂科、姬蜂科、锤角细蜂科、茧蜂科、胡蜂科、蜜蜂科的翅脉脉序，制作玻片标本。
5. 在开花季节，调查校园内访花膜翅目的多样性特点及发生动态。

实验三十四　蛇　蛉　目

本实验彩图

一、实验目的

掌握蛇蛉目的主要特征和常见科的识别特征。

二、实验材料与器具

【实验材料】　蛇蛉目昆虫的活体、标本或高清照片。
【实验器具】　体视显微镜、镊子、培养皿等。

三、实验内容与方法

（一）蛇蛉目昆虫的形态特征

体小型至中型，体长 5~38 mm，多为褐色至黑色（图 5-34-1）。头长且扁，后部收缩成颈状，活动自如；口器咀嚼式，前口式；触角丝状，30~70 节；复眼发达；单眼 3 个或无；前胸显著延长，明显长于中胸或后胸，活动自如；翅膜质，有翅痣；翅脉网状，在翅缘的纵脉有时 2 分叉；前翅无臀褶，明显长于后翅；停息时 2 对翅折叠于体背呈屋脊状，明显超出腹末；足为行走足，跗节 5 节；腹部柔软，10 节；雌虫有细长如针的产卵器；无尾须。

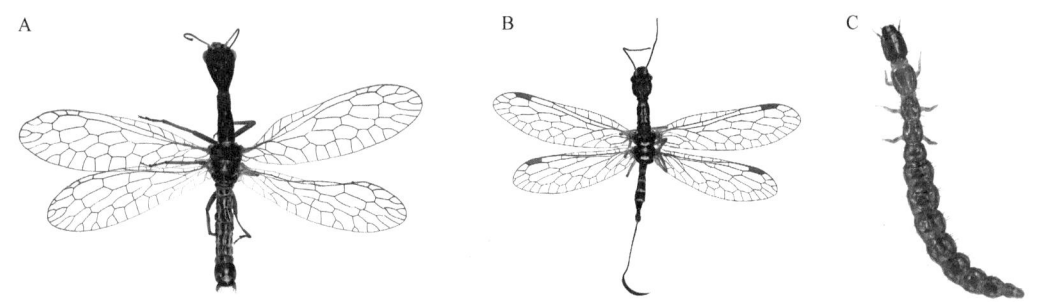

图 5-34-1 蛇蛉目的代表（A 和 B 由郑昱辰供图；C 由张巍巍供图）
A. 戈壁黄痣蛇蛉（*Xanthostigma gobicola*）雄虫；B. 福建盲蛇蛉（*Inocellia fujiana*）雌虫；C. 蛇蛉目幼虫

（二）蛇蛉目的分类

全世界蛇蛉目已记录有蛇蛉科（Raphidiidae）和盲蛇蛉科（Inocelliidae）共 2 科约 250 种，多分布于亚热带和温带。中国已知 31 种。

 **作业与思考题**

1. 总结描述蛇蛉目昆虫的形态特征及鉴定方法。
2. 手绘蛇蛉科和盲蛇蛉科的形态示意图。
3. 观察蛇蛉科和盲蛇蛉科的形态特征，推测其生活习性及分类地位，并查找相关资料进行验证。

实验三十五 广 翅 目

本实验彩图

一、实验目的

掌握广翅目的主要特征和常见科的识别特征。

二、实验材料与器具

【实验材料】 广翅目昆虫的活体、标本或高清照片。
【实验器具】 体视显微镜、镊子、培养皿等。

三、实验内容与方法

（一）广翅目昆虫的形态特征

体小型至大型，体长 8～90 mm，翅展 20～150 mm，多为褐色至黑色（图 5-35-1）。头大，宽扁；口器咀嚼式，前口式，雄虫的上颚常特别延长；触角多节，丝状、念珠状、锯齿状或双栉状；复眼发达；单眼 3 个或无；前胸长方形，明显比头部窄，比中胸或后胸长；翅膜质，翅脉网状，在翅缘的纵脉不分叉；前翅宽大，后翅臀区发达；停息时 2 对翅折叠于体背呈屋脊状，明显超出腹末；足为行走足，跗节 5 节，爪 1 对；腹部柔软，10 节；无尾须。幼虫蛃型；头部高度骨化，每侧有单眼 6 个；口器咀嚼式，前口式，上颚发达；触角 4～5 节；前胸方形，比中后胸大；中胸与后胸的形状和大小相似；胸足 5 节，爪 1 对；腹部两侧各有 7～8 对分节的气管鳃；腹末有成对的臀足或 1 条中尾突。

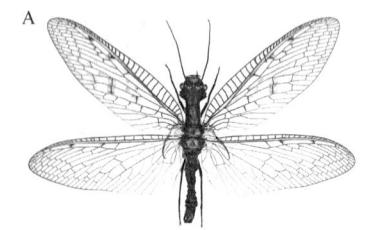  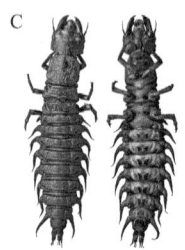

图 5-35-1　广翅目的代表（A 和 B 由郑昱辰供图；C 由曹成全供图）
A. 东方齿蛉（*Neoneuromus orientalis*）；B. 古北泥蛉（*Sialis sibirica*）；C. 东方巨齿蛉（*Acanthacorydalis orientalis*）幼虫

（二）广翅目的分类

全世界广翅目已记录有齿蛉科（Corydalidae）和泥蛉科（Sialidae）共 2 科约 380 种，中国已知 124 种。

作业与思考题

1. 总结描述广翅目昆虫的形态特征及鉴定方法。
2. 手绘齿蛉科和泥蛉科的形态示意图。
3. 观察齿蛉科和泥蛉科的形态特征，推测其生活习性及分类地位，并查找相关资料进行验证。

实验三十六　脉　翅　目

本实验彩图

一、实验目的

掌握脉翅目的分类方法和常见科的主要形态特征。

二、实验材料与器具

【液浸标本】　蚜狮、蚁狮等。
【针插标本】　螳蛉、草蛉、褐蛉、蚁蛉、蝶角蛉等。
【干制标本】　脉翅目常见科的干制标本。

【实验器具】 体视显微镜、镊子、培养皿等。

三、实验内容与方法

（一）脉翅目的分科特征和方法

脉翅目分科的主要特征包括：触角长度和形状、单眼数目、前足类型、翅被粉状物与否和脉序等。

（二）脉翅目常见科分类检索表

脉翅目常见科分类检索表

1. 体和翅上被有白粉；前翅前缘无横脉列和翅痣；体多小型 ············ 粉蛉科 Coniopterygidae
   体和翅上无白粉；前翅前缘有横脉列和翅痣；体多为中型或大型 ························· 2
2. 触角棍棒状 ··· 3
   触角丝状或念珠状 ·· 4
3. 触角短于体长之半；翅痣下方的翅室长宽比大于 4 ························ 蚁蛉科 Myrmeleontidae
   触角长于体长之半；翅痣下方的翅室长宽比小于 3 ························ 蝶角蛉科 Ascalaphidae
4. 前足捕捉足；前胸延长 ·· 螳蛉科 Mantispidae
   前足行走足；前胸正常 ·· 5
5. 体黄褐色，触角念珠状；翅的前缘横脉和 Rs 脉常 2 分叉 ·············· 褐蛉科 Hemerobiidae
   体常绿色；触角丝状；翅的前缘横脉不分叉 ······························ 草蛉科 Chrysopidae

（三）脉翅目常见科的主要鉴别特征

根据脉翅目分科检索表鉴定各标本至所属的科（图 5-36-1），然后对照《普通昆虫学》教材的相应章节，仔细观察各科的形态特征，重点观察常见科的以下特征。

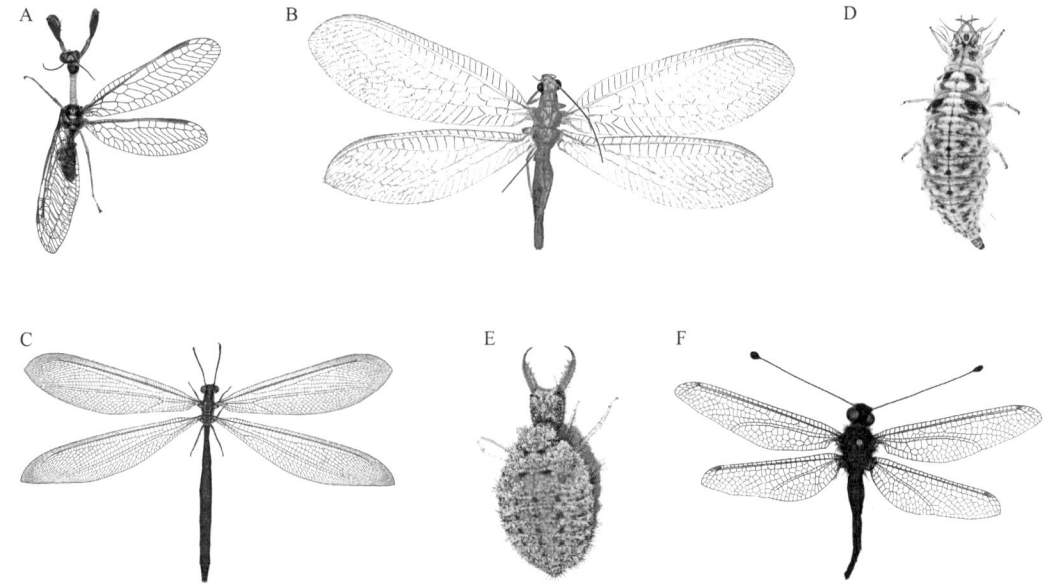

图 5-36-1 脉翅目的代表（A、B、D、F 由郑昱辰供图；C 由王玉玉供图；E 由范凡供图）
A. 汉优螳蛉（*Eumantispa harmandi*）；B. 大草蛉（*Chrysopa pallens*）；C. 连脉哈蚁蛉（*Hagenomyia coalitus*）；D. 草蛉幼虫；
E. 蚁蛉幼虫；F. 宽原完眼蝶角蛉（*Protidricerus elwesii*）

1. **螳蛉科** 形似螳螂，复变态（图 5-36-1A）。比较该科与螳螂目的区别。
2. **草蛉科** 触角约与体等长，翅的前缘横脉不分叉（图 5-36-1B）。
3. **蚁蛉科** 比较该科（图 5-36-1C）与草蛉科的区别，比较草蛉幼虫（图 5-36-1D）与蚁蛉幼虫（图 5-36-1E）的区别。
4. **蝶角蛉科** 外形与蜻蜓和蝴蝶相似，观察比较三者的差异（图 5-36-1F）。

作业与思考题

1. 列表比较螳蛉科、草蛉科、蚁蛉科与蝶角蛉科的区别。
2. 编制脉翅目常见科的分科检索表。

实验三十七 捻 翅 目

一、实验目的

掌握捻翅目的主要特征和常见科的识别特征。

二、实验材料与器具

【实验材料】 捻翅目昆虫的活体、标本或高清照片。
【实验器具】 体视显微镜、镊子、培养皿等。

三、实验内容与方法

（一）捻翅目昆虫的形态特征

捻翅目昆虫的形态特征如图 5-37-1 所示。

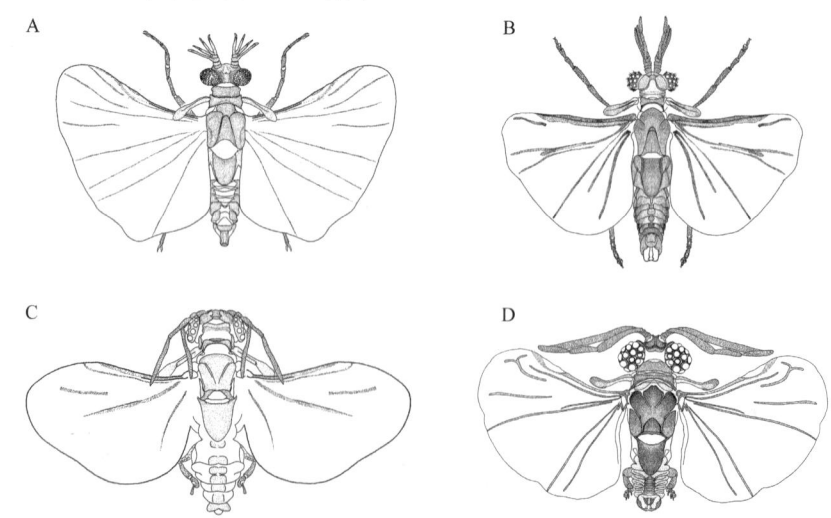

图 5-37-1 捻翅目代表（卢秀梅供图）
A. 原蝙科；B. 蜣蝙科；C. 跗蝙科；D. 蚁蝙科

体微型至中型，雄虫体长 1~7 mm，雌虫体长 2~30 mm。雌雄二型，差异悬殊。

1. 雄虫 头大而横宽；口器咀嚼式，退化；触角 4~8 节，至少第 3 节具旁支，因而呈叉状、栉状或鳃状；复眼发达、左右远离，小眼面常少而集聚；无单眼；前、中胸小，后胸极发达，约占体长的 1/2；前翅为棒翅，称拟平衡棒，无翅脉；后翅膜质，宽大扇状，膜质，具数条纵脉；足缺转节，跗节 2~5 节，仅 5 节者具爪；腹部 10 节，无尾须；阳茎狭长而侧扁，常呈钩状或锚状。

2. 雌虫 幼虫态。仅原蝙亚目自由生活，头胸腹分节相对明显，腹部具 1 个生殖孔。蜂蝙亚目则缺少明显的触角、眼、口器和足，终生不离寄主；头与胸愈合成头胸部（cephalothorax），扁平而坚硬，露于寄主体外，上具 1 对气门、1 个用以交配及幼虫外出的育幼腔（brood canal）开口；腹部囊状，分节不明显，腹面与蛹皮间具育幼腔，内具通道与腹内生殖孔相连，幼虫可经此进入育幼腔。

（二）捻翅目的分类

捻翅目现生类群全球已知 10 科约 600 种，分为原蝙亚目（Mengenillidia）和蜂蝙亚目（Stylopidia），中国已知 8 科 25 种。化石类群世界已知 4 科 41 种，最早可追溯至白垩纪中期。

1. 原蝙亚目 雄蝙跗节 5 节，具 1 对强爪；触角 6~7 节，若 6 节则第 3~4 节或第 3~5 节具旁支，若 7 节则第 3~4 节具旁支；后翅具 2 条中脉；阳茎尖且直。雌蝙具触角、眼、口器和足，1 个生殖孔，自由生活。

原蝙科（Mengenillidae）。雄蝙触角 6 节，第 3~4 节或第 3~5 节具旁支，上颚远端交叉，尖端向内弯曲；下颚第 1 节较大；后翅 MA_1 与 CuA_1 较长。雌蝙触角 4~5 节；胸部 3 节各具 1 对足，跗节 3~4 节；腹部 1~7 节各具 1 对气门。寄主为缨尾目等低等无翅昆虫。

2. 蜂蝙亚目 雄蝙跗节 2~5 节，若 5 节则具 1 对或 1 个弱爪，若 4 节则无爪；后翅具 1 条中脉；阳茎多呈钩状或锚状。雌蝙无明显触角、眼、口器和足，具多个生殖孔，终生寄生。寄主为有翅亚纲。

（1）蟠蝙科（Corioxenidae） 雄蝙跗节 4~5 节，若 5 节则具 1 对或 1 个弱爪，若 4 节则无爪；触角 5~7 节，第 3~4 节或第 3~5 节具旁支；上颚消失；阳茎较直。雌蝙育幼腔口近头胸部的端部。寄主为半翅目蟠类。

（2）栉蝙科（Halictophagidae） 雄蝙跗节 3 节、无爪；触角 6~7 节，第 3~6 节中至少第 3 节具旁支；上颚短小、不交叉。雌蝙育幼腔口位于头胸部中前部。寄主为半翅目、直翅目、螳螂目、双翅目。

（3）跗蝙科（Elenchidae） 雄蝙跗节 2 节、无爪；触角 4 节，仅第 3 节具旁支，翅脉简单；上颚略粗、不交叉。雌蝙头胸部近圆形；单一腹节可具多个生殖孔。寄主为半翅目飞虱科等。

（4）蚁蝙科（Myrmecolacidae） 雄蝙跗节 4 节、无爪；触角 7 节，仅第 3 节具旁支，第 4 节极短而第 5 节很长；后翅 CuA 单支；上颚细长，常向外。雌蝙胸部气门后方具钩状突起，故曾被称为钩蝙；育幼腔口宽新月状；单一腹节常具多个生殖孔。雄蝙寄生于膜翅目蚁类，雌蝙寄生于直翅目和螳螂目。

（5）澜蝙科（Lychnocolacidae） 雄蝙跗节 4 节、无爪；触角 7 节，仅第 3 节具旁支；后翅具 CuA_1 和 CuA_2。雌未知。寄主未知。

（6）蜂蝙科（Stylopidae） 雄蝙跗节 4 节、无爪；触角 5~6 节，仅第 3 节具旁支；上颚细长、端部交叉；后胸具勺状骨片。雌蝙头胸部扁平；育幼腔口窄。寄主为膜翅目的地花蜂、隧蜂等。

（7）胡蜂蝙科（Xenidae） 雄蝙跗节 4 节、无爪；触角 4 节，仅第 3 节具旁支；上颚细长、端部交叉；后胸无勺状骨片。雌蝻头胸部扁平；育幼腔口窄。寄主为膜翅目胡蜂、泥蜂等。

作业与思考题

1. 总结描述捻翅目昆虫的形态特征及鉴定方法。
2. 手绘捻翅目的形态示意图。
3. 观察捻翅目昆虫的形态特征，推测其生活习性及分类地位，并查找相关资料进行验证。

实验三十八　鞘　翅　目

本实验彩图

一、实验目的

掌握鞘翅目的分类方法和主要形态特征，了解鞘翅目常见科的识别特征。

二、实验材料与器具

【液浸标本】　豉甲、龙虱、虎甲、步甲、锹甲、皮蠹、窃蠹、谷盗、锯谷盗、水龟、粪金龟、鳃金龟、丽金龟、花金龟、吉丁、叩甲、萤火虫、瓢甲、拟步甲、天牛、叶甲、豆象、锥象、象甲和小蠹等的幼虫。

【针插标本】　豉甲、龙虱、虎甲、步甲、水龟、埋葬甲、隐翅虫、锹甲、粪金龟、臂金龟、鳃金龟、丽金龟、花金龟、犀金龟、吉丁、叩甲、萤火虫、花萤、瓢甲、拟步甲、芫菁、天牛、叶甲、豆象、锥象、象甲、小蠹等。

【干制标本】　鞘翅目常见科和亚科的干制标本。

【实验器具】　体视显微镜、镊子、培养皿等。

三、实验内容与方法

（一）鞘翅目的分科特征和方法

鞘翅目分科的主要特征包括：口式、复眼形状和着生位置、单眼数目和着生位置、触角类型和节数、外咽片的有无、前胸背板和中胸小盾片形状、前足基节窝和中足基节窝类型、足和跗节类型、第1腹板是否被后足基节完全分割成2块及腹节数等。

外咽片是指一些昆虫头部腹面的中间骨片，由颈部至后幕骨陷之间继续延伸至后颏。当昆虫的颏发达，并与前颏紧密相连时，则亚颏向头后扩展而露出的亚颏即外咽片（图5-38-1A）。

外咽片两侧的2条缝，称外咽缝。当昆虫的亚颏很发达，强烈向头后扩展后，并在头后颏之上相接触，完全覆盖住颏时，外咽片消失（图5-38-1B）。由于昆虫头部常往下弯，外咽片常被前胸腹板包住。因此，要观察外咽片和外咽缝，就需将昆虫头部往上仰，以露出外咽片和外咽缝。

如何观察基节窝的类型呢？用镊子将要观察的昆虫前足连同基节一起夹下，露出的孔即前足基节窝。当前足基节窝被前胸腹板与前胸背板折缘包围时，称前足基节窝闭式；反之即称前足基节窝开式。用镊子将要观察的昆虫中足连同基节一起夹下，露出的孔为中足基节窝。当中足基节窝被中胸及后胸腹板包围而不与侧板相接时，称中足基节窝闭式；当它与侧板相接时，称中足基节窝开式。

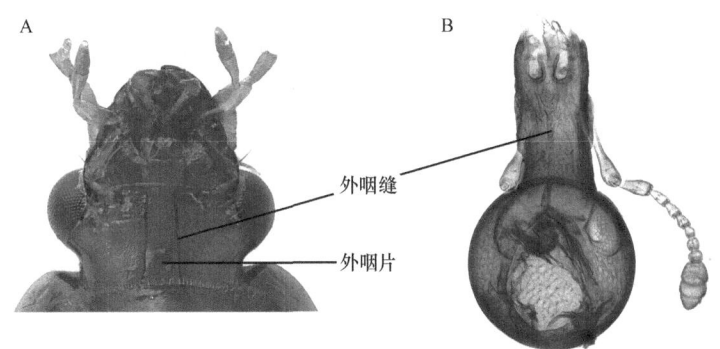

图 5-38-1 鞘翅目头部腹面观（示外咽片与外咽缝）（陈炎栋供图）
A. 步甲科；B. 象甲科

如果要观察鞘翅缘折，需将虫体腹面朝上。当鞘翅在侧面突然向内弯折时，弯折部分称翅缘折。

第 1 腹板形状是分亚目特征。用镊子将鳃金龟和步甲后足连同基节一起夹下，露出的孔即后足基节窝。对比两者后足基节窝所占据的位置及与第 1 腹板的关系，可见鳃金龟后足基节窝未能将第 1 腹板完全分开，第 1 腹板的后端相连；而步甲后足基节窝向后延伸，将第 1 腹板完全分割成 2 块。

跗节类型也是分类特征，观察时一定要从腹面或背面看，不要从侧面看。从侧面观察不易看到隐藏于膨大跗节之间的短小跗节（图 5-38-2）。

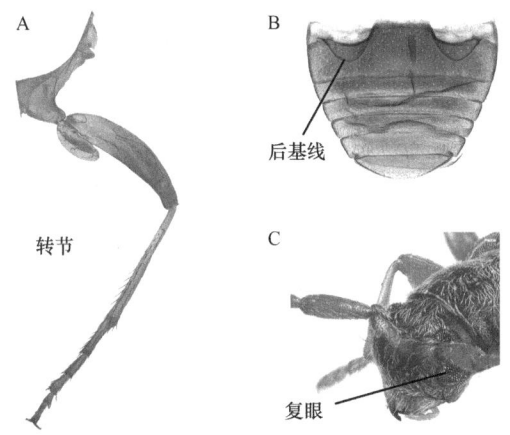

图 5-38-2 鞘翅目常见科的特征（陈炎栋供图）
A. 步甲后足；B. 瓢甲腹部；C. 天牛头部

（二）鞘翅目常见科分类检索表

鞘翅目常见科分类检索表

1. 前胸具背侧缝；后翅具小纵室；后足基节与后胸腹板愈合，并将第 1 腹板完全分开 ··· **2（肉食亚目 Adephaga）**	
前胸无背侧缝；后翅无小纵室；后足基节不与后胸腹板愈合，未将第 1 腹板完全分开 ··· **5（多食亚目 Polyphaga）**	
2. 后足基节伸达鞘翅边缘；第 1 腹节不可见；水生 ·· **3**	

　　　　后足基节不伸达鞘翅边缘；第1腹节可见；陆生 ··· 4
3. 前足最长，远离中足和后足；每只复眼分上下两部分 ································ 豉甲科 Gyrinidae
　　后足最长，远离前足和中足；复眼正常，不分成两部分 ······················· 龙虱科 Dytiscidae
4. 下口式；前胸背板比头窄；触角间距小于上唇宽；后足转节正常 ············ 虎甲科 Cicindelidae
　　前口式；前胸背板比头宽；触角间距大于上唇宽；后足转节呈叶状膨大 ······ 步甲科 Carabidae
5. 头部延伸成喙状；外咽缝1条；无外咽片 ·· 6
　　头部正常，不延长；外咽缝2条；有外咽片 ·· 8
6. 喙长且直 ··· 锥象科 Brentidae
　　喙短，或长且下弯 ··· 7
7. 喙长且下弯；头部完全显露，不被前胸背板覆盖；胫节无齿列 ····························
　　·· 象甲科 Curculionidae（小蠹亚科除外）
　　喙短，不明显；头部后半被前胸背板覆盖；胫节扁，具齿列 ·················
　　··· 象甲科 Curculionidae（小蠹亚科）
8. 下颚须长于或与触角等长；中胸腹板有1个纵刺突 ······················· 水龟甲科 Hydrophilidae
　　下颚须短于触角；中胸腹板无纵刺突 ·· 9
9. 跗节式 5-5-4 ·· 10
　　各足跗节数相等 ·· 11
10. 前足基节窝闭式；爪不分裂 ·· 拟步甲科 Tenebrionidae
　　 前足基节窝开式；爪2分裂 ··· 芫菁科 Meloidae
11. 跗节隐5节 ·· 12
　　 跗节非隐5节 ··· 14
12. 头部略呈短喙状；前胸背板梯形；后足基节相互靠近；鞘翅短，臀板外露 ······················
　　·· 叶甲科 Chrysomelidae（豆象亚科）
　　 头部不呈喙状；前胸背板长形；后足基节左右分开；鞘翅长，臀板不外露 ············· 13
13. 复眼内缘凹陷成肾形或裂为2块，包围触角基部；触角长于体长之半 ···· 天牛科 Cerambycidae
　　 复眼卵圆形，不包围触角基部；触角短于体长之半 ··· 叶甲科 Chrysomelidae（豆象亚科除外）
14. 鞘翅短，末端平截 ··· 15
　　 鞘翅正常，末端不平截 ··· 16
15. 腹部至少露出末端5节背板 ·· 隐翅虫科 Staphylinidae
　　 腹部露出末端1~3节背板 ·· 埋葬甲科 Silphidae
16. 跗节隐4节；第1腹板上有后基线 ··· 瓢甲科 Coccinellidae
　　 跗节式 5-5-5；第1腹板上无后基线 ··· 17
17. 前胸腹板有1个楔形突插入中胸腹板沟内 ··· 18
　　 前胸腹板无楔形突 ··· 19
18. 前胸背板与中胸连接紧密；前胸背板与鞘翅相接处在同一弧线上 ············· 吉丁科 Buprestidae
　　 前胸背板与中胸连接不紧密；前胸背板与鞘翅相接处凹下，后侧角有锐刺 ···· 叩甲科 Elateridae
19. 常有3个单眼；前胸背板端部不下弯；后足基节有容纳腿节的沟槽；足极短，常缩于体下 ··
　　·· 皮蠹科 Dermestidae
　　 至多有2个单眼；前胸背板端部下弯；后足基节无容纳腿节的沟槽，若有此槽，则足较长 ····20
20. 鞘翅柔软 ·· 21
　　 鞘翅坚硬 ·· 22

21.	前胸背板多为半圆形，常将头部盖住；腹部有发光器	**萤科 Lampyridae**
	前胸背板多为方形，不能将头部盖住；腹部无发光器	**花萤科 Cantharidae**
22.	触角鳃叶状	23
	触角非鳃叶状	30
23.	触角端部几节不能并合；雄虫上颚发达，呈角状向前伸出	**锹甲科 Lucanidae**
	触角端部几节能并合；雄虫上颚正常	24
24.	腹部气门全部被鞘翅覆盖	25
	腹部气门不全部被鞘翅覆盖	26
25.	后足胫节有 1 枚端距；小盾片不外露；中足基节远离；触角 8～9 节 ······ **金龟科 Scarabaeidae**（蜣螂亚科）
	后足胫节有 2 枚端距；小盾片外露；中足基节靠近；触角 11 节 ······ **粪金龟科 Geotrupidae**
26.	腹部气门多位于腹板侧端，每侧气门近直线排列；色彩多暗淡 ······ **金龟科 Scarabaeidae**（鳃金龟亚科）
	腹部气门部分位于侧膜、部分位于腹板侧端，每侧气门呈折线排列；色彩艳丽	27
27.	前胸背板向两侧极度扩展，侧缘具密齿；前足极度延长 ······ **金龟科 Scarabaeidae**（臂金龟亚科）
	前胸背板不向两侧扩展，侧缘无密齿；前足正常，不延长	28
28.	后足前跗节 2 爪不等长，1 爪末端常分叉 ······ **金龟科 Scarabaeidae**（丽金龟亚科）
	后足前跗节 2 爪等长，末端不分叉	29
29.	上颚特别发达，从头部背面可见；头部和前胸背板有角状突起 ······ **金龟科 Scarabaeidae**（犀金龟亚科）
	上颚被唇基覆盖，从头部背面不可见；头部和前胸背板无角状突起 ······ **金龟科 Scarabaeidae**（花金龟亚科）
30.	前胸背板和鞘翅具竖毛	31
	前胸背板和鞘翅一般无毛	32
31.	上颚具 1 个端齿；前足基节横形；鞘翅表面多粗糙或具纵脊或沟 ······ **谷盗科 Trogossitidae**
	上颚具 1 对端齿；前足基节圆锥形；鞘翅表面相对较光滑 ······ **郭公虫科 Cleridae**
32.	形似蜘蛛；触角端部不膨大；鞘翅基部明显窄于端部 ······ **蛛甲科 Ptinidae**（蛛甲亚科）
	体形正常；触角端部明显膨大；鞘翅基部约与端部等宽	33
33.	前胸背板侧缘具锯齿状突起 ······ **锯谷盗科 Silvanidae**
	前胸背板侧缘无锯齿状突起 ······ **蛛甲科 Ptinidae**（窃蠹亚科）

（三）鞘翅目常见类群的主要鉴别特征

根据鞘翅目分科检索表鉴定各标本至所属的科或亚科，然后对照《普通昆虫学》教材的相应章节，仔细观察各科的形态特征，注意比较肉食亚目与多食亚目成虫和幼虫的区别。重点观察常见科的以下特征。

1. 豉甲科 每只复眼分为上下两部分；前足细长，远离中足和后足；中足和后足短扁。幼虫胸足细长；第 9 腹节有 2 对气管鳃；腹末有尾钩。

2. 龙虱科 体背腹两面呈弧形拱出；后足最长，远离前足和中足；雄虫前足为抱握足。

3. 虎甲科 下口式；触角间距小于上唇宽；后翅发达。幼虫第 5 腹节背面有逆钩；腹末无尾突。

4. 步甲科 与虎甲科甚似，但后足转节呈叶状膨大（图 5-38-2A）。注意观察两者成虫和幼虫的不同。

5. 水龟甲科 成虫和幼虫外形易与龙虱科混淆。比较两者的区别。

6. 埋葬甲科 触角 11 节，棍棒状或锤状；鞘翅短，腹部常露出末端 1～3 节背板；跗节式 5-5-5。

7. 隐翅虫科 该科与埋葬甲科都是鞘翅短、端部平截的类群。观察比较其不同。

8. 锹甲科 头大，前口式；雄虫上颚发达，呈角状向前伸出。比较雌雄虫的区别。

9. 金龟科蜣螂亚科 头部铲形或多齿；中胸小盾片不外露；鞘翅常有 7～8 条刻点沟线；中足基节相互远离；后足胫节仅 1 枚端距。

10. 粪金龟科 与金龟科甚似。比较其不同。

11. 金龟科臂金龟亚科 前足极度延长，中足基节相互靠近。

12. 金龟科鳃金龟亚科 后足前跗节 1 对爪等长，均 2 分叉；腹部气门呈直线排列。

13. 金龟科丽金龟亚科 后足前跗节 1 对爪长短不一；腹部气门呈折线排列。

14. 金龟科花金龟亚科 后足前跗节 1 对爪等长；腹部气门呈折线排列。

15. 金龟科犀金龟亚科 头部和前胸背板有角状突起。

16. 吉丁科 前胸背板与鞘翅相接处在同一弧线上；后胸腹板具横缝；跗节式 5-5-5。幼虫无足型；前胸扁平，宽于头部和腹部。

17. 叩甲科 与吉丁相似，注意观察二者成虫和幼虫的不同。

18. 萤科 体壁与鞘翅较软；前胸背板盖住头部；腹部有发光器。注意雌雄两性的不同。注意萤科雌虫与幼虫的不同。

19. 花萤科 与萤科甚似。比较两者的异同。

20. 皮蠹科 体被鳞片及细绒毛，鞘翅上常具斑纹。前胸背板背侧部具凹槽，可容纳触角；前足基节窝开式。

21. 蛛甲科窃蠹亚科 体被半竖立毛。头部被帽形的前胸背板覆盖；前足基节球状。

22. 谷盗科 前胸背板侧缘发达并与基缘相连；鞘翅表面多粗糙或具纵沟纹；前足基节横形。

23. 锯谷盗科 前胸背板侧缘具锯齿状突起；前足和中足基节球形，后足基节横形；前足基节窝闭式。注意该科昆虫与皮蠹科、蛛甲科窃蠹亚科和谷盗科幼虫的不同。

24. 瓢甲科 触角锤状，从背面不易看到；跗节隐 4 节；第 1 腹板上有后基线（图 5-38-2B）。该科与一些叶甲外形相似，但叶甲的触角长丝状和跗节隐 5 节可以区别。注意肉食性瓢甲与植食性瓢甲成虫和幼虫的不同。

25. 拟步甲科 比较该科与步甲科的不同。注意拟步甲科幼虫与叩甲科幼虫的不同。

26. 芫菁科 其跗节式与拟步甲相同。比较两者的不同。

27. 天牛科 触角常长于体长；复眼内缘凹陷成肾形或分裂为 2 块，包围触角基部（图 5-38-2C）。比较天牛科幼虫与吉丁科幼虫的不同。

28. 叶甲科 一些种类外形与天牛科相似，从触角和复眼的特征来比较其不同。比较叶甲科幼虫与瓢甲科幼虫的不同。

29. 叶甲科豆象亚科 复眼下缘具深的"V"形凹陷；鞘翅短，臀板外露。

30. 锥象科 头部前伸为直喙状；触角不呈膝状弯曲。

31. 象甲科 与锥象科相似，但其喙向下弯曲和触角膝状，可与锥象科区别。

32. 象甲科小蠹亚科 胫节扁，具齿列；前翅端部多具翅坡，周缘多具齿突。观察比较豆象、锥象、象甲与小蠹幼虫的异同。

作业与思考题

1. 列表比较金龟科蜣螂亚科、粪金龟科、臂金龟亚科、鳃金龟亚科、丽金龟亚科、花金龟亚科与犀金龟亚科成虫的区别。
2. 比较瓢甲科幼虫与叶甲科幼虫的不同。
3. 比较肉食亚目与多食亚目幼虫形态的异同。
4. 比较隐翅甲科与革翅目形态的不同。
5. 鞘翅目幼虫分属哪些类型？各有什么特点？每种类型有哪些鞘翅目类群？
6. 绘制虎甲科、芫菁科、叶甲科和瓢甲科跗节的特征图。

实验三十九　双　翅　目

本实验彩图

一、实验目的

掌握双翅目的分类方法和常见科的主要形态特征。

二、实验材料与器具

【针插标本（或液浸标本）】　大蚊科、蚊科、摇蚊科、毛蚊科、眼蕈蚊科、虻科、水虻科、食虫虻科、蜂虻科、长足虻科、舞虻科、眼蝇科、头蝇科、食蚜蝇科、花蝇科、蝇科、寄蝇科、丽蝇科、麻蝇科、甲蝇科、突眼蝇科、鼓翅蝇科、缟蝇科、秆蝇科、潜蝇科、实蝇科、果蝇科等的标本或高清图片。

【玻片标本】　瘿蚊科及上述各科昆虫的前翅。

【实验器具】　体视显微镜、镊子、培养皿、生物显微镜等。

三、实验内容与方法

（一）双翅目昆虫的形态特征

双翅目昆虫的形态特征如图 5-39-1～图 5-39-3 所示。

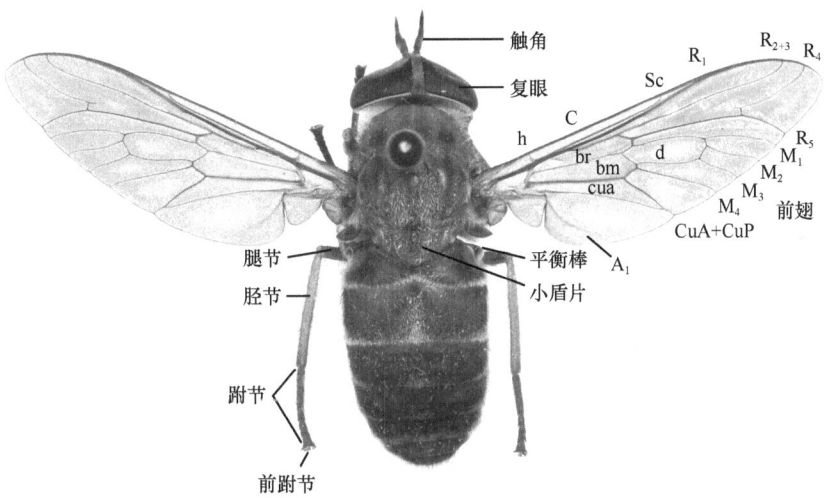

图 5-39-1　双翅目形态特征图（虻科背面观）（张婷婷供图）

br. 径室；bm. 基中室；cua. 臀室

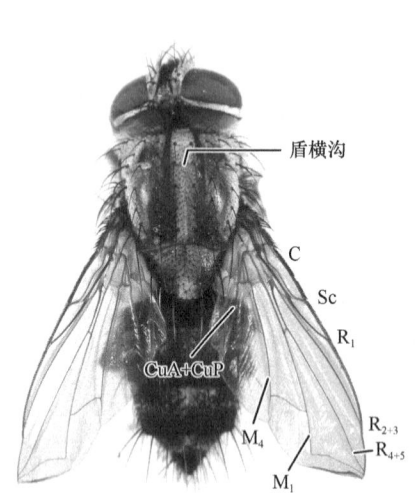
图 5-39-2 双翅目形态特征图
(蝇科背面观)(张婷婷供图)

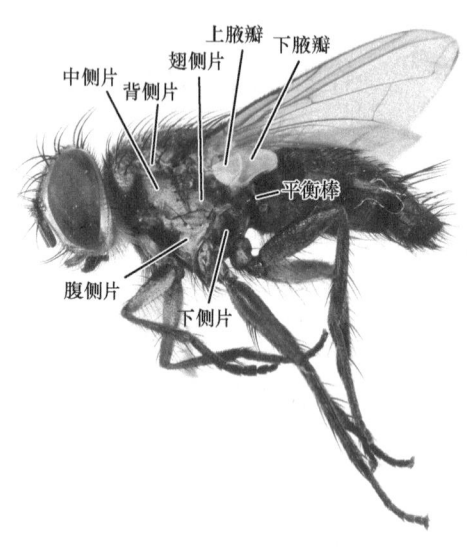
图 5-39-3 双翅目形态特征图
(寄蝇科侧面观)(张婷婷供图)

(二)双翅目分科主要特征

双翅目分科特征主要包括:触角节数、触角芒形状、额囊缝和新月片的有无、后顶鬃等头部主要鬃的方向、胸部主要鬃的相对位置、背侧片鬃的数目、盾横沟是否中断、后小盾片形状、下腋瓣发达程度、翅脉[包括缘脉折的数量、径脉(R)和中脉(M)的分支数、臀室(cua)的有无等]。

(三)双翅目常见科分类检索表

双翅目常见科分类检索表

1. 触角鞭节 8 节以上;下颚须 4~5 节 ·· 2(长角亚目)
   触角鞭节 8 节或 8 节以下;下颚须 1~2 节 ································· 7(短角亚目)
2. 中胸背板有"V"形盾沟(2a);足明显细长 ··································· 大蚊科 Tipulidae
   中胸背板无"V"形盾沟(2aa);足不明显细长 ······································· 3
3. 无单眼 ·· 4
   有单眼 ·· 6
4. 翅和身体具鳞片;喙长 ·· 蚊科 Culicidae
   翅和身体无鳞片;喙短 ··· 5
5. 翅狭长,径脉 3 分支(5a) ··· 摇蚊科 Chironomidae
   翅宽短,径脉 2 分支(5aa) ··· 瘿蚊科 Cecidomyiidae
6. 爪垫和中垫均发达(6a) ··· 毛蚊科 Bibionidae
   爪垫和中垫缺或退化(6aa) ··· 眼蕈蚊科 Sciaridae
7. 触角第 3 节(鞭节)分节明显,或分节不明显但具端刺(虻类)(7a、7b) ···················· 8
   触角第 3 节(鞭节)粗大,背面靠近基部处具 1 根触角芒(蝇类)(7aa) ··················· 13
8. 爪间突垫状(8a) ··· 9
   爪间突刚毛状或缺如(8aa) ·· 10

9. 翅脉在翅面上分布较均匀，中室长六边形，R₅脉终止于翅顶角之后（9a） ········ 虻科 Tabanidae
   翅脉整体前移，中室小五边形，翅脉整体前移，R₅脉终止于翅顶角之前（9aa） ··· 水虻科 Stratiomyidae
10. 头顶中央凹陷（10a，箭头所示）；具口鬃（10b，箭头所示） ········ 食虫虻科 Asilidae
    头顶中央无凹陷（10aa，箭头所示）；无口鬃（10bb，箭头所示） ················· 11
11. 臀室 cua 较大，开放或在靠近翅缘处关闭（11a） ················ 蜂虻科 Bombyliidae
    臀室 cua 较小，在离翅缘较远处关闭（11aa） ···································· 12
12. 体无金绿色；Rs 脉在远离肩横脉 h 处分出，R₄₊₅通常分叉，bm 室和 dm 室分离（12a） ····
    ·· 舞虻科 Empididae
    体常金绿色；Rs 脉在翅基部靠近肩横脉 h 处分出，R₄₊₅脉不分叉，bm 室和 dm 室愈合（12aa）
    ·· 长足虻科 Dolichopodidae
13. 触角上方无额囊缝或新月片（13a，箭头所示） ··············· 14（无缝组 Aschiza）
    触角上方具额囊缝和新月片（13aa） ······················· 16（有缝组 Schizophora）
14. 喙细长，显著长于头部，膝状弯折（14a）；腹部棒状，末端向下弯曲（14b，箭头所示） ···
    ·· 眼蝇科 Conopidae
    喙不明显细长（14aa，箭头所示）；腹部扁平，若为圆柱形则末端不向下弯曲（14bb，箭头所示） ·· 15
15. 头极大，球形或半球形，几乎全为复眼占据（15a）；r₄₊₅室开放，有时末端狭窄；无伪脉穿过 r-m 横脉（15b） ·· 头蝇科 Pipunculidae
    头不如上所述（15aa）；r₄₊₅室关闭；有 1 条伪脉穿过 r-m 横脉（15bb） ···· 食蚜蝇科 Syrphidae
16. 触角第 2 节背面有 1 条纵贯全长的缝（16a，箭头所示）；中胸盾横沟完整（16b，箭头所示）；
    下腋瓣发达，通常大于上腋瓣（16c） ······················ 17（有瓣类 Calyptratae）
    触角第 2 节背面无纵贯全长的缝（16aa，箭头所示）；中胸盾横沟中断（16bb，箭头所示）；
    下腋瓣不发达（16cc，箭头所示） ··························· 21（无瓣类 Acalyptratae）
17. M₁脉直或弧形向翅前缘弯曲（17a，箭头所示）；下侧片后缘无成列的强鬃（17b，箭头所示）
    ·· 18
    M₁脉强烈向翅前缘弯曲（17aa，箭头所示）；下侧片后缘具成列的强鬃（17bb，箭头所示） ····· 19
18. 小盾片腹面通常具向下直立的纤毛（18a）；CuA+CuP 脉达翅缘（18b，箭头所示）
    ··· 花蝇科 Anthomyiidae
    小盾片腹面无毛（18aa）；CuA+CuP 脉不达翅缘（18bb，箭头所示） ········ 蝇科 Muscidae
19. 后小盾片发达，侧面观呈垫状突出（19a） ························· 寄蝇科 Tachinidae
    后小盾片不发达，侧面观不呈垫状突出（19aa） ······································ 20
20. 体通常为绿色或蓝色的金属光泽，腹部无黑灰相间的棋盘状格纹；背侧鬃 2 根；最外侧 1 根
    肩后鬃位置比沟前鬃低（20a）；触角芒通常羽状（20b，箭头所示） ··· 丽蝇科 Calliphoridae
    胸部背面通常具黑灰相间的条纹，腹部为黑灰相间的棋盘状格纹；背侧鬃 4 根；最外侧的 1 根
    肩后鬃位置比沟前鬃高或与其在同一水平线上（20aa）；触角芒基半部羽状，端半部裸（20bb，
    箭头所示） ·· 麻蝇科 Sarcophagidae
21. 小盾片极大，背面隆突，盖住前翅和腹部（21a），外观似甲虫 ······ 甲蝇科 Celyphidae
    小盾片不盖住前翅和腹部（21aa） ·· 22
22. 头部具柄状侧突，复眼生于侧突顶端；触角生于侧突上，靠近复眼基部；小后片具 2 个小盾
    刺（22a） ·· 突眼蝇科 Diopsidae

头部两侧不伸出；小盾片无 2 个小盾刺（22aa，箭头所示） ················· 23
23. C 脉完整，无缘脉折（23a） ·· 24
 C 脉不完整，具 1~2 个缘脉折（23aa，箭头所示） ······················ 25
24. 后顶鬃背离（24a，箭头所示）；腹部细长，基部狭窄（24b，箭头所示） ···· 鼓翅蝇科 Sepsidae
 后顶鬃汇聚（24aa，箭头所示）；腹部不细长（24bb，箭头所示） ········· 缟蝇科 Lauxaniidae
25. C 脉在 Sc 脉末端或 R_1 处具 1 个缘脉折（25a，箭头所示） ·················· 26
 C 脉除在上述位置具 1 个缘脉折外，还在肩横脉 h 处具 1 个缘脉折（25aa，箭头所示） ··· 27
26. 体鬃毛少，较光滑；单眼三角区较大；无 CuA +CuP 和臀室 cua；bm 室和 dm 室愈合，其下方翅脉有 1 个明显的弯折（26a，箭头所示） ·································· 秆蝇科 Chloropidae
 体鬃毛较多；单眼三角区不明显增大；具 CuA +CuP 和臀室 cua；bm 室和 dm 室分离（26aa）
 ·· 潜蝇科 Agromyzidae
27. Sc 脉末端直角弯向 C 脉；CuA 脉曲折，臀室 cua 后外侧角狭长突出（27a，箭头所示） ···
 ·· 实蝇科 Tephritidae
 Sc 脉末端较弱，不呈直角向前弯，臀室 cua 后外侧角不突出（27aa，箭头所示） ········
 ·· 果蝇科 Drosophilidae

双翅目分科检索表配图如图 5-39-4 所示。

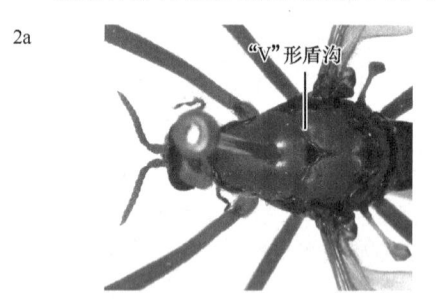

2a "V" 形盾沟

2aa

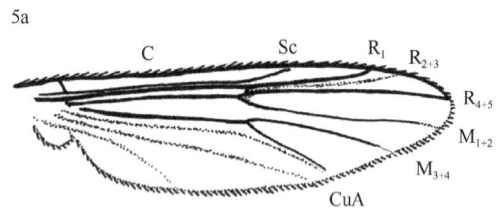

5a

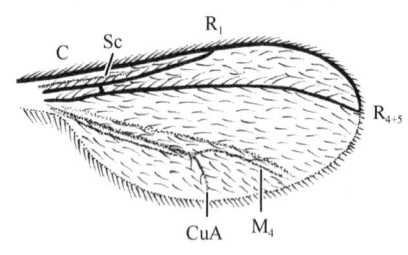

5aa

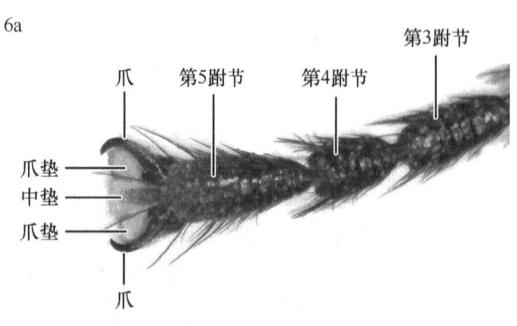

6a

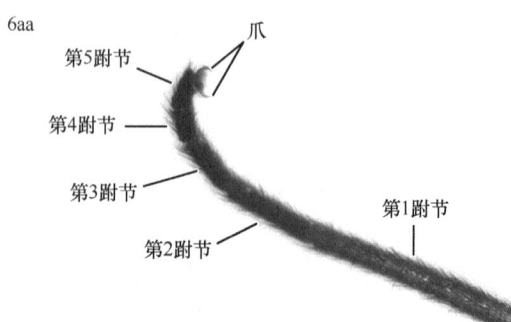

6aa

· 148 · 普通昆虫学实验与实习指导

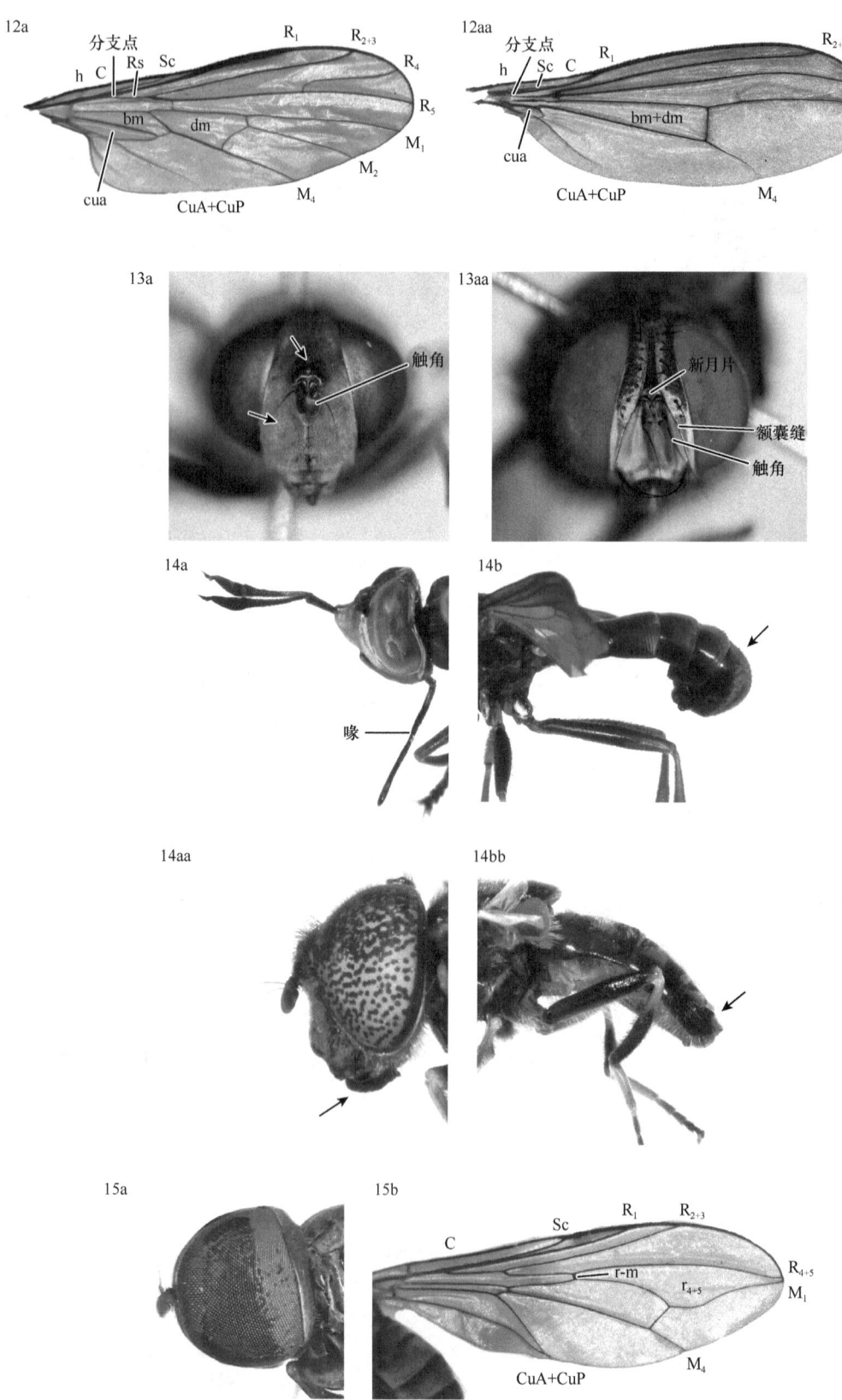

第五章 昆虫系统分类 · 149 ·

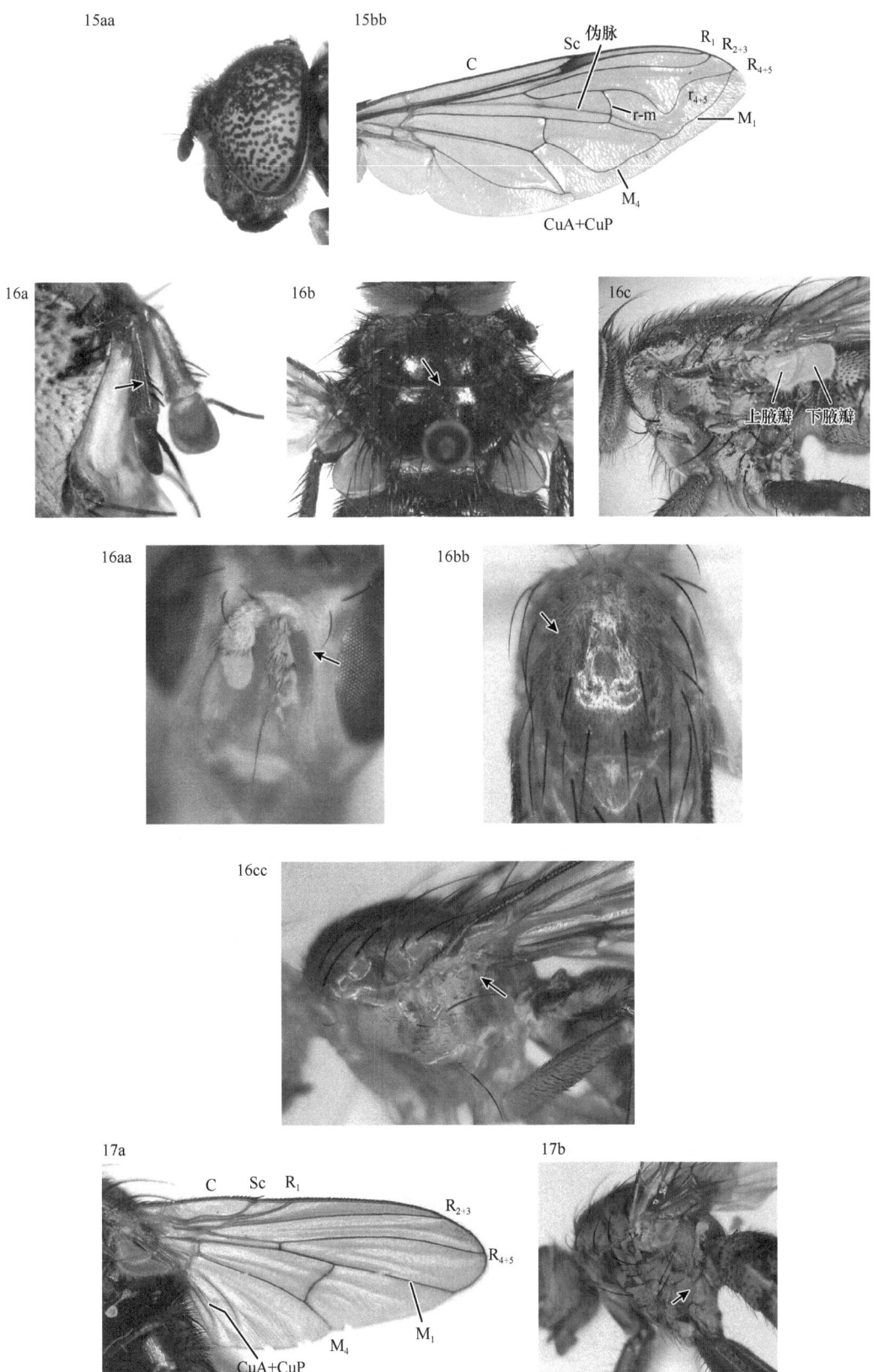

第五章 昆虫系统分类 ·151·

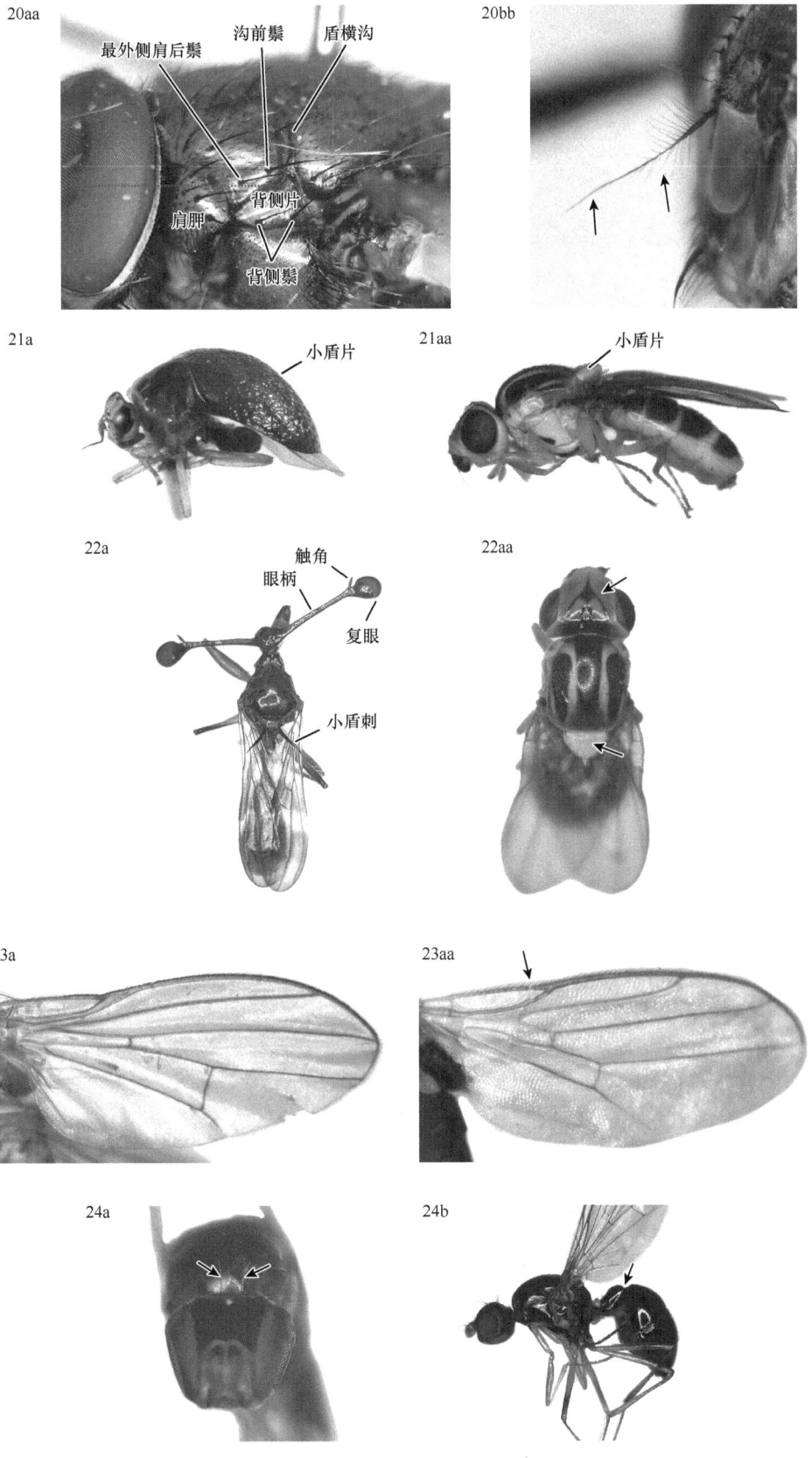

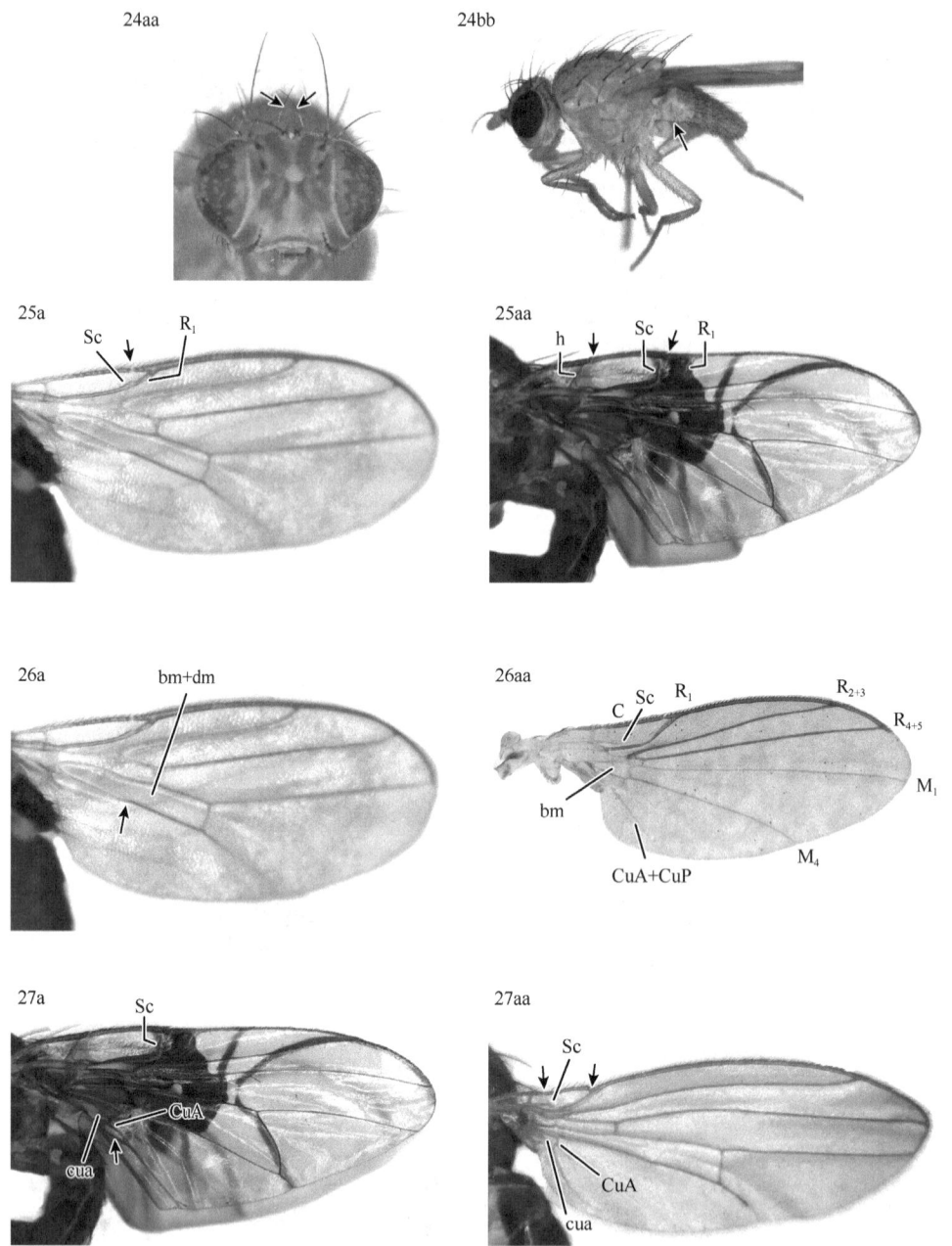

图 5-39-4　双翅目分科检索表配图（张婷婷供图）

（四）双翅目常见科的识别

结合《普通昆虫学》教材描述的详细特征，观察各科的主要鉴别部位。

1. 大蚊科　　体细长，少毛；触角丝状、锯齿状或栉状，鞭节 8 节以上；无单眼；中胸背板具 "V" 形盾沟；翅狭长，有 9~12 条纵脉伸达翅缘，A 脉 2~3 条；足细长（图 5-39-5）。

2. 摇蚊科　　雄虫触角环毛状；翅无鳞片，R 脉 3 分支，M 脉 2 分支；前足细长（图 5-39-6）。

3. 蚊科　　体、翅被鳞片；喙细长；翅狭长，顶角圆，有缘毛，Rs 脉 3 分支（图 5-39-7）。

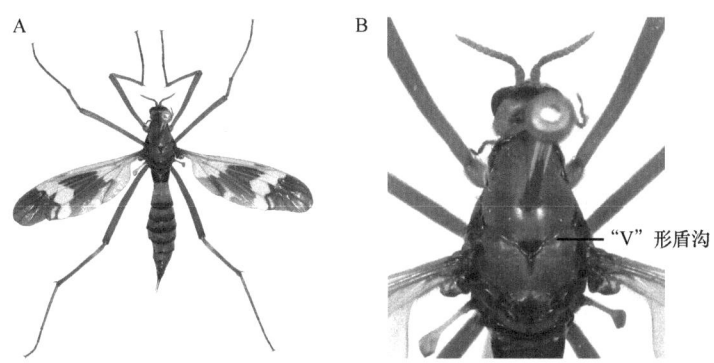

图 5-39-5 大蚊科（张婷婷供图）
A. 全个体背面观；B. "V" 形盾沟

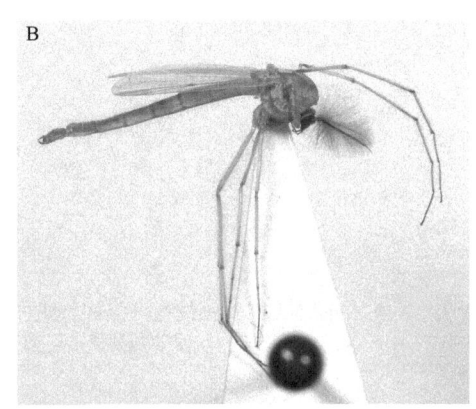

图 5-39-6 摇蚊科（张婷婷供图）
A. 全个体背面观；B. 全个体侧面观

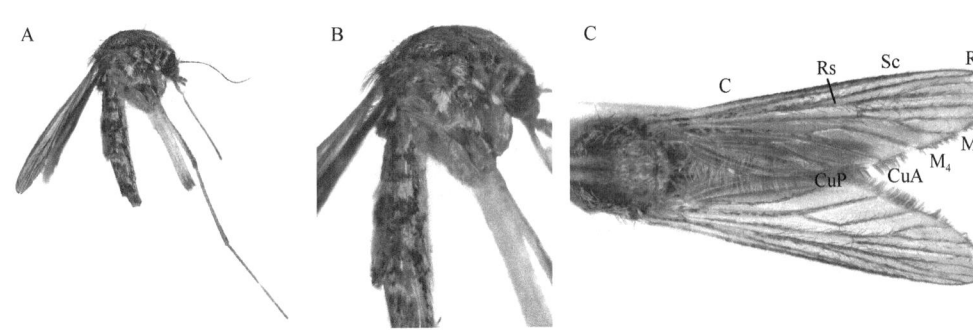

图 5-39-7 蚊科（张婷婷供图）
A. 全个体侧面观；B. 胸部侧面观；C. 翅背面观

4. 瘿蚊科 触角念珠状，有时具环丝；左右复眼常在头顶由眼桥相连，常无单眼；翅较短宽，纵脉 3～5 条，Sc 脉退化，C 脉伸达翅的顶角（图 5-39-8）。

5. 眼蕈蚊科 复眼背面左右连成眼桥；M 脉叉状；胫节具 1～2 个端距（图 5-39-9）。

6. 毛蚊科 雄虫头部较圆，复眼大而紧接；雌虫头较长，复眼小而远离；胸部背面隆突；前翅翅痣明显；足末端爪垫和中垫均发达，呈三垫型（图 5-39-10）。

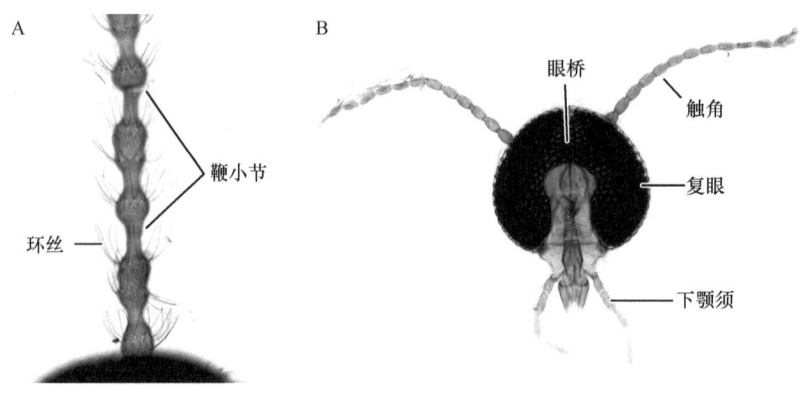

图 5-39-8 瘿蚊科（张婷婷供图）
A. 触角；B. 头部后面观；C. 翅

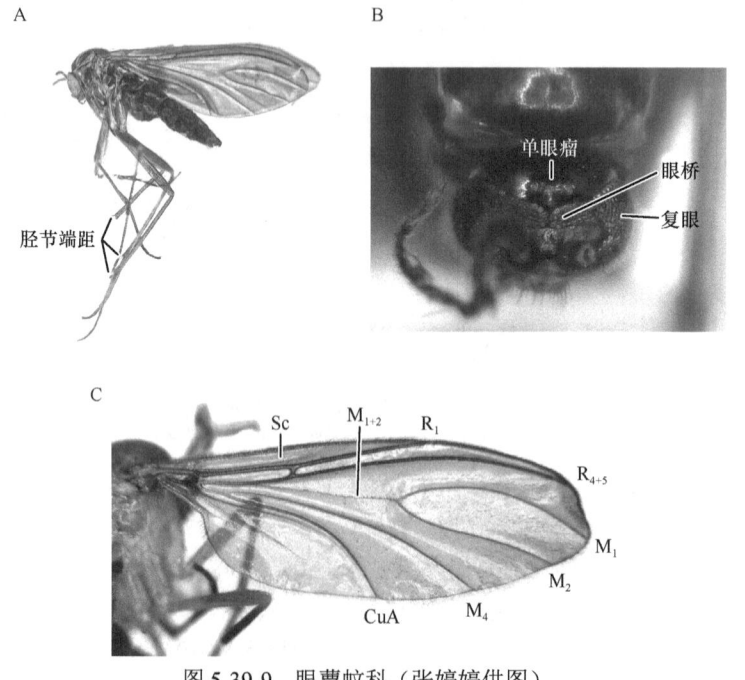

图 5-39-9 眼蕈蚊科（张婷婷供图）
A. 全个体侧面观；B. 头部顶面观；C. 翅

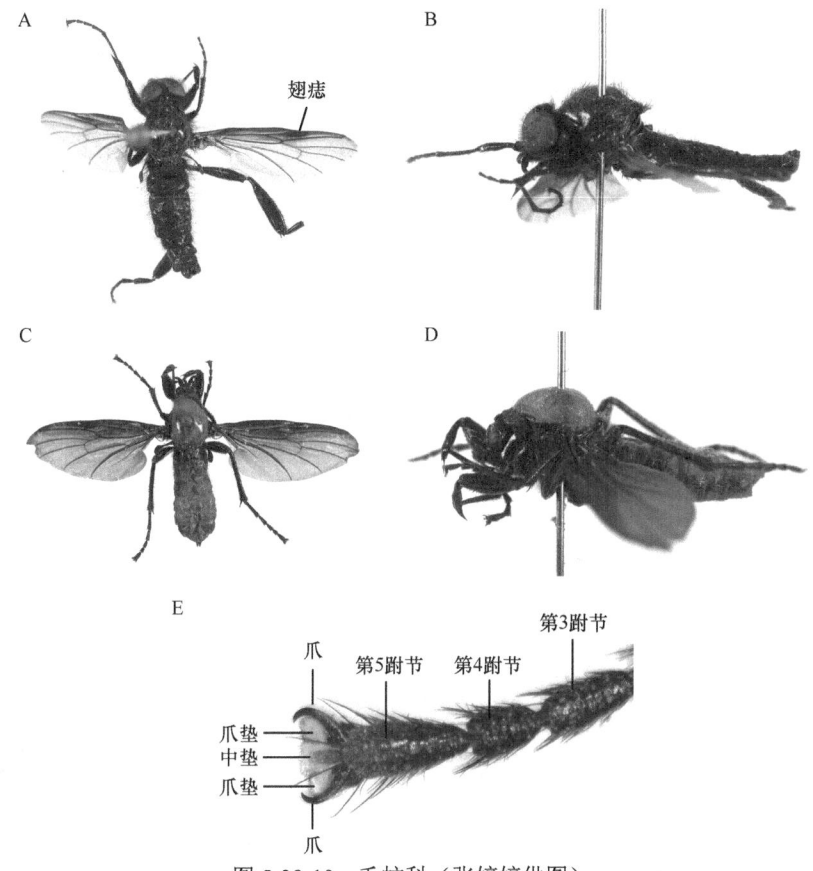

图 5-39-10 毛蚊科(张婷婷供图)
A. 雄虫全个体背面观;B. 雄虫全个体侧面观;C. 雌虫全个体背面观;D. 雌虫全个体侧面观;E. 足末端(示爪垫和中垫)

7. 水虻科 翅脉整体向翅前缘移动,前翅 C 脉不伸达翅的顶角;M_2 脉存在;臀室 cua 近翅缘关闭;前翅中央偏前部有小五边形中室 d;小盾片有时具刺;足爪间突垫状(图 5-39-11)。

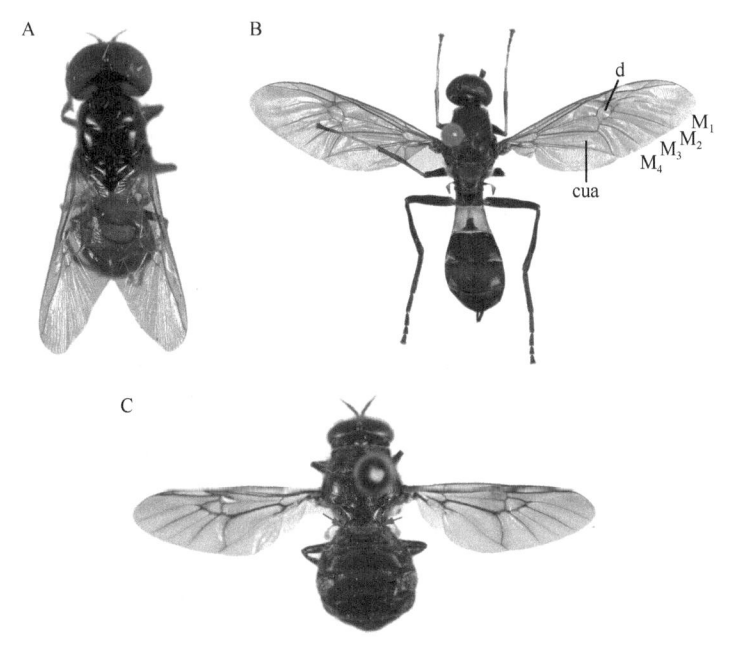

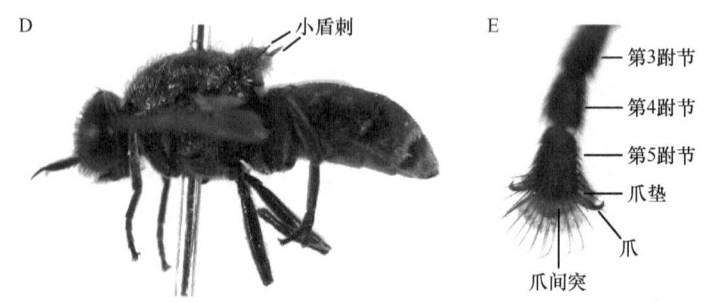

图 5-39-11 水虻科（张婷婷供图）
A. 全个体背面观 1；B. 全个体背面观 2；C. 全个体侧面观 3；D. 全个体侧面观（示小盾刺）；E. 足末端（示爪间突垫状）

8. 虻科 触角第 3 节牛角状，端部分亚节；前翅 R_4 脉与 R_5 脉端部分别伸达翅顶角的前方与后方，翅中央有长六边形的中室 d（图 5-39-12）。

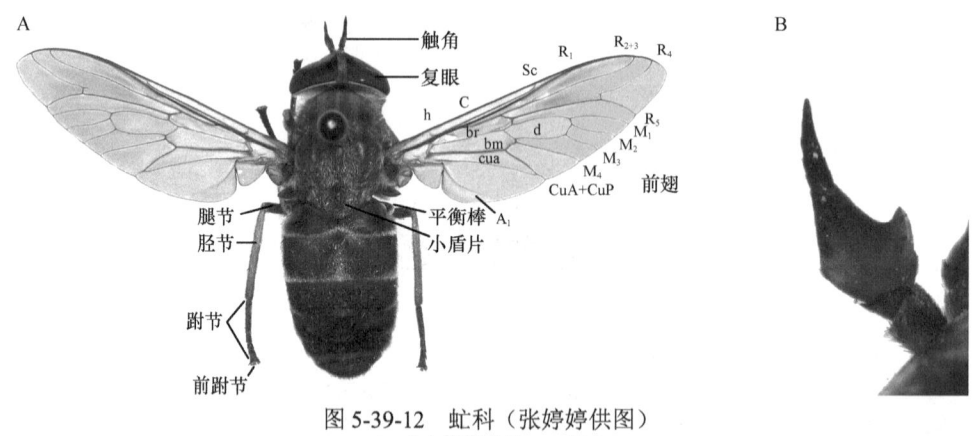

图 5-39-12 虻科（张婷婷供图）
A. 全个体背面观；B. 触角

9. 食虫虻科 体多鬃毛，胸部粗壮，腹部细长；头顶复眼间凹陷；触角端部具端刺；前翅 R_5 脉多伸达翅的外缘；爪间突刚毛状（图 5-39-13）。

10. 蜂虻科 体粗壮，多具毛和鳞片，姬蜂虻属体细长无毛；喙长，虹吸式；触角鞭节端部具端刺（图 5-39-14）。

11. 舞虻科 体无金绿色；喙一般较长；前翅 Rs 脉在远离肩横脉 h 处分出，R_{4+5} 通常分叉，bm 室和 dm 室分离（图 5-39-15）。

12. 长足虻科 体常金绿色；喙短瓣状；触角芒细长；前翅 Rs 脉在翅基部靠近肩横脉 h 处分出，R_{4+5} 脉不分叉，bm 室和 dm 室愈合（图 5-39-16）。

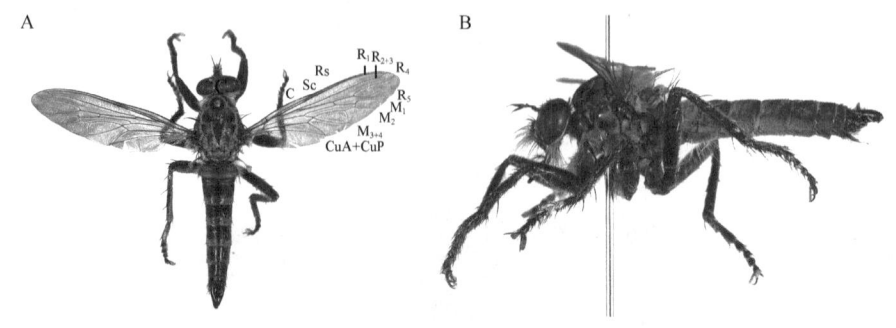

第五章　昆虫系统分类　·157·

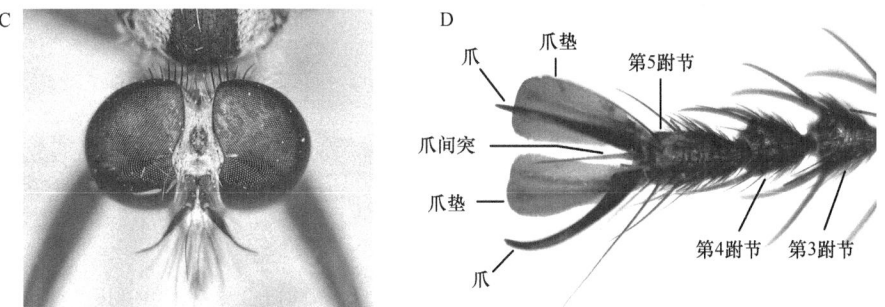

图 5-39-13　食虫虻科（张婷婷供图）
A. 全个体背面观；B. 全个体侧面观；C. 头部前面观（示头顶中央凹陷）；D. 足末端（示爪间突刚毛状）

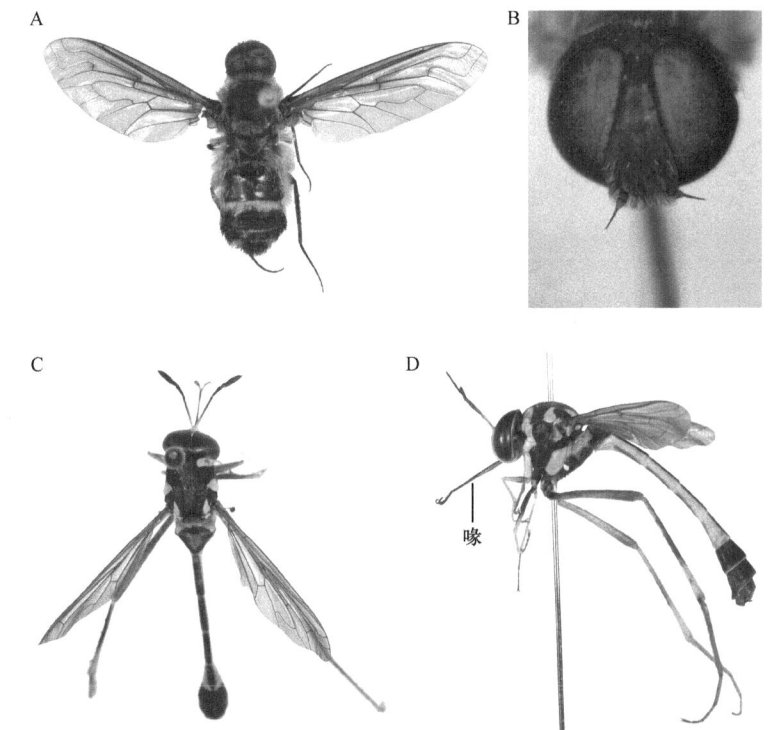

图 5-39-14　蜂虻科（张婷婷供图）
A. 全个体背面观；B. 头部前面观；C. 姬蜂虻全个体背面观；D. 姬蜂虻全个体侧面观

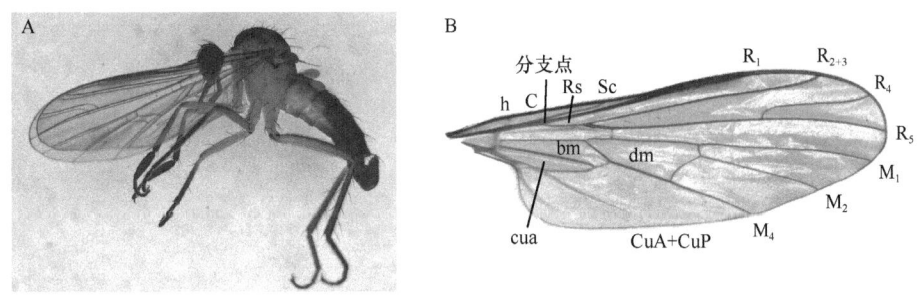

图 5-39-15　舞虻科（张婷婷供图）
A. 全个体侧面观；B. 翅

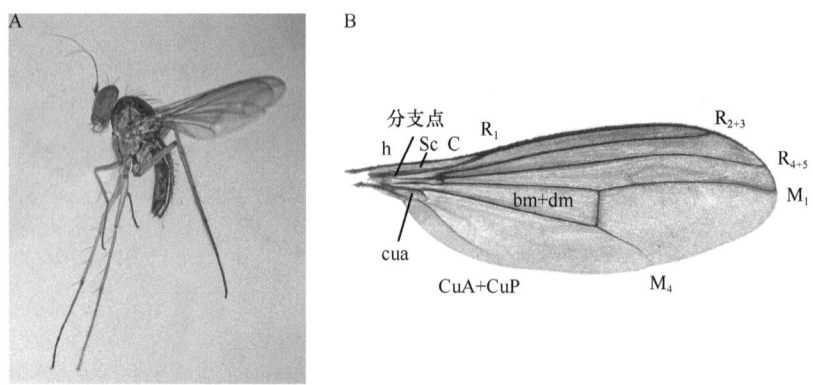

图 5-39-16　长足虻科（张婷婷供图）
A. 全个体侧面观；B. 翅

13. 眼蝇科　头宽于胸；喙长，膝状；前翅 r_5 室常封闭具柄，bm 室短于 br 室，cua 室较长且封闭；腹部棒状，末端向下弯曲（图 5-39-17）。

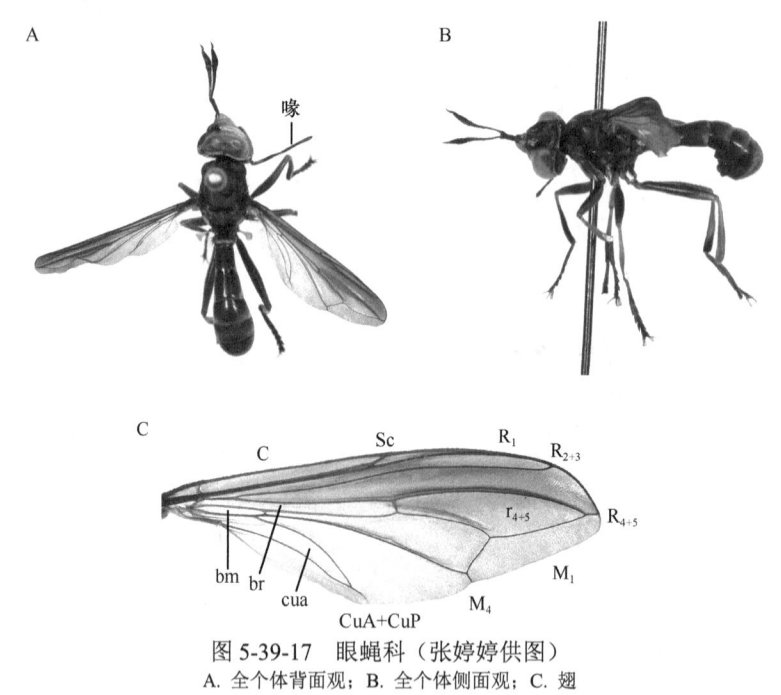

图 5-39-17　眼蝇科（张婷婷供图）
A. 全个体背面观；B. 全个体侧面观；C. 翅

14. 头蝇科　头大，复眼为接眼，几乎占据整个头部；前翅狭长，通常长于体长，r_{4+5} 室开放，臀室 cua 在近翅缘处关闭（图 5-39-18，箭头所示）。

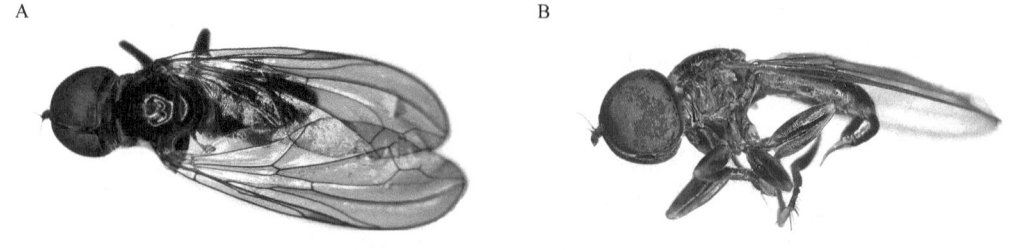

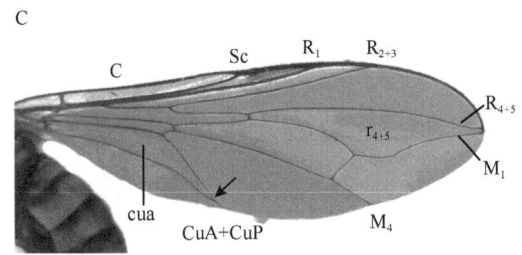

图 5-39-18 头蝇科（张婷婷供图）
A. 全个体背面观；B. 全个体侧面观；C. 翅。左侧箭头示臀室 cua 在近翅缘处关闭；右侧箭头示 r_{4+5} 室开放

15. 食蚜蝇科 R 脉与 M 脉间有 1 条两端游离的伪脉；如 r_{4+5} 室为闭室，M_1 脉端部通常与翅缘平行（图 5-39-19）。

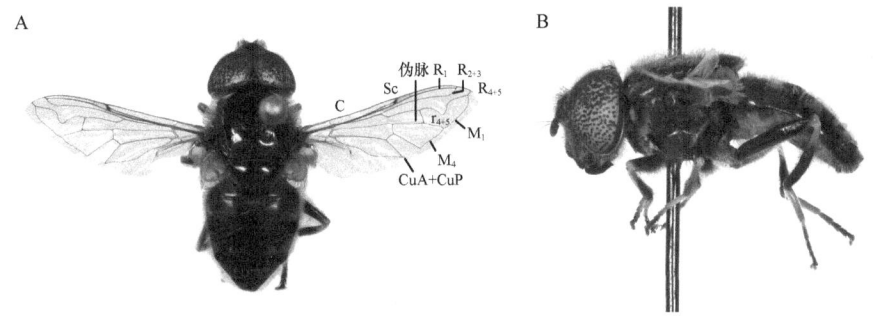

图 5-39-19 食蚜蝇科（张婷婷供图）
A. 全个体背面观；B. 全个体侧面观

16. 秆蝇科 体鬃毛少；单眼三角区较大；前翅 C 脉在 Sc 脉端处有 1 个缘脉折；Sc 脉端部退化或缺；bm 与 dm 室愈合；M_4 脉中部略弯折；无小臀室（图 5-39-20）。

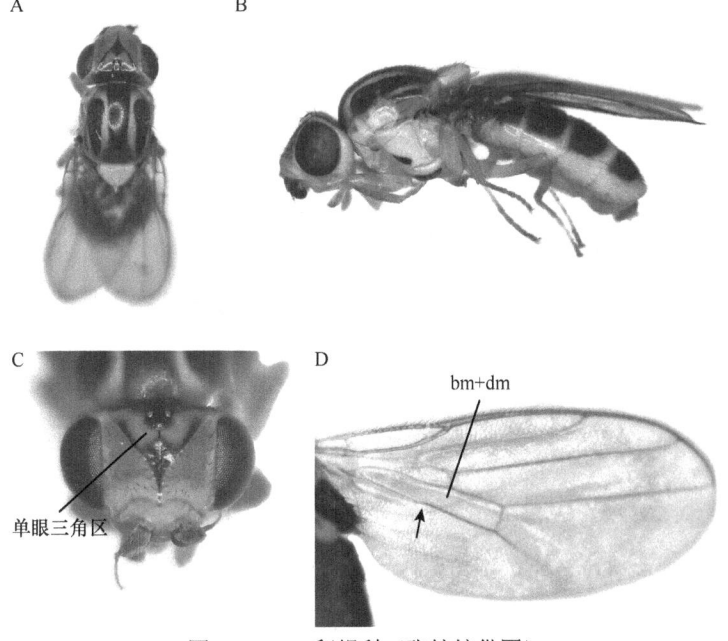

图 5-39-20 秆蝇科（张婷婷供图）
A. 全个体背面观；B. 全个体侧面观；C. 头部背面观（示单眼三角区）；D. 翅（箭头示 M_4 脉中部的弯折）

17. 潜蝇科 体鬃毛较多；C 脉在 Sc 脉末端或接近 R_1 脉处有 1 个缘脉折；Sc 脉末端变弱；有小臀室 cua（图 5-39-21）。

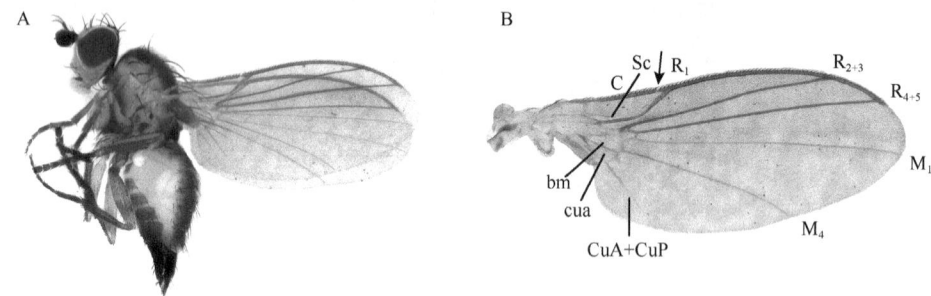

图 5-39-21 潜蝇科（刘晓艳供图）
A. 全个体侧面观；B. 翅（箭头示缘脉折）

18. 果蝇科 触角芒羽状；前翅 C 脉有 2 个缘脉折，Sc 脉退化，具臀室 cua（图 5-39-22）。

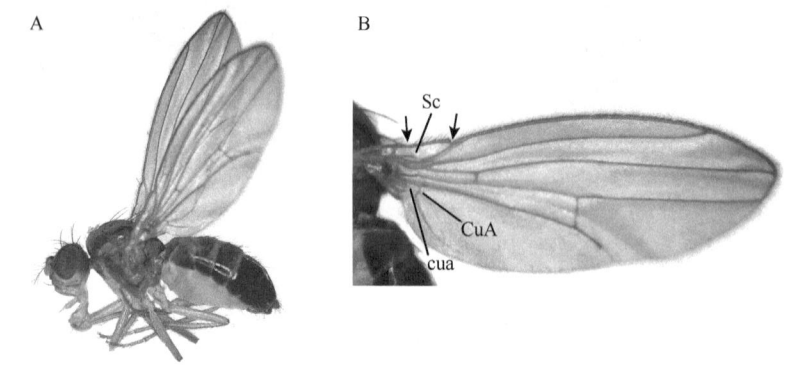

图 5-39-22 果蝇科（张婷婷供图）
A. 全个体侧面观；B. 翅（箭头示缘脉折）

19. 实蝇科 前翅 C 脉在肩横脉 h 和 Sc 脉末端有 2 个缘脉折；Sc 脉端部呈直角折向前缘；臀室 cua 末端呈 1 个锐角（图 5-39-23）。

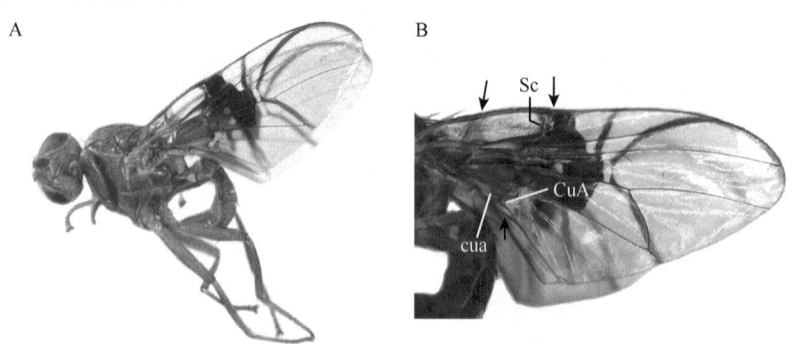

图 5-39-23 实蝇科（张婷婷供图）
A. 全个体侧面观；B. 翅（箭头示缘脉折）

20. 甲蝇科 外形似甲虫；小盾片发达，一般长于中胸，并隆突成半球形或卵形，常遮盖整个腹部（图 5-39-24）。

21. 突眼蝇科 头部两侧延伸成长柄，复眼位于柄端，触角着生在柄的前缘；小盾片具 1 对刺；前足腿节膨大；腹部端部膨大，似球状或棒状（图 5-39-25）。

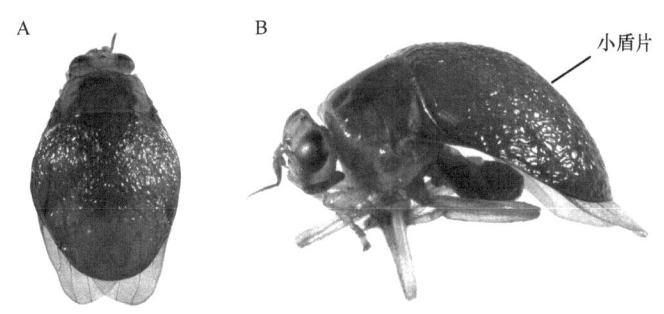

图 5-39-24　甲蝇科（张婷婷供图）
A. 全个体背面观；B. 全个体侧面观

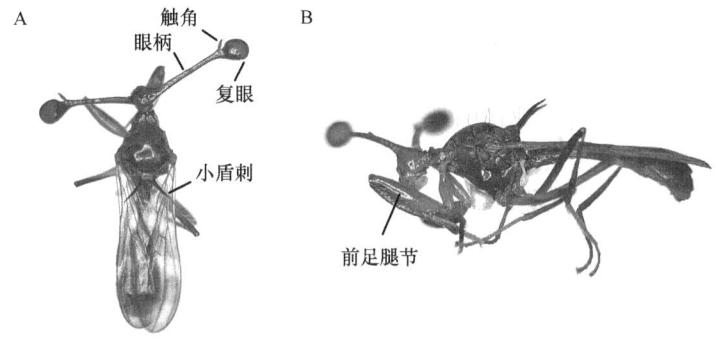

图 5-39-25　突眼蝇科（张婷婷供图）
A. 全个体背面观；B. 全个体侧面观

22. 鼓翅蝇科　体细长，头部圆；后顶鬃分离；翅透明，通常端部具 1 个深色斑点；腹部亚基部缢缩，类似蚂蚁体形（图 5-39-26）。

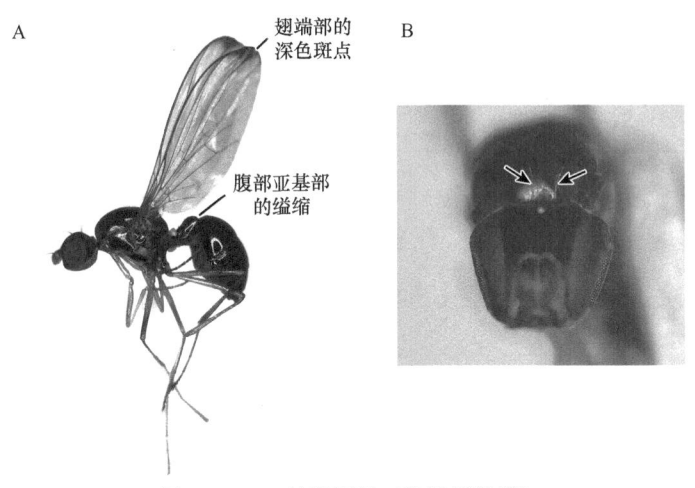

图 5-39-26　鼓翅蝇科（张婷婷供图）
A. 全个体侧面观；B. 头部前面观（箭头示后顶鬃分离）

23. 缟蝇科　体粗壮；头部后顶鬃汇聚，具 2 对额鬃；前翅 C 脉完整（图 5-39-27）。

24. 花蝇科　小盾片的端腹面有向下直立的纤毛；背侧鬃 2 根；前翅下腋瓣发达，M_1 脉端部直伸外缘；CuA+CuP 脉伸达翅的后缘（图 5-39-28）。

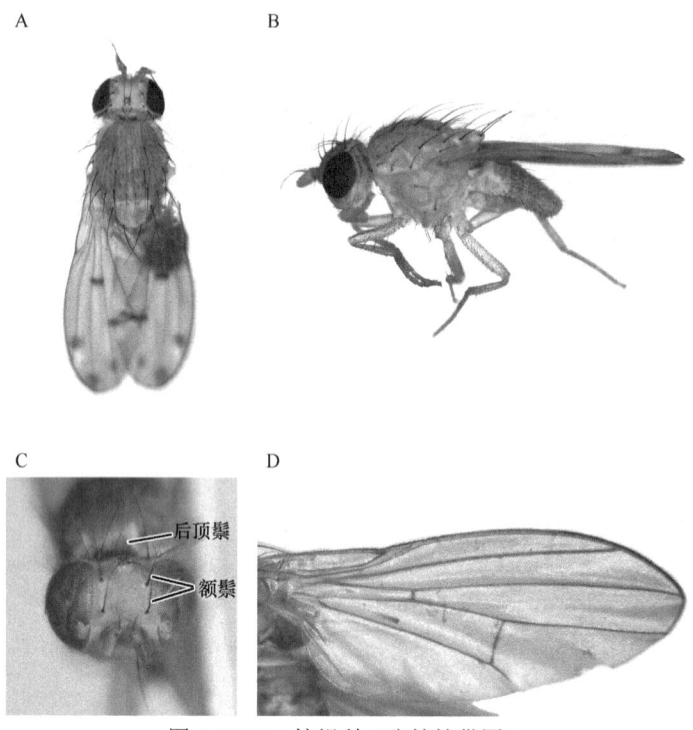

图 5-39-27 缟蝇科（张婷婷供图）
A. 全个体背面观；B. 全个体侧面观；C. 头部前面观；D. 翅

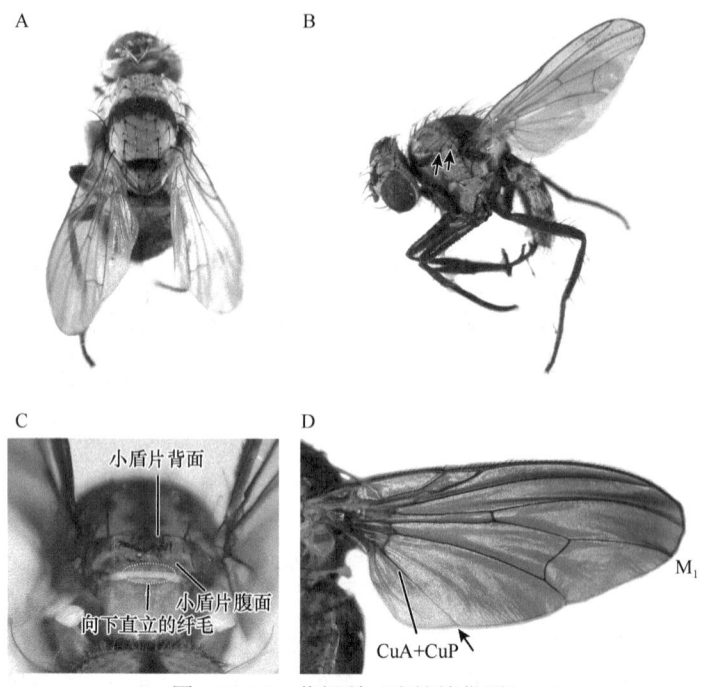

图 5-39-28 花蝇科（张婷婷供图）
A. 全个体背面观；B. 全个体侧面观（箭头示 2 根背侧鬃）；C. 小盾片后面观；D. 翅（箭头示 CuA+CuP 脉伸达翅的后缘）

25. 蝇科 触角芒羽状；背侧鬃 2 根；前翅下腋瓣发达，M_1 脉端部向前弯曲或直，CuA+CuP 脉不伸达翅缘（图 5-39-29）。

图 5-39-29　蝇科（张婷婷供图）
A. 全个体背面观；B. 全个体侧面观；C. 翅（箭头示 CuA+CuP 脉不伸达翅的后缘）

26. 寄蝇科 中胸后小盾片发达，垫状突出；中胸下侧片及翅侧片具鬃；M_1 脉呈直角状向前弯折；腹部有许多粗大的鬃（图 5-39-30）。

图 5-39-30　寄蝇科（张婷婷供图）
A. 全个体背面观（左侧箭头示腹部鬃；右侧箭头示 M_1 脉呈直角状向前弯折）；B. 全个体侧面观（上方箭头示 M_1 脉呈直角状向前弯折；下方箭头示腹部鬃）；C. 后小盾片

27. 丽蝇科 体多呈蓝色、绿色等金属光泽。背侧片上具背侧鬃 2 根；前翅有下腋瓣；M_1 脉呈直角状向前弯折（图 5-39-31）。

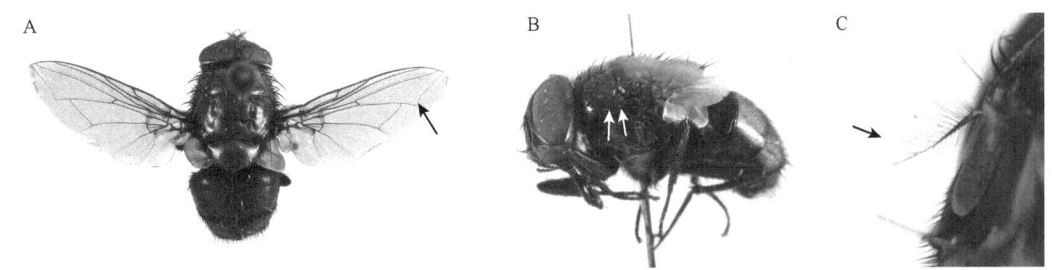

图 5-39-31　丽蝇科（张婷婷供图）
A. 全个体背面观（箭头示 M_1 脉的直角状弯折）；B. 全个体侧面观（箭头示背侧片上的 2 根背侧鬃）；C. 触角（箭头示羽状触角芒）

28. 麻蝇科 体一般灰色，胸部背板具黑色纵条纹；触角芒光裸或仅基半部羽状；背侧片上有背侧鬃 4 根；前翅下腋瓣内缘紧靠小盾片外缘；M_1 脉呈角状向前弯折（图 5-39-32）。

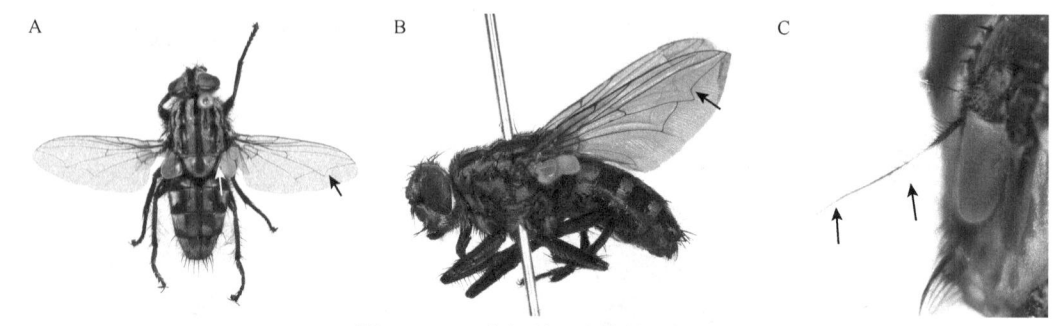

图 5-39-32　麻蝇科（张婷婷供图）
A. 全个体背面观；B. 全个体侧面观；C. 触角。A、B 图箭头示 M_1 脉的角状前弯；C 图左侧箭头示触角芒基部羽状，右侧箭头示触角芒端部光裸

 **作业与思考题**

1. 编制蚊科、摇蚊科、瘿蚊科、虻科、食虫虻科、食蚜蝇科、实蝇科、秆蝇科、果蝇科、花蝇科、蝇科和寄蝇科的二项式分类检索表。
2. 绘制水虻科、食蚜蝇科、实蝇科、寄蝇科的翅脉图，并标出各条翅脉的名称。
3. 通过解剖、制作玻片或者电镜扫描（条件允许的情况下）等方法，比较双翅目蚊科、虻科和蝇科昆虫的口器构造及差异。
4. 根据双翅目的生活习性，调查校园内开花植物上的双翅目类群及其多样性。

实验四十　蚤　目

一、实验目的

掌握蚤目的主要特征和常见科的识别特征。

二、实验材料与器具

【实验材料】　蚤目昆虫的活体、标本或高清照片。
【实验器具】　生物显微镜、镊子、培养皿等。

三、实验内容与方法

（一）蚤目昆虫的形态特征

蚤目昆虫通称跳蚤。

体微型至小型，体长 0.5～8.0 mm。体褐色或黑色；侧扁，体上有许多指向后端的鬃、刺或毛。头部颊上有栉（ctenidia）；口器刺吸式，上颚完全退化，上唇和下颚特化成 3 根口针；触角 11 节，短棒状；复眼无或由 1 个小眼组成；缺单眼；胸部 3 节明显，前胸后缘有栉；无翅；足基节宽扁，转节短小，腿节发达，适于跳跃；跗节 5 节，有爪 1 对；腹部 10 节；尾须短，1 节。幼虫显头无足型；体细长，黄白色；咀嚼式口器；胸部 3 节；腹部 10 节，腹末有肛柱和肛梳。

（二）蚤目的分类

全世界已记录16科2600种，中国已知650种或亚种。常见种类有猫蚤（*Ctenocephalides felis*）、狗蚤（*Ctenocephalides canis*）和人蚤（*Pulex irritans*）。重要种类为印鼠客蚤（*Xenopsylla cheopis*）、巴西客蚤（*Xenopsylla brasiliensis*）和亚洲客蚤（*Xenopsylla astia*），是鼠疫的重要媒介昆虫。

作业与思考题

1. 总结描述蚤目昆虫的形态特征及鉴定方法。
2. 手绘跳蚤的形态示意图。
3. 观察跳蚤的形态特征，推测其生活习性及分类地位，并查找相关资料进行验证。

实验四十一　长　翅　目

一、实验目的

掌握长翅目的主要特征和常见科的识别特征。

二、实验材料与器具

【实验材料】　长翅目昆虫的活体、标本或高清照片。
【实验器具】　体视显微镜、镊子、培养皿等。

三、实验内容与方法

（一）长翅目昆虫的形态特征

头部向腹面延长成宽喙状，口式下口式；口器咀嚼式，或多或少延长成喙的一部分，拟蝎蛉科（Panorpodidae）的喙明显比其他类群短。触角多为长丝状，少数蚊蝎蛉触角鞭节羽状。多数种类复眼发达，少数退化；有翅型有单眼3个，无翅型无单眼。

前胸较小，中胸和后胸发达；多数长翅目昆虫2对翅膜质、狭长，大小、形状和脉序相似，常有翅痣和斑纹，翅脉接近假想原始脉序；停息时2对翅呈屋脊状叠放于体背；部分种类为短翅或无翅；足细长，跗节5节，前跗节具2爪，但蚊蝎蛉科（Bittacidae）均为特化的捕捉足，其第Ⅳ、第Ⅴ跗节内缘各具1排小齿，第Ⅴ跗节可以折叠到第Ⅳ跗节上，像小铡刀一样，捕猎时夹紧猎物以防逃脱，前跗节单爪。

腹部11节，第Ⅰ腹板退化。蝎蛉科（Panorpidae）雄性外生殖器膨大成球状，与之相连的近末端数节变细，侧面观长大于宽，向前上方弯翘，状如蝎尾，但无螯刺功能；雌性无特化的产卵器；尾须短，雄虫1节，雌虫2节。

（二）长翅目的分类

长翅目是全变态类昆虫中的1个小目，目前全世界已知700余种，包括9个现生科：小蝎蛉科（Nannochoristidae）、异蝎蛉科（Choristidae）、雪蝎蛉科（Boreidae）、原蝎蛉科（Eomeropidae）、美蝎蛉科（Meropeidae）、无翅蝎蛉科（Apteropanorpidae）、蚊蝎蛉科（Bittacidae）、拟蝎蛉科

（Panorpodidae）和蝎蛉科（Panorpidae）。中国已知 3 科 290 种。

1. 蚊蝎蛉科　英文俗称 hangingfly。长翅目第 2 大科，全世界各大生物地理区均有分布。身体细长，具 2 对膜质窄长的翅，尤其是飞行时形似大蚊。头部向下延伸，咀嚼式口器以喙状延长，上颚窄长，能剪刀状交叉。3 对足均为捕捉足，常以前足悬挂于叶片下或枝条上，翅合拢成屋脊状；蚊蝎蛉雌雄面对面交配，雄性腹部第Ⅸ背板特化为形状多样的铗状上生殖瓣，用于在交配时夹持雌虫下生殖板，故而在交配时腹面扭转 180°，雄性生殖肢基部膨大如球状，端刺通常短小，阳茎侧叶形状多样，阳茎丝如发条状盘卷；有一发达的载肛突。幼虫伪蠋式，各体节在背、侧、亚腹部共 6 个明显的肉质枝状突起。常见种类为扁蚊蝎蛉（*Bittacus planus*）。

2. 拟蝎蛉科　英文俗称 short-faced scorpionfly。头部为短喙状，3 对步行足，前跗节 2 爪。雄性生殖肢膨大成球形，但近末端数节不明显延长，侧面观宽大于长，向前向上弯翘后，不明显呈蝎尾状。幼虫近蛴螬型，无复眼，无腹足，但第 2~8 腹节的腹面各有 1 个类似腹足的明显突起，沿腹中线成 1 列（Jiang et al., 2014）。幼虫的食性迄今尚不清楚。我国仅报道 3 种，如宽甸拟蝎蛉（*Panorpodes kuandianensis*）。

3. 蝎蛉科　英文俗称 scorpionfly。长翅目中蝎蛉科最为常见，为第 1 大科。头部向下明显延伸成长喙状，喙末端为咀嚼式口器，较短。3 对步行足，常停息在低矮的灌木或草叶上，前后翅上下平叠，左右收拢如三角形，平展于背上。雄性生殖肢膨大成球形，腹部末端数节明显变细且延长，侧面观长明显大于宽，向上弯翘成明显的蝎尾状。幼虫伪蠋式，各腹节在背部各有 1 对细长突起，密被环状排列的毛。常见种类为六刺蝎蛉（*Panorpa sexspinosa*）。

作业与思考题

1. 总结描述长翅目昆虫的形态特征及鉴定方法。
2. 手绘蝎蛉的形态示意图。
3. 观察蝎蛉的形态特征，推测其生活习性及分类地位，并查找相关资料进行验证。

实验四十二　毛　翅　目

本实验彩图

一、实验目的

掌握毛翅目的主要特征和常见科的识别特征。

二、实验材料与器具

【实验材料】　毛翅目昆虫的活体、标本或高清照片。
【实验器具】　体视显微镜、镊子、培养皿等。

三、实验内容与方法

（一）毛翅目昆虫的形态特征

毛翅目昆虫的形态特征如图 5-42-1 所示。

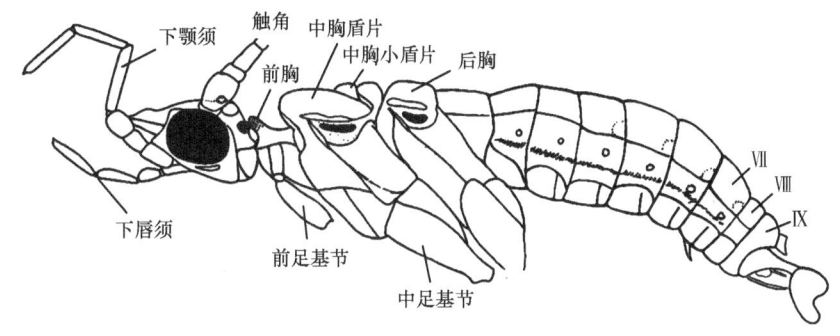

图 5-42-1　毛翅目形态特征图（孙长海供图）

（二）毛翅目分科主要特征

毛翅目成虫的主要分科特征包括：体型大小，单眼的有无，下颚须（节数，各节长短比例，端节是否较其前节长、是否具环状纹），头、胸部毛瘤（或毛域）的数量与形态，胫距式（前、中、后足胫节距的数量，距的数量），脉相（前后翅分叉是否齐全，分径室闭锁或开放）。

（三）毛翅目常见科分类检索表

毛翅目常见科分类检索表

1. 下颚须5节，末节柔软多环纹，长至少为第4节长的2倍（1a）；或口器退化，下颚须、下唇须缺失 ··· 2
   下颚须3、4或5节，末节与其他节相似，长约与前几节相等（1b） ························· 6
2. 中胸盾片有毛瘤（2a） ··· 3
   中胸盾片无瘤 ··· 4
3. 胫距式3-4-4（3a） ·· 多距石蛾科 Polycentropodidae
   胫距式2-4-4（3b） ·· 蝶石蛾科 Psychomyiidae
4. 前足胫节有3个距；有单眼，少数缺；体大型；触角比前翅长 ······ 角石蛾科 Stenopsychidae
   前足胫节有0~2个距 ·· 5
5. 有单眼，体中小型 ·· 等翅石蛾科 Philopotamidae
   无单眼，触角细，下颚须缺失时触角长于前翅 ·················· 纹石蛾科 Hydropsychidae
6. 下颚须5节，第2节短，常圆球形（6a），约与第1节等长；前足胫节具端前距；具单眼 ······
   ·· 原石蛾科 Rhyacophilidae
   下颚须3、4或5节，第2节细长，长于第1节 ··· 7
7. 具单眼，中足胫节有1个或无端前距；后翅分径室闭锁 ············ 沼石蛾科 Limnephilidae
   无单眼 ·· 8
8. 中胸盾片毛域几乎散布于整个盾片（8a）；触角远长于身体，中足胫节缺端前距，胫距式（0~2）-2-2 ·· 长角石蛾科 Leptoceridae
   中胸盾片毛限于1对分离的毛瘤上；前胸背板具2对毛瘤，中胸小盾片中央有1对毛瘤（8b），中足胫节有2个端前距，距覆毛；雄虫下颚须1节、2节或3节，雌虫5节；后翅分径室闭锁 ··· 鳞石蛾科 Lepidostomatidae

毛翅目分科检索表配图如图 5-42-2 所示。

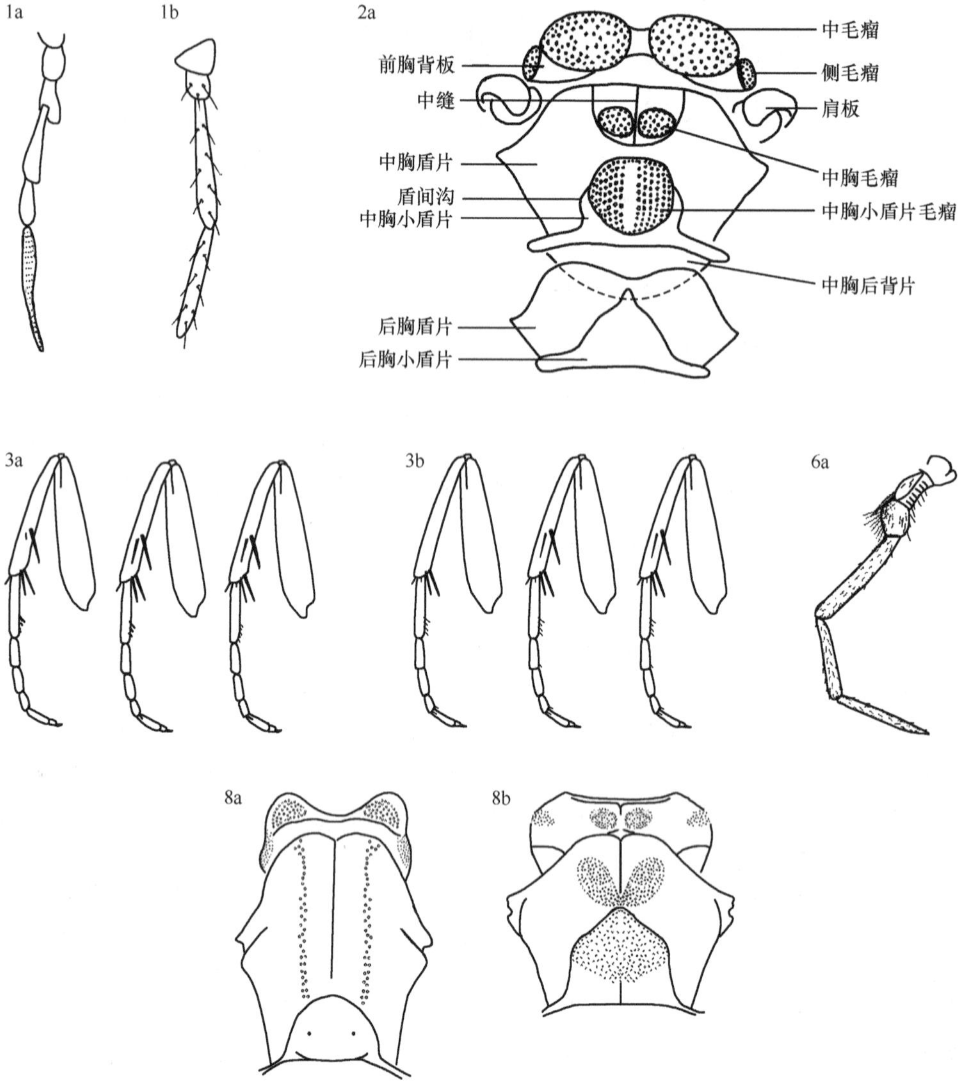

图 5-42-2　毛翅目分科检索表配图（孙长海供图）

（四）毛翅目常见科的识别

1. 纹石蛾科　　成虫缺单眼。下颚须末节长，环状纹明显。中胸盾片缺毛瘤，胫距式 2-(2~4)-(2~4)。前翅具 5 个叉脉，后翅第 1 叉脉有或无（图 5-42-3）。

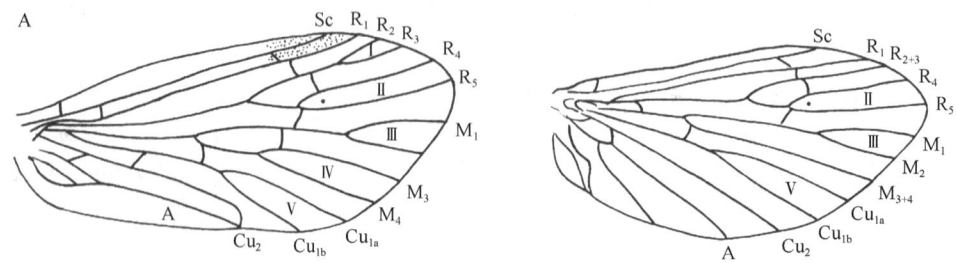

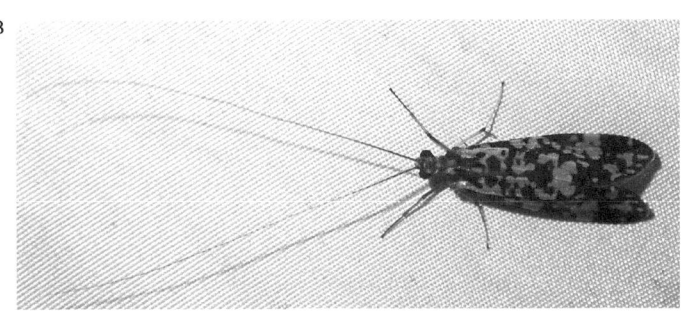

图 5-42-3 纹石蛾科（孙长海供图）
A. 脉相；B. 背面观

2. 鳞石蛾科 体中型，成虫缺单眼。触角柄节长，为复眼直径的 2~10 倍甚至以上，简单圆柱形，或内侧具 1~2 个齿状突，或具细沟，或凹陷等；下颚须雌虫 5 节，雄虫 2 节，基节骨化圆柱形，有时具叶状突，端节可屈伸，匙状或叶状，表面覆密毛。中胸盾片及小盾片各具 1 对毛瘤，盾片毛瘤常小于小盾片的毛瘤。前翅后缘常具卷折，翅面局部区域覆毛或鳞片，或具无毛的光斑区；前翅具Ⅰ、Ⅱ叉，缺Ⅲ、Ⅳ叉，Ⅴ叉有或无；中脉分为 M_{1+2} 和 M_{3+4} 两支。胫距式（1~2）-4-（3~4）（图 5-42-4）。

3. 长角石蛾科 小至中型，成虫缺单眼，触角长，常为前翅长的 2~3 倍；下颚须细长，5 节，末节柔软易曲，但不分成细环节。中胸盾片长，其上着生的 2 列纵行毛带，几乎与盾片等长，中胸小盾片短，胫距式（0~2）-2-（2~4）。翅脉有相当程度的愈合，第Ⅲ、Ⅳ叉常缺，翅通常狭长，浅黄色、黄褐色、淡褐色或灰褐色，有些种类翅面具银色斑纹；多数类群后翅较宽（图 5-42-5）。

图 5-42-4 鳞石蛾科侧面观（孙长海供图）

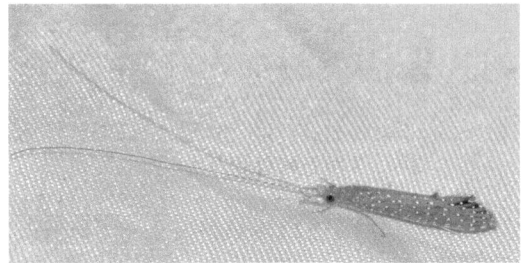

图 5-42-5 长角石蛾科侧面观（孙长海供图）

4. 沼石蛾科 体中至大型。头通常短而宽。成虫具单眼 3 枚，头顶具大小不等的毛瘤 3 对；触角丝状，与翅等长或稍短于翅；雄虫下颚须 3 节，第 1 节很短，第 2、3 节约等长；雌虫下颚须 5 节，第 2 节细长，长于第 1 节。下唇须 3 节。足胫节、跗节多刺；胫距式（0~1）-（1~3）-（1~4），通常为 1-3-4。中胸盾片具 1 对长形的毛斑或 1 对边缘明显的毛瘤；小盾片短，具 1 对小毛瘤，或具 1 个位于中央的长卵圆形毛瘤，但其长度不及宽的 3 倍。前后翅均缺第Ⅳ叉和中室；前翅臀脉合并部分等于或长于第 1 臀室数分室之总长。腹部 10 节，常短而粗壮（图 5-42-6）。

5. 等翅石蛾科 头在眼后的部分较长。具单眼。下颚须及下唇须长。下颚须 5 节，第 2 节约为第 1 节的 2 倍长，第 5 节约为第 4 节的 2 倍长。胫距式 1-4-4 或 2-4-4。雌虫中足不扁平扩展。翅脉完整，前翅 5 个叉脉齐全，或缺第Ⅳ叉，但后翅仅具第Ⅰ、Ⅱ、Ⅲ及第Ⅴ叉；前后翅分径室均闭锁；前翅中室闭锁，具 C-Sc 及 r 横脉；后翅具 2~3 个臀室（图 5-42-7）。

图 5-42-6　沼石蛾科侧面观（孙长海供图）

图 5-42-7　等翅石蛾科背面观（孙长海供图）

6. 多距石蛾科　　成虫缺单眼。下颚须第 5 节环状纹不明显。中胸盾片具 1 对圆形毛瘤，胫距式 3-4-4；雌虫中足胫节常宽扁；前翅分径室和中室闭锁（图 5-42-8）。

7. 蝶石蛾科　　成虫缺单眼。下颚须多数 5 节，第 5 节长，常有环状纹，少数下颚须 6 节则第 5 节不具环纹。下唇须 4 节。胫距式 2-4-4。中胸盾片具 1 对卵圆形小毛瘤；前后翅 R_2 与 R_3 愈合（图 5-42-9）。

图 5-42-8　多距石蛾科侧面观（孙长海供图）

图 5-42-9　蝶石蛾科侧面观（孙长海供图）

8. 原石蛾科　　成虫具单眼。下颚须第 1、2 节粗短，第 2 节圆球形。胫距式 3-4-4。前后翅脉序完整，前翅 5 个叉脉齐全，后翅缺第Ⅳ叉脉；前后翅分径室与中室均开放；前翅 R_1 在翅端分裂为 R_{1a} 与 R_{1b}（图 5-42-10）。

图 5-42-10　原石蛾科侧面观（孙长海供图）

9. 角石蛾科　　体大型。成虫具单眼，少数缺。下颚须第 5 节有不清晰环纹。触角长于前翅，中胸盾片无毛瘤。胫距式 3-4-4 或 0-4-4；雌虫 2-4-4。前后翅的分径室闭锁，前翅 5 个叉脉齐全（图 5-42-11）。

图 5-42-11 角石蛾科背面观（孙长海供图）

作业与思考题

1. 总结描述毛翅目昆虫的形态特征及鉴定方法。
2. 手绘毛翅目昆虫的形态示意图。
3. 观察石蛾的形态特征，推测其生活习性及分类地位，并查找相关资料进行验证。

实验四十三　鳞　翅　目

本实验彩图

一、实验目的

掌握鳞翅目常见科成虫及幼虫的主要鉴别特征。

二、实验材料与器具

【针插标本（成虫标本）】　蝙蝠蛾、菜蛾、透翅蛾、刺蛾、羽蛾、螟蛾、尺蛾、枯叶蛾、天蚕蛾、蚕蛾、天蛾、舟蛾、毒蛾、灯蛾、夜蛾、弄蝶、凤蝶、粉蝶、灰蝶、蛱蝶等。

【液浸标本（幼虫标本）】　蓑蛾、刺蛾、尺蛾、枯叶蛾、天蚕蛾、蚕蛾、天蛾、舟蛾、毒蛾、灯蛾、夜蛾、弄蝶、凤蝶、粉蝶、灰蝶、蛱蝶等。

【实验器具】　体视显微镜、镊子、培养皿等。

三、实验内容与方法

（一）成虫

1. 鳞翅目成虫的形态特征　鳞翅目成虫的形态特征如图 5-43-1 所示。

2. 鳞翅目成虫分科特征　鳞翅目成虫分科主要依据下列特征：通常蝶类触角为棒状，蛾类触角有线状、单栉状或双栉状等；单眼有或无，多数蛾类有 1 对单眼，位于头顶部复眼内侧；绝大多数鳞翅目成虫口器为虹吸式，下颚的外颚叶特化成喙，有些蛾类的喙退化或消失，下唇须通

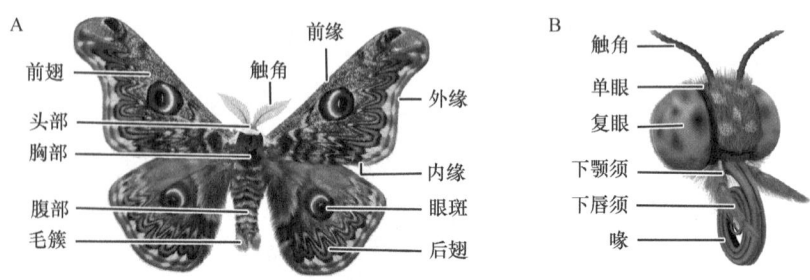

图 5-43-1　鳞翅目成虫的形态特征（仿 Preveten and Khan，2017）
A. 整体背面观；B. 头部特征

常由 3 节组成，平伸或上弯；具体包括翅的形状、翅脉、翅的连锁方式和翅面斑纹，其中翅脉有同脉脉序和异脉脉序，连锁方式有翅缰型、翅抱型、翅轭型和翅褶型；在一些蝶类中，前足退化，爪消失，有些类群前足胫节具胫突，有的类群后足胫节有 1 对中距；有些蛾类具鼓膜听器，位于腹部第 1 节或后胸。

3. 鳞翅目成虫常见科分类检索表

鳞翅目成虫常见科分类检索表

1. 前后翅脉序相似，翅轭连锁 ·· 蝙蝠蛾科 **Hepialidae**
   前后翅脉序明显不同，翅抱或翅缰连锁 ··· 2
2. 触角棒状 ··· 3
   触角丝状、单栉状或双栉状 ··· 7
3. 触角基部远离，末端有弯钩 ··· 弄蝶科 **Hesperiidae**
   触角基部接近，末端无弯钩 ··· 4
4. 前足有前胫突 ··· 凤蝶科 **Papilionidae**
   前足无前胫突 ··· 5
5. 胸足爪分叉 ··· 粉蝶科 **Pieridae**
   胸足爪不分叉或无爪 ··· 6
6. 雌虫前足正常 ··· 灰蝶科 **Lycaenidae**
   雌虫前足退化 ··· 蛱蝶科 **Nymphalidae**
7. 翅纵裂为 2～3 片 ··· 羽蛾科 **Pterophoridae**
   翅无纵裂或退化 ··· 8
8. 有鼓膜听器 ··· 9
   无鼓膜听器 ··· 14
9. 鼓膜听器位于后胸 ··· 10
   鼓膜听器位于腹基部 ··· 13
10. 前翅 M_2 脉源于中室外缘中央或靠近 M_1 脉 ·· 舟蛾科 **Notodontidae**
    前翅 M_2 脉靠近 M_3 脉 ··· 11
11. 后翅 $Sc+R_1$ 脉与 Rs 脉在中室前缘中部或中部以外并接 ······································ 灯蛾科 **Arctiidae**
    后翅 $Sc+R_1$ 脉与 Rs 脉在中室前缘中部以内接触 ·· 12
12. 无单眼，喙退化 ··· 毒蛾科 **Lymantriidae**
    有单眼，喙发达 ··· 夜蛾科 **Noctuidae**
13. 喙基部被鳞片 ··· 螟蛾科 **Pyralidae**
    喙基部光裸 ··· 尺蛾科 **Geometridae**

14. 外形似蜂，前翅后缘与后翅前缘有卷褶 ·· **透翅蛾科 Sesiidae**
    外形同蛾，前翅后缘与后翅前缘无卷褶 ·· 15
15. 触角末端弯成细钩 ··· **天蛾科 Sphingidae**
    触角末端无弯钩 ·· 16
16. 后翅无翅缰 ·· 17
    后翅有翅缰 ·· 18
17. 后翅肩角有 h 脉 ··· **枯叶蛾科 Lasiocampidae**
    后翅肩角无 h 脉 ··· **天蚕蛾科 Saturniidae**
18. 触角柄节有栉毛 ··· **菜蛾科 Plutellidae**
    触角柄节无栉毛 ··· 19
19. 后翅中室内有 M 脉主干 ··· **刺蛾科 Limacodidae**
    后翅中室内无 M 脉主干 ··· **蚕蛾科 Bombycidae**

4. 鳞翅目成虫常见科的主要鉴别特征 结合《普通昆虫学》教材相关内容，观察以下常见科成虫的主要形态鉴别特征。

（1）蝙蝠蛾科　前后翅脉序相似，翅轭连锁；触角极短。

（2）菜蛾科　触角停息时前伸，柄节有栉毛；前翅细长，后缘有长缘毛，M_1 常与 M_2 共柄，Rs 与 M_1 分离。

（3）透翅蛾科　外形似蜂；翅大部分或局部透明，前翅后缘向腹面卷褶，后翅前缘向背面卷褶，形成特殊的连锁方式。

（4）刺蛾科　雄虫触角基半部多为双栉状，端半部丝状，雌性为丝状；无单眼和毛隆；喙退化或消失；翅通常短、圆、阔，翅中室内有 M 脉主干。

（5）羽蛾科　前翅纵裂成 2～3 片，后翅纵裂成 3 片。

（6）螟蛾科　喙基部有鳞片，下唇须向头顶伸出；触角丝状；前翅三角形；腹部有听器。

（7）尺蛾科　喙基部光裸；翅宽薄，后翅 $Sc+R_1$ 在基部弯曲，形成 1 个基室；腹部有听器。

（8）枯叶蛾科　触角双栉状；后翅无翅缰，肩角扩大，有 h 脉。

（9）天蚕蛾科　翅中室常有眼斑或透明斑；后翅无翅缰，肩角无 h 脉。

（10）蚕蛾科　前翅顶角多呈钩状突出；后翅有翅缰，通常短小。

（11）天蛾科　喙特别发达，常等于或长于体长；触角末端弯成细钩；前翅窄长，外缘极斜。

（12）舟蛾科　前翅 M_2 脉从中室外缘中央或靠近 M_1 脉伸出，肘脉似 3 叉型。

（13）毒蛾科　触角双栉状；喙退化或消失；无单眼；前翅 M_2 脉靠近 M_3 脉，后翅 $Sc+R_1$ 脉与 Rs 脉在中室前缘 2/5 处接触，形成 1 个基室。

（14）灯蛾科　前翅 M_2 脉靠近 M_3 脉，后翅 $Sc+R_1$ 脉与 Rs 脉在中室前缘中部或中部以外并接；腹部背面常有红、橙或黑色斑纹。

（15）夜蛾科　触角常丝状；有单眼；喙发达；前翅肘脉似 4 叉式，后翅基部有 1 小基室。

（16）弄蝶科　触角基部远离，末端呈钩状；前翅 5 条 R 脉从中室独立伸出。

（17）凤蝶科　前翅中室与 A 脉由 1 条基横脉相连；前足胫突发达。

（18）粉蝶科　体色多为白色、黄色或橙色；前翅 R 脉一般 3～4 条；前足正常，爪分叉。

（19）灰蝶科　触角上有白环；复眼周缘有白色鳞片；雌虫前足正常，雄虫前足退化，无爪。

（20）蛱蝶科　雌虫前足退化，无爪，常贴在前胸上。

（二）幼虫

1. 鳞翅目幼虫的形态特征　　鳞翅目幼虫的形态特征如图 5-43-2 所示。

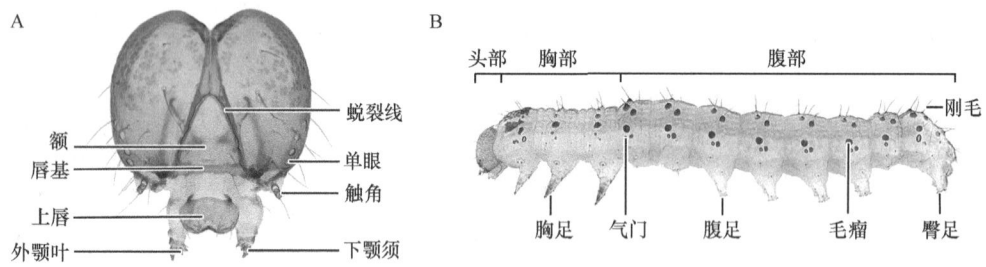

图 5-43-2　鳞翅目幼虫的形态特征（仿 Gilligan and Passoa，2014）
A. 头部前面观；B. 整体侧面观

2. 鳞翅目幼虫分科特征　　鳞翅目幼虫分科主要依据下列特征。①主要是上唇缺切（上唇前缘中部内凹）程度及形状。②体壁外被物，包括各类刚毛、毛片、毛瘤、毛突、枝刺、肉状突、翻缩腺、头角、尾突、臀栉等。③一般鳞翅目幼虫有 3 对胸足和 2~5 对腹足，其中位于第 10 腹节的 1 对腹足也称臀足。在一些类群中，腹足对数减少，如尺蛾科仅有 2 对腹足，部分夜蛾科幼虫有 3~4 对腹足。④腹足末端具趾钩。根据趾钩的长短不同，可分为单序、双序、三序和多序。根据趾钩的排列形状，可分为环状、缺环、中带、二横带和二纵带等。

3. 鳞翅目幼虫常见科分类检索表

鳞翅目幼虫常见科分类检索表

1. 前胸背部前缘有"Y"形翻缩腺 ··· 凤蝶科 Papilionidae	
前胸背部前缘无"Y"形翻缩腺 ··· 2	
2. 腹部第 8 节背面有 1 个尾突 ··· 3	
腹部第 8 节背面无尾突 ··· 4	
3. 左右腹足相互远离 ··· 蚕蛾科 Bombycidae	
左右腹足相互靠近 ·· 天蛾科 Sphingidae	
4. 腹足 2 对 ··· 尺蛾科 Geometridae	
腹足完全退化或至少 3 对 ·· 5	
5. 体外附有巢袋 ·· 蓑蛾科 Psychidae	
体外无巢袋 ··· 6	
6. 体蛞蝓型，头缩在前胸内 ·· 7	
体非蛞蝓型，头外露于胸前 ··· 8	
7. 体被有毒枝刺 ·· 刺蛾科 Limacodidae	
体上无枝刺 ··· 灰蝶科 Lycaenidae	
8. 臀足消失或特化为细长的枝足 ·· 舟蛾科 Notodontidae	
臀足不特化为细长的枝足 ·· 9	
9. 第 6~7 腹节背中部各有一圆形翻缩腺开口 ·································· 毒蛾科 Lymantriidae	
第 6~7 腹节背中部无翻缩腺开口 ·· 10	
10. 腹部末端有臀栉 ··· 弄蝶科 Hesperiidae	
腹部末端有臀栉 ··· 11	
11. 体密被长毛或长毛丛 ·· 12	

体上无长毛或长毛丛 ·········	13
12. 腹足趾钩单序中带 ·········	灯蛾科 Arctiidae
腹足趾钩双序中带 ·········	枯叶蛾科 Lasiocampidae
13. 体上常有纵条纹，部分种类腹部第1节或第1~2节的足退化 ·········	夜蛾科 Noctuidae
体无纵条纹，腹足无退化 ·········	14
14. 体密被短毛和黑色小粒点 ·········	粉蝶科 Pieridae
体上无密毛 ·········	15
15. 体粗壮，常被带刺瘤突 ·········	天蚕蛾科 Saturniidae
体细长，常被肉状突或枝刺 ·········	蛱蝶科 Nymphalidae

4. 鳞翅目幼虫常见科的主要鉴别特征 结合《普通昆虫学》教材相关内容，观察以下常见科幼虫的主要形态鉴别特征。

（1）蓑蛾科　体外附有植物枝条、叶片或其他物质碎片织成的巢袋，胸足发达，腹足趾钩单序缺环。

（2）刺蛾科　幼虫蛞蝓型，体上多枝刺，胸腹足退化。

（3）尺蛾科　体细长，腹部仅有2对腹足。

（4）枯叶蛾科　体上密被次生刚毛，常有下伸的侧缘毛，前端数节有亚背毛簇或背瘤突，腹足趾钩双序中带。

（5）天蚕蛾科　体粗壮，有枝刺或带刺瘤突，上唇有倒"V"形缺刻。

（6）蚕蛾科　左右腹足相互离开，第8腹节背面有1个尾突。

（7）天蛾科　左右腹足相互靠近，第8腹节背面有1个尾突。

（8）舟蛾科　臀足消失或特化为细长的枝足，受惊扰时常头尾举起。

（9）毒蛾科　体密被次生刚毛，腹部第6~7节背面各有一翻缩腺。

（10）灯蛾科　体上次生刚毛多以毛丛形式长于毛瘤上，背面无翻缩腺。

（11）夜蛾科　真蠋型，体多具纵条纹，部分种类腹部第1节或第1~2节的足退化。

（12）弄蝶科　体纺锤形，前胸细瘦如颈状，腹部末端有臀栉。

（13）凤蝶科　体光滑无毛，前胸背部前缘有"Y"形翻缩腺。

（14）粉蝶科　体密被短毛和黑色小粒点，趾钩双序或三序中带。

（15）灰蝶科　体蛞蝓型，第7腹节背面常有一翻缩腺。

（16）蛱蝶科　体无毛或有许多无毒的枝刺；常具头角或尾突1对；部分种类体节有许多横皱纹，中胸或第8腹节背面常有1~2对肉状突。

作业与思考题

1. 比较蝴蝶与蛾类成虫的异同。

2. 编制蝙蝠蛾科、羽蛾科、枯叶蛾科、天蚕蛾科、天蛾科、舟蛾科、夜蛾科、凤蝶科、弄蝶科、粉蝶科成虫分类的二项式检索表。

3. 编制刺蛾科、尺蛾科、天蛾科、蚕蛾科、毒蛾科、灯蛾科、舟蛾科、灰蝶科、凤蝶科、弄蝶科幼虫分类的二项式检索表。

4. 观察蝶与蛾的形态特征，推测其生活习性及分类地位，并查找相关资料进行验证。

综合性实验Ⅴ　校园昆虫多样性调查及鉴定

一、实验目的

学习昆虫标本的采集与鉴定；掌握进行昆虫多样性调查的基本知识。

二、实验器具与试剂

【实验器具】　捕虫网、诱虫灯、收集伞、吸虫器、毒瓶、诱罐、硫酸纸、昆虫针、镊子、毛笔等。

【实验试剂】　乙醇、氨水、乙酸乙酯等。

三、实验内容与方法

1）划分小组，查阅昆虫多样性研究的相关资料，选择调查区域，确定实验方案。

2）利用各种工具和方法，在所选择调查区域内进行昆虫标本的采集和保存，对于一些小而多的昆虫，拍照记录其发生情况（具体操作见本书第七章"普通昆虫学教学实习"）。

3）根据昆虫图鉴等资料，对采集到的昆虫进行简单鉴定，制作统计表（表5-Ⅴ-1）。

表5-Ⅴ-1　某地区昆虫群落组成

目名	科数	科占比	种数	种占比	个体数	个体占比
直翅目						
蜚蠊目						
半翅目						
鞘翅目						
双翅目						
鳞翅目						
膜翅目						
合计						

调查目标为某一类昆虫时也可以科为单位制作统计表（表5-Ⅴ-2）。

表5-Ⅴ-2　某地区蛾类昆虫群落组成

科名	属数	属占比	种数	种占比	个体数	个体占比
螟蛾科						
草螟科						
刺蛾科						
钩蛾科						
尺蛾科						
枯叶蛾科						
天蛾科						
蚕蛾科						

续表

科名	属数	属占比	种数	种占比	个体数	个体占比
波纹蛾科						
瘤蛾科						
舟蛾科						
裳蛾科						
夜蛾科						
尾夜蛾科						
燕蛾科						
合计						

4）利用 Excel 软件进行数据分析。

Shannon-Wiener 多样性指数（H'）计算如下。

$$H' = -\sum P_i \ln P_i$$

式中，P_i 为物种 i 的个体数占总个体数的比例。

Pielou 均匀度指数（J）计算如下。

$$J = H'/\ln S$$

式中，H' 为 Shannon-Wiener 多样性指数；S 为物种数。

Margalef 丰富度指数（R）计算如下。

$$R = (S-1)/\ln N$$

式中，S 为物种数；N 为总个体数。

Berger-Parker 优势度指数（D）计算如下。

$$D = N_{max}/N$$

式中，N_{max} 为优势种的个体数；N 为总个体数。

Jaccard 相似性系数（C_j）计算如下。

$$C_j = c/(a+b-c)$$

式中，a 和 b 分别为群体 A 和 B 的物种数；c 为 A 和 B 共有物种数。

5）对调查结果进行分析总结。

作业与思考题

选择合适的方法，对校园中某一区域的昆虫群落进行调查，制作标本，并撰写调查报告。

第六章 昆虫生态

实验四十四 昆虫发育起点及有效积温测定

一、实验目的

理解有效积温法则，通过实验掌握昆虫发育起点温度与有效积温测定及计算方法。

二、实验材料与器具

【实验材料】 盆栽秧苗（每盆1丛秧苗）、蔬菜、大豆或其他寄主植物，小菜蛾、甜菜夜蛾、大豆蚜等昆虫的幼期某一虫态活体若干。

【实验器具】 恒温培养箱、温度计等。

三、实验内容与方法

（一）步骤

1. 系列温度的调节 在人工控制的恒温条件下，将要测定的某一虫态个体饲养在适温范围内的5个（16℃、20℃、24℃、28℃、32℃）或5个以上不同温度的恒温培养箱内（温度允许误差范围±0.5℃），保持该昆虫不同温度和相同的食料条件。记录各种温度条件下被测虫体经历所发育阶段的发育历期。

2. 发育历期的观察 将供试昆虫的雌成虫接在盆栽秧苗、蔬菜苗或其他寄主植物上，让其产卵，随时检查产卵情况。将带有初产卵的盆栽寄主植物（去除成虫后）分别置于系列恒温培养箱中，每一温度重复5次，卵数在150粒以上，当卵开始孵化时，根据所测定昆虫的发育特性，每隔若干小时检查1次孵化虫数（每次检查完后去除若虫），然后计算各温度条件下卵的平均发育历期。自卵孵化后，初孵幼虫单头饲养并逐日观察记录各龄幼虫在不同温度条件下的发育情况，据此计算不同温度条件下卵和各龄幼虫的发育起点温度与有效积温。

（二）计算

1. 计算公式 昆虫与其他生物一样，完成其不同的发育阶段需要累积一定的热能，即所需的热能为一常数，以发育时间（D）与发育期的平均温度（T）的乘积表示所需的热能，称为积温常数（K'），单位为日·度（$D·℃$），即 $K'=DT$。

但昆虫各发育阶段只有达到发育起点温度（C）时才开始发育，积温在发育起点以上的温度称为有效积温，昆虫完成某一发育阶段所需要的有效积温是1个常数，即

$$K=D(T-C)$$

式中，K 为有效积温；D 为完成某一生长发育阶段或整个世代所需要的时间，单位为 d 或 h；T 为该期平均温度；C 为发育起点温度。

将发育速率 $V=1/D$ 代入上式可得到：

$$T=C+KV$$

一般通过室内试验，可得到在不同温度（T_1、T_2、T_3、…、T_n）条件下昆虫各发育阶段的发育时间（D_1、D_2、D_3、…、D_n），并计算出各自的发育速率（V_1、V_2、V_3、…、V_n），按照统计学上的最小二乘法可求出昆虫的发育起点温度（C）和有效积温（K）：

$$C = \frac{\sum V^2 \sum T - \sum V \sum VT}{n \sum V^2 - (\sum V)^2}$$

$$K = \frac{n \sum VT - \sum V \sum T}{n \sum V^2 - (\sum V)^2}$$

昆虫发育起点温度（C）和有效积温（K）的标准差分别为 S_C 和 S_K：

$$S_C = \sqrt{\frac{\sum(T-T')^2}{n-2}\left[\frac{1}{n}+\frac{\overline{V}^2}{\sum(V-\overline{V})^2}\right]}$$

$$S_K = \sqrt{\frac{\sum(T-T')^2}{n-2\sum(V-\overline{V})^2}}$$

式中，$\overline{V}$ 为该实验所得的 V 的平均值；T' 为发育起点温度的理论值。

2. 计算结果 以甜菜夜蛾为例，将实验结果记载于表 6-44-1。

表 6-44-1 不同恒温条件下卵和幼虫的平均发育历期

虫期		温度/℃				
		16	20	24	28	32
卵期	平均历期					
	平均发育速率					
幼虫期	1 龄 平均历期					
	平均发育速率					
	2 龄 平均历期					
	平均发育速率					
	3 龄 平均历期					
	平均发育速率					
	4 龄 平均历期					
	平均发育速率					
	5 龄 平均历期					
	平均发育速率					

注：平均历期（D）的单位为 d；平均发育速率（V_1）=$1/D$

按照表 6-44-2 的统计方法计算表 6-44-1 的实验数据，并将发育起点温度与有效积温等相关结果填入表 6-44-2。

表 6-44-2 实验结果的一元线性回归统计表

统计项	统计值	统计项	统计值
$\sum V = \sum_{i=1}^{n} V_i$		$SS_V = \sum V^2 - \frac{1}{n}(\sum V)^2$	

统计项	统计值	统计项	统计值
$\sum V^2 = \sum_{i=1}^{n} V_i^2$		$SS_T = \sum T^2 - \frac{1}{n}(\sum T)^2$	
$\bar{V} = \sum V / n$		$SP = \sum VT - \frac{1}{n}(\sum V)(\sum T)$	
$\sum T = \sum_{i=1}^{m} T_i$		$r = \frac{SP}{\sqrt{SS_V \cdot SS_T}}$	
$\sum T^2 = \sum_{i=1}^{m} T_i^2$		$K = SP / SS_V$	
$\bar{T} = \sum T / m$		$C = \bar{T} - K\bar{V}$	
$\sum VT = \sum_{i=1}^{n} V_i T_i$			

注：SS_V 等价于 V 的方差计算，也便于后续 C、K 计算；SS_T 等价于 T 的方差计算；SP 等价于 V 和 T 乘积的方差计算；r 为 T 与 V 的相关系数；有 m 组温度。

按照表 6-44-2 的统计方法计算，将发育起点温度与有效积温的标准差（S_C 和 S_K）的计算项填入表 6-44-3 中。根据上文介绍的标准差计算公式分别计算 S_C 和 S_K。

表 6-44-3 标准差 S_C 和 S_K 的计算项

T/℃	V	T'	$(T-T')^2$	$(V-\bar{V})^2$
16				
20				
24				
28				
32				
总计				

作业与思考题

1. 计算所测定卵或幼虫的发育起点温度和有效积温，列出温度与供试昆虫发育速率的线性回归式。

2. 预测在温度分别为 18℃、22℃、26℃、30℃时供试昆虫卵或幼虫的发育天数。

实验四十五　昆虫生命表制作及参数计算

一、实验目的与原理

（一）目的

掌握昆虫种群生命表的基本类型、生命表的组建及其分析方法。

（二）原理

生命表是按照种群生长的时间或种群的年龄（发育阶段）顺序，系统记述种群个体的死亡（或存活）和生殖率的方法。种群生命表主要有特定时间生命表和特定年龄生命表两种形式。

1. 特定时间生命表　　在年龄组配稳定的前提下，以特定时间为单位间隔，系统记录种群个体的生存（或死亡）、生殖情况，统计各时间间隔的存活率、生殖率等组建的生命表称为特定时间生命表。这种生命表一般适用于世代连续（重叠）的实验种群，如蚜虫、粉虱等。特定时间生命表可用来估计种群的内禀增长率 r_m、相应的周限增长率 λ 和净增值率 R_0，也可用来建立种群模型——指数增长模型和 Leslie 矩阵模型。

2. 特定年龄生命表　　以种群的年龄（虫态、龄期）作为划分时间的标准，系统观察记录不同发育阶段或年龄区组中个体的死亡数、死亡原因、生殖情况等，统计死亡率、死亡原因及成虫阶段的繁殖数量等组建的生命表称为特定年龄生命表。这种生命表适用于世代离散（不重叠）的种群，特别适用于自然种群。

特定年龄生命表可用来分析影响种群数量变动的关键因素、关键虫态，也可用来估算种群趋势指数和组建预测模型。在特定时间生命表中又分为生命期望生命表和生殖力生命表两种形式：前者主要用作人类生命表，后者常用作昆虫生命表。

二、实验材料与器具

【实验材料】　　大豆蚜、豆苗等。

【实验器具】　　光照培养箱、罩笼、毛笔、培养皿等。

三、实验内容与方法

编制特定时间生命表，可以通过实验种群法或自然种群抽样调查法取得。实验种群法包括田间接种法（钻蛀性种群采用 1 次接种，分次抽样法；外露性种群采用 1 次或多次接种，多次抽样法）和室内饲养法（单头处理）。

1）每人选择盆栽大豆苗（2~3 片复叶）1 株，每株接取孤雌胎生成蚜 5~10 头（每片真叶或单叶接 1 头），用纱罩罩好，放置于光照培养箱中（温度 20℃，L：D=14：10）。

2）翌日早晨记录所产仔蚜数，作为初始虫数，同时将所接全部成蚜去除。此时的时间记为 0。

3）以后每日调查 1 次大豆蚜的存活头数、成蚜新产仔蚜数，并将每雌所产仔蚜计数后去除，罩内始终保留开始接种的蚜虫，直至所有蚜虫死亡为止，将实验数据记入表 6-45-1 和表 6-45-2。

表 6-45-1　生命实验结果记录表

虫号	日期（月/日）	存活蚜数/头	产仔量/头	…	备注
1					
2					
…					

表 6-45-2　大豆蚜各虫态存活数和产蚜数记录表

日期（月/日）	1 龄若虫	2 龄若虫	…	成虫	产蚜数	备注

4）组建生命表及分析。整理原始记录后，以全班的平均结果组建大豆蚜种群特定时间生命表（生殖力生命表，表 6-45-3）。生命表组成要素及参数计算方法如下。

表 6-45-3　大豆蚜种群生命期望表

x	l_x	d_x	q_x	L_x	T_x	e_x	m_x

注：x 为按一定时间划分的期限（如日、周、月）；l_x 为在 x 期开始的存活数，由观察得到；d_x 为在 x 期限内（$x \to x+1$）的死亡个体数，$d_x = l_x - l_{x+1}$；q_x 为在 x 期限内的死亡率，$q_x = d_x / l_x$；L_x 为在 x 到 $x+1$ 期限内的平均存活个体数，$L_x = (l_x + l_{x+1})/2$；T_x 为自 x 期限后的平均存活个体数的累计数，$T_x = \sum L_x$；e_x 为在 x 期开始时的平均生命期望值或平均余生，$e_x = T_x / l_x$；m_x 为在 x 期限内存活的平均每个雌成虫所产生的雌性后代数

根据生命表资料，可求出种群的下列参数：

净增殖率 $R_0 = \sum\limits_{x=0}^{\infty} l_x m_x$

世代周期（平均寿命）$T = \dfrac{\sum x l_x m_x}{R_0}$

内禀增长率 $r_m = \dfrac{\ln R_0}{T}$

周限增长率 $\lambda = e^{r_m}$

年龄特征生育率 $f_x = S_x m_x$

存活率 $S_x = \dfrac{L_{x+1}}{L_x}$

射影矩阵 $m = \begin{bmatrix} f_0 & f_1 \cdots f_k \\ S_0 & 0 \\ 0 & S_1 \\ & & S_{k-1} & 0 \end{bmatrix}$

5）结合成蚜年龄特征繁殖力 m_x，组建大豆蚜种群生殖力生命表（表 6-45-4）。

表 6-45-4　大豆蚜种群生殖力生命表

x	l_x	m_x	$l_x m_x$	$x l_x m_x$

作业与思考题

1. 根据生命表信息，计算大豆蚜实验种群内禀增长率 r_m、净增殖率 R_0、周限增长率 λ 和世

代周期 T，建立大豆蚜种群指数增长模型和 Leslie 矩阵模型。

2. 绘制大豆蚜种群生存曲线并分析其结果。

综合性实验Ⅵ　农田昆虫分布型的调查与数据统计分析

一、实验目的与原理

（一）目的

通过实验掌握农田昆虫种群空间分布的调查方法，利用频次分布法对调查种群的空间分布型进行拟合。

（二）原理

昆虫种群空间格局是指种群内个体在一定空间内扩散分布的形式，由物种的生物学特性及栖息地内的生物和非生物条件所决定。种群的空间分布型因物种、虫期、虫龄、种群密度及环境条件而异，但就某一昆虫种类来说，其分布的变化是有一定规律的。研究种群的空间格局，可以揭示种群的空间结构，有利于确定或改进抽样方法，也可对研究对象资料的分析提出适当的数据统计和处理方法，对昆虫种群动态的预测也有一定的指导意义。

判断昆虫种群空间分布型的经典方法是频次分布法。它首先根据实测种群各样方中的总样方数和个体数，计算出各已知分布不同类型样方出现的理论概率和理论频次，再用卡方检验方法分别检验各样方种类的实测频次与各种分布型的理论频次的吻合程度，凡在 $P=0.05$ 水平无显著差异的，即认为该实测种群的空间分布符合拟合的理论分布，从而测定得到种群的空间分布格局。

离散分布的理论拟合是昆虫种群空间格局研究的重要内容。每个样方出现的个体数构成随机变量序列，然后检验此序列可拟合某一个（或多个）理论概率分布。昆虫种群的空间分布主要表现为随机分布和聚集分布两种类型。

1. 随机分布的拟合　　在呈随机分布的种群内，个体独立、随机地分配到可利用的每个空间单位中，每个个体占空间的任一点的概率是相等的，并且任何一个个体的存在都不影响其他个体的分布。适合于随机分布的理论概率型可用泊松分布型来拟合，其不同样方出现的概率式为

$$P_r = \frac{m^r}{r!} e^{-m}$$

式中，P_r 为具有 r 个个体的样方占总抽样样方的比率，即 r 样方出现的概率；m 为调查的所有样方中平均每个样方的个体数；r 为样方类型，$r=0, 1, 2, 3, \cdots, n$；e=2.718 28，为自然对数的底。各类型样方出现的频次为 $f'_r = N \times P_r$（N 为调查的总样方数）。

对不同类型样方的理论频次进行递推可得到简化的频次求算式：

$$f'_r / f'_{r-1} = NP_r / (NP_{r-1}) = \left(\frac{m^r}{r!}\right) \Big/ \left[\frac{m^{r-1}}{(r-1)!}\right] = \frac{m}{r}$$

因此，得到 f_0 后，可简单地求出各类样方出现的理论频次。

2. 聚集分布的拟合　　昆虫种群的分布很少呈随机分布，大多数种群的个体呈聚集分布。呈聚集分布的种群，其样本平均数显著小于方差。通常由若干个体组成一定的个体群，最后形成各种不同的类型。适于描述聚集分布的理论概型较多，如负二项分布和核心分布等，下面分别介绍其理论概率的计算方法。

（1）负二项分布　　种群内一个或多个个体的存在会显著影响其他个体在该样方中的出现概

率。因此个体分布疏密相嵌，很不均匀，又称嵌纹分布，其各类样方出现的理论概率计算式为

$$P_r = \frac{(K+r-1)!}{r!(K-1)} \times \frac{P^r}{Q^{K+r}}$$

式中，$P = \frac{S^2}{\bar{x}} - 1$；$Q = P+1$；$K$ 值的估计可用矩法和零频率法，其中矩法较为简单，但估计结果也相对粗略。零频率法适合于 0 样方较多的种群。本实验采用矩法求 K，其计算式为

$$K = \frac{\bar{x}}{P} = \frac{\bar{x}^2}{S^2 - \bar{x}}$$

式中，S^2 为平均数的方差；$\bar{x}$ 为样方平均数；K 为参数。

（2）奈曼分布　种群内个体形成无数大小相似的核心（个体群），个体群之间是随机分布的，又称为核心分布。分布的理论概率式为

$$P_0 = e^{-m_1(1-e^{-m_2})} \qquad r=0$$

$$P_r = \frac{m_1 m_2 e^{-m_2}}{r} \sum_{i=0}^{r-1} \frac{m_2^i}{i!} P_{(r-i-1)} \qquad r>0,\ i \leqslant r-1$$

式中，$m_1 = \frac{(n+1)\bar{x}}{m_2}$；$m_2 = \frac{(n+2)(S^2-\bar{x})}{2\bar{x}}$；$n$ 为参数，可取 0，1，2…，昆虫种群一般 $n=0$；m_1 相当于集团内的平均个体数；m_2 相当于抽样单位内的平均集团数；r 为各样方内的虫数；e=2.718 28，为自然对数的底；i 为求和符号 $\sum$ 内各计算项数。

二、实验材料与器具

【实验材料】　　活体蚜虫、有蚜虫发生的作物田块（大于 1000 m²）。
【实验器具】　　记录本、计算器、Data Processing System（DPS）等统计分析软件。

三、实验内容与方法

1）选择有蚜虫发生的田块，随机取 200 片叶。检查每片叶上的蚜虫数量，并以叶片为样方单位进行记录。

2）调查完后按表 6-Ⅵ-1 整理出调查的所有样方种类数、各种类样方出现的总次数、每样方中蚜虫的平均数量、平均数的方差等。

3）总结出不同样方的频次分布表（表 6-Ⅵ-1）。

表 6-Ⅵ-1　农田蚜虫种群空间出现频次分布表

样方虫数（x）	出现频次（f）	fx	x^2	fx^2
0				
1				
2				
3				
…				

4）根据频次分布表、平均数与方差，拟合出种群属于随机分布的各理论频次，并进行卡方检验，验证蚜虫种群是否符合随机分布。注意卡方检验时的自由度 df，随机分布为 $n-2$，其他两种分

布为 $n-3$，n 为样方种类数。如果出现理论频次少于 5 或 2 的样方类型，则该样方类型必须与以后的各样方类型进行合并，求出该样方的理论频次。如果合并后的理论频次仍少于 5 或 2，则将该样方类型及以后的类型均合并到前一样方类型中。样方类型种数以合并后的样方种数为准。

5）卡方检验和查卡方表。卡方检验时，实际频次与理论频次间的卡方（χ^2）值的计算公式为

$$\chi^2 = \sum_{i=0}^{k} \frac{(Q_i - T_i)^2}{T_i}$$

式中，Q_i 为 i 类型样方实际出现的频次；T_i 为 i 类型样方理论出现的频次；i 为样方类型。

如果 χ^2 大于在一定自由度下的卡平方值，则说明实测频次与理论频次存在显著差异，测定种群不符合该种分布，需用其他分布类型拟合；反之，则说明差异不显著，该种群符合该种分布。

6）在 DPS 等统计分析软件中，对所调查的频次分布表进行其他空间分布型的拟合。根据调查数据，拟合出随机分布、负二项分布和核心分布的理论频次，并与实测值进行卡方检验，得出调查的蚜虫种群的空间分布格局。

作业与思考题

1. 根据所调查数据，拟合出随机分布、负二项分布和核心分布的理论频次，并与实测值进行卡方检验，得出调查的蚜虫种群的空间分布格局。

2. 分析实验中哪些因子会对实验结果产生不利影响，如何消除其影响？

第七章　普通昆虫学教学实习

实习一　昆虫标本的采集

本实习彩图

昆虫标本是教学和科研的重要材料，采集昆虫标本是学习和研究昆虫的基础工作，是昆虫学研究者必须掌握的专门技术。昆虫种类繁多、生活习性和生活环境复杂，要想得到大量、理想的标本，必须借助一定的采集工具并掌握相应的采集技术。

一、实习目的

掌握昆虫标本采集工具的使用方法，学会如何采集昆虫标本。

二、实习要求

每人采集和鉴定昆虫标本 18 目 100 科共 1000 头，并根据采集过程和结果，写出实习报告；同时，每人撰写 1 份关于实习过程中对于基础理论和专业技能等方面收获的实习总结。

三、实习内容

（一）采集工具

常用的采集工具有昆虫网、收集伞、吸虫器、毒瓶、诱虫灯和贝氏漏斗等（图 7-1-1）。

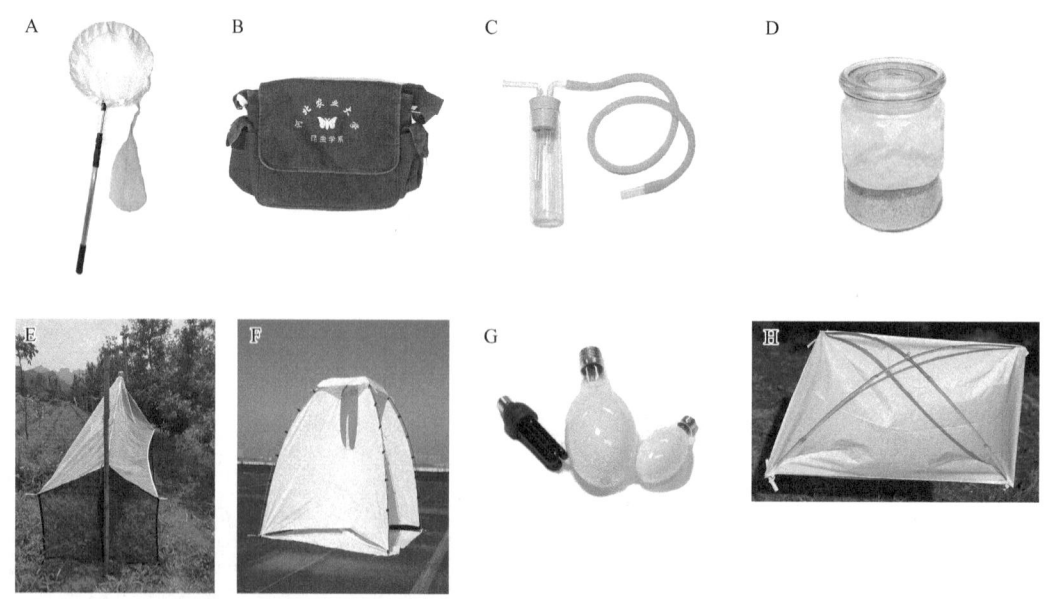

图 7-1-1　常用昆虫采集工具（一）
A. 捕网；B. 采集包；C. 吸虫器；D. 毒瓶；E. 马氏网；F. 诱虫帐篷；G. 诱虫灯泡；H. 收集伞

1. 昆虫网　　昆虫网可分为捕网、扫网、水网和挂网 4 种。

（1）捕网　　用来捕捉正在飞行或停息的活泼昆虫。网要轻便、不兜风，并能迅速、准确地从网中取出被捉昆虫。网袋用料应为薄、细、透明的白色或淡色织物，如尼龙纱或珠罗纱等。网口需要用结实的白布或亚麻布进行加固。网柄可用木杆或铝合金、不锈钢管等制成，长度根据需求而定，铝合金和不锈钢材质的可制成伸缩式。

（2）扫网　　用来扫捕草丛、灌木等低矮、茂密植被上的昆虫。网柄较短，一般为 50 cm；网袋用较结实的白布或亚麻布等制作，网袋在底部也可留 1 个口，使用时扎紧，扫到虫后打开，倒出扫集物；也可在口上缝上松紧带，套 1 个透明塑料管，把扫集物集中到管中，便于观察和换取塑料管，再继续扫捕。

（3）水网　　用来捞捕水栖昆虫，以铜纱或尼龙纱制成。网柄要长些，网圈和网柄都要结实，才不会因水中阻力大而折断。水网形式多样，可根据需要设计。

（4）挂网　　最常用的为马氏网，用来收集日出性、活跃的昆虫，特别是有向上爬行习性的膜翅目和双翅目昆虫。

2. 收集伞　　用于采集有假死性的或小型昆虫。收集伞可设计成可折叠的伞形框架或方形框架，伞布选用牛仔布或其他较厚的布料，使用时用木棍敲打植株，使昆虫落到伞布上后再进行收集。

3. 吸虫器　　对于蓟马、蚜虫、木虱等不易夹取的微小型昆虫，可用吸虫器来采集。吸虫器由较粗的玻璃管或试管、软木或橡皮塞、吸气管和吸虫管组成，吸气管的入口端有滤网，防止将昆虫吸入口内。

4. 毒瓶　　采集到的昆虫，除需要饲养的以外都要杀死，杀死越快标本越完整。因此毒瓶是不可缺少的采集用具。

制作毒瓶时要选择优质的广口玻璃瓶（管），配上能够密封的盖子。常用的毒剂有乙酸乙酯、三氯甲烷、四氯甲烷和敌敌畏等药物。一般在瓶底加木屑或棉花，压平压紧后铺上软木垫或硬纸板，再铺上滤纸，使用前用滴管加入药剂。毒瓶应保持清洁，瓶中放些纸条，既可以防止昆虫相互摩擦而损坏标本，还可吸去多余水分。鳞翅目昆虫要使用单独的毒瓶，以免与其他昆虫混在一起而弄坏标本或沾污其他昆虫。

> **小贴士**
> 在制作毒瓶时，室内要通风，不接触皮肤；要在毒瓶壁上贴"有毒"或"剧毒"标志；毒瓶要有专人保管，有严格的借用制度；野外采集时，意外打碎毒瓶后，要用镊子将瓶内药物夹入另一空瓶（管）中，盖严瓶塞，并将碎瓶包好用塑封袋密封，带回学校处理。

5. 诱虫灯　　诱虫灯可用波长在 360 nm 左右的黑光灯或 150～450 W 的白炽灯、汞灯等，灯下挂上白布或直接使用配套的诱虫帐篷。

6. 贝氏漏斗　　贝氏漏斗是 1 种附加有驱赶作用的集虫器，对收集土壤或枯枝落叶层中的微型至小型无翅昆虫特别有效。

7. 采集包　　一般为帆布单肩包，内有多个夹层，用来盛放毒瓶及小型采集工具。

8. 其他常用工具　　其他常用工具包括手持放大镜、镊子、试管、毛笔（毛刷）、铅笔、标签、记录本、白纸等，根据需要还可携带折刀、剪枝剪、手铲、手锯和植物标本夹等（图 7-1-2）。

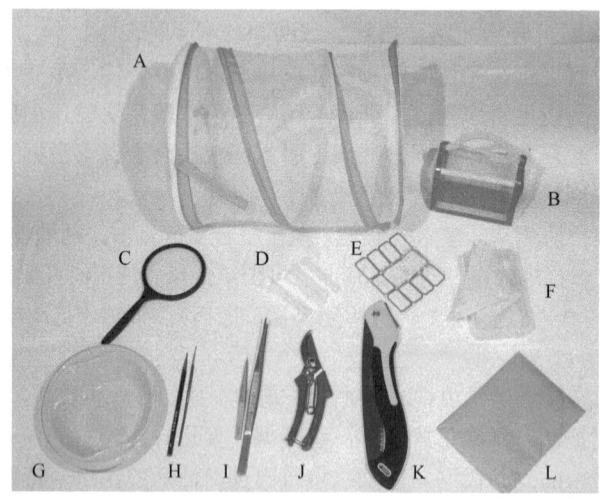

图 7-1-2 常用昆虫采集工具（二）
A. 蝴蝶笼；B. 昆虫暂存笼；C. 手持放大镜；D. 试管；E. 标签；F. 三角纸袋；G. 诱集黄盘；H. 铅笔和毛刷；I. 镊子；J. 剪枝剪；K. 手锯；L. 棉花包

（二）采集时间和地点

1. 采集时间 昆虫种类繁多，生活习性、年发生代数、出蛰时间、越冬时间等因昆虫种类和地区而异。低纬度和低海拔地区比高纬度和高海拔地区温暖，一年中昆虫活动的季节长，适宜采集的时间多。一般日出性昆虫从 10 点至 15 点活动最盛，最适合采集，但有些种类黄昏时才开始大量活动；夜出性昆虫则在夜间活动。所以最适合采集昆虫的时间应依种类和地域而论，任何季节和时间都可采到昆虫。

2. 采集地点 昆虫分布广泛，在地面和土中、水面和水中、动植物体的内外，以及一些垃圾和腐烂物质中都可采到昆虫。只要全面、认真、细致地采集，就可获得大量的标本。初学者往往只注意采集大型、美丽、活泼的昆虫，忽视小虫的采集（而昆虫中小型的种类远远多于大型的种类），或者 1 种昆虫只采 1 头或几头，这是不恰当的。

要定向采集某类昆虫就必须充分了解其生态习性，到它所喜欢的环境中去采集。例如，弹尾目和双尾目昆虫喜潮湿，多生活于砖石下、落叶中；蜉蝣在黄昏时靠近水边成群飞舞，晚间在灯下活动，多停在光源附近的窗上、墙上；飞蝗多生活在草丛、农田中；蝼蛄生活在地下，在土中做隧道穿行；蓟马多生活在植物叶片和果实上，花中最容易找到；蚜虫多生活在叶片和枝条上；步甲白天多待在砖石下，夜间出来活动；蝶类白天活动，蛾类大部分夜间活动等。采集时要注意观察记录，注意采集时期、被害状、被害植物及天敌昆虫等。

（三）采集方法

昆虫种类繁多，生活环境多样，生活习性复杂。要想获得大量标本，除了选用适当的采集工具和选择适宜的采集时间外，还要掌握一定的采集技术和方法。另外，对于列为国家重点保护野生动物的种类，采集前需经相关部门的许可。对于不同的昆虫，应根据其栖境和习性采用适当的采集方法。常用的有网捕、震落、搜索、诱集、陷阱和筛离等方法。

1. 网捕 会飞善跳的昆虫不论是活动还是静止时都应网捕。昆虫进网后要立即封住网口，方法是随扫网的动作顺势将网袋向上甩或迅速翻转网口使网圈与网袋叠合。昆虫入网后应先将网的中部附近捏住，装入毒瓶，切勿先从网口往里看——易导致昆虫逃脱。蝶类翅大、易破，可以隔网捏住胸部，渐加压力，使其不能飞行时，再取出放入毒瓶或三角纸袋中。草丛中的小型昆虫可用扫网捕捉，小虫和杂物集中在网底，然后将网底塞入毒瓶，待昆虫毒死后倒出，进行分离；也可将网中的捕集物装入指形管中后再毒杀和分离。

被马氏网采集的昆虫直接落入顶端的收集瓶中，收集瓶中通常加入乙醇，按时收集。对于水生昆虫的幼体，可根据其栖息环境用水网采集，标本放入乙醇等保存液中保存。

2. 震落 许多有假死性的昆虫，一经震动就会掉落，可用收集伞进行采集，或在树底下铺白布单、薄膜或白纸等，敲打或震动植物以震落昆虫。

应及时收集落下的昆虫，否则它们将会很快恢复活动，爬离或飞走。

3. 搜索 许多小型昆虫和一些处在越冬期、蛹期或不活动时间的昆虫都有一定的隐蔽性，必须仔细搜索才能找到。一般在树皮缝隙中、砖石及枯枝落叶下都可采到大量昆虫。

4. 诱集 利用昆虫的趋光性和趋化性采集昆虫是简便有效的方法，常用的有灯光诱集、色板或色盘诱集和气味诱集等方法。

（1）**灯光诱集** 最好在闷热、无月的夏日晚上。挂灯地点最好选在林区、花园或杂草和灌木丛生的地方，要求四周比较开阔。如果灯诱水生昆虫，灯应挂在溪流、湖泊、池塘或沼泽附近。为了便于收集昆虫，灯诱时常在灯旁挂 1 块白布或使用相应的诱虫帐篷。

（2）**色盘诱集** 利用昆虫对颜色的敏感性进行采集，最常见的是用黄盘诱集蚜虫、跳小蜂和黑卵蜂，用蓝盘诱集蓟马等。诱集时，盘放于地表面或埋入地里，让盘沿与地表面平齐，盘内装半盘水，滴加几滴液体洗涤剂，再加入一些食盐或丙二醇，最好每天收集盘内昆虫，然后用自来水反复漂洗干净，最后用乙醇保存。当然，不同昆虫对颜色的反应不同，也可以尝试用其他颜色来引诱各种昆虫，可能会收到事半功倍的效果。

（3）**气味诱集** 利用昆虫的趋化性来采集昆虫。例如，利用性诱剂诱集蛾类，利用腐肉吸引蝇类，利用糖醋液诱集昆虫，也可利用烂水果等其他发酵物质进行诱集。

5. 陷阱 陷阱主要用来采集甲虫、蚂蚁、蝼蛄、蟋蟀和蟑螂等地面爬行的昆虫，特别是当陷阱中放入食诱剂时，效果更佳。例如，在陷阱中加入少量啤酒、甜酒、酒糟或酸奶时，可诱到更多的昆虫。

6. 筛离 用贝氏漏斗或温氏漏斗来筛离。将土壤或枯枝落叶放到漏斗的筛网上，接通电源，土壤或落叶就会因受热变干，其中的小昆虫就往下爬，最终落入漏斗下面的收集瓶内。漏斗内的温度要控制在 35~40℃，不可过高。

（四）昆虫标本的暂时保存方法

野外采集到的昆虫标本，应及时妥善保存起来，以便随后带回室内整理制作。常用方法有乙醇浸液、三角纸袋和棉花包 3 种。

1. 乙醇浸液 一般用 75%~90%乙醇溶液，也可加 1%~2%甲醛或甘油，浓度依虫体大小和含水量而异。微型和小型昆虫用 75%乙醇溶液即可；大型昆虫和全变态类的幼虫体内含水量高，最好用 80%~85%乙醇溶液；水生昆虫的幼虫或稚虫，最好用 85%~90%乙醇溶液。如果采集的标本是用于研究昆虫的 DNA，最好选择无水乙醇。除鳞翅目、脉翅目、蜻蜓目和毛翅目成虫不适于放入乙醇浸液中保存外，其他虫态和类群基本上均可在乙醇溶液中临时保存或长期保存。

> **小贴士**
>
> 虫体微小的昆虫，最好单独放在指形管内浸存，不要与其他大型昆虫混杂在一起，以免日后难以查找。蜉蝣成虫或稚虫等昆虫标本很脆弱，晃动会造成标本破损，故小瓶内要注满保存液且不留小气泡，如有气泡，最好用注射器吸走。

2. **三角纸袋** 三角纸袋（图7-1-3）是用长方形的纸折成三角形小包，可以包装各种昆虫，常用来临时或长期保存鳞翅目、脉翅目、蜻蜓目和毛翅目成虫。三角纸袋要放到三角盒内，防止挤压和折叠，避免标本被损坏。标本装好后，在口盖上注明采集的方法、时间、地点（经纬度和海拔）、寄主和采集人等。

3. **棉花包** 棉花包是用长方形的脱脂棉块外包1层光面纸和1层牛皮纸做成。将标本整齐地放在棉层上后，盖上1块光面纸，然后注明采集时间、地点、寄主和采集人。棉花包较适合于临时保存微小标本，特别是经毒瓶杀死的微小标本，避免放到乙醇内褪色。也可用来保存中小型标本，这时就同三角纸袋一样，需对标本注射一些防腐剂。同样，标本也需放到通风处和防止被蚂蚁或其他昆虫咬食。

图 7-1-3　三角纸袋和蝴蝶

>  **小贴士**
>
> 若三角纸袋内的标本要临时存放几天，应注意：①要给鳞翅目、脉翅目和毛翅目昆虫的胸部和腹部注射卡诺氏液（冰醋酸10%+95%乙醇60%+氯仿30%）、凯勒氏液（福尔马林11%+95%乙醇28%+冰醋酸2%+水59%）、潘氏液（福尔马林11%+95%乙醇28%+冰醋酸6%+水55%）、乙醇、乙酸乙酯或三氯甲烷等，要给蜻蜓目昆虫注射丙酮，或将蜻蜓标本用丙酮浸泡30～60 min，晾干后再放入三角纸袋内；②标本要放在通风处，以防长霉菌；③防止标本被蚂蚁或其他昆虫咬食。

 作业与思考题

1. 常用的标本采集工具有哪些？
2. 请列举至少5种常用昆虫采集方法。
3. 野外昆虫标本临时保存的方法有哪些？

实习二　昆虫标本的制作与保存

为使昆虫标本长期保存、便于使用，采集的昆虫标本都需进行整理，制作成各种形式的标本。制作的昆虫标本要求完整、干净、美观，尽量保持其自然状态。因此，要有合适的技术、工具和方法。

一、实习目的

掌握常见昆虫标本的制作方法，以及昆虫标本的保存方法。

二、实习要求

每人制作针插标本50头，微小型昆虫或昆虫组织玻片标本10片，昆虫液浸标本20头。

三、实习内容

(一) 昆虫针插标本的制作与保存

为使昆虫标本能长期保存，便于使用，需要对标本进行整理和制作，并且要求制作出的标本能够完整、干净、美观且尽量保持其自然状态。因此，需要有适用的工具、一定的技术和适当的方法。

1. 制作工具

(1) 昆虫针（图 7-2-1） 昆虫针是用于固定虫体的不锈钢针。按粗细不同可分为 00 号、0 号、1 号、2 号、3 号、4 号、5 号共 7 种。其中，00 号针长 12.8 mm，顶端无膨大的圆头，直径约为 0.3 mm；0 号针、1 号针、2 号针、3 号针、4 号针和 5 号针长约 39 mm，顶端有膨大的圆头，直径分别为 0.3 mm、0.4 mm、0.5 mm、0.6 mm、0.7 mm 和 0.8 mm。常用的是 0～5 号针。00 号针是专门用来制作微小昆虫标本的，也称二重针。中型或大型昆虫的成虫和不全变态昆虫的若虫与稚虫均可直接插针，而小型昆虫或者制成玻片标本，或者用二重针插针，或者放入装有乙醇的指形管中保存。

(2) 三级台（图 7-2-2） 三级台是 1 个有 3 个高度的阶梯形小木块，长度规格不一。三级台的相邻两级高度差为 8 mm，每级中央有 1 个针插小孔。制作昆虫标本时，将昆虫针插入孔内，使虫体和标签整齐、美观。第 1 级高 24 mm，用来规定标本的高度。用双插法和粘制小昆虫标本时，纸三角、软木片和卡纸等都用这级的高度。做标本时，先把针插在标本的正确位置，然后放在台上，沿孔插到底。要求针与虫体垂直，姿势端正。第 2 级高 16 mm，是采集标签的高度。第 3 级高 8 mm，为定名标签的高度。

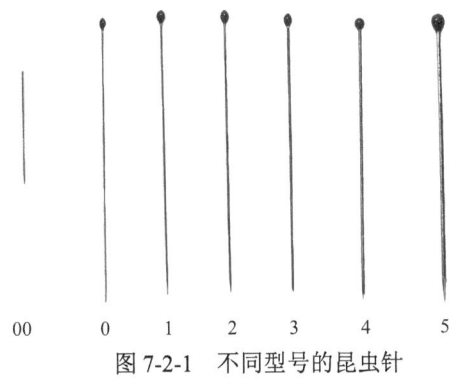

图 7-2-1 不同型号的昆虫针

图 7-2-2 三级台

(3) 整姿台（图 7-2-3A） 整姿台是厚约 3 cm 的长方形软木板或泡沫塑料板。三级台上插好的昆虫标本都可插在整姿台上整理。使虫体与板接触，用针把触角拨向前外方（触角很长的天牛和螽斯等应将触角顺虫体向后展），前足向前，中、后足向后，使其姿势自然、美观。若姿势不好固定，可用针或纸条临时别住，切勿直接把针插在这些附肢上。供展览、绘图和照相等用的标本，宜将附肢伸开摆好。专供研究用的标本，把附肢收回贴于体旁更好，便于携带、保存、节省空间且不易碰坏。经整姿的标本要附上临时标签，待标本充分干燥后才能取下保存。

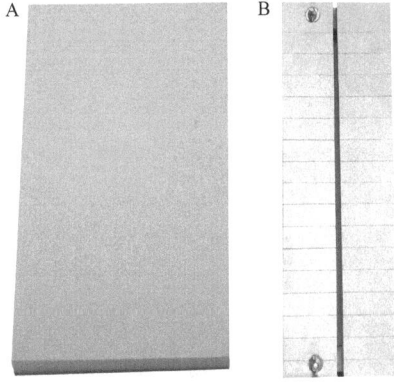

图 7-2-3 整姿台（A）和展翅板（B）

（4）展翅板（图 7-2-3B）　　展翅板是用来给昆虫展翅的"工"字形木架，上面装两块表面略向内倾的木板：一块固定，另一块可以左右移动以调节两板间的距离。木架中央有一槽，铺以软木或泡沫塑料板，以便插针。需进行展翅的标本主要是鳞翅目、脉翅目、蜻蜓目、毛翅目、广翅目、襀翅目、直翅目及部分大型双翅目和膜翅目成虫。

（5）回软缸（图 7-2-4A）　　回软缸是用来使已经干硬的标本重新恢复柔软，以便整理制作的器皿。凡是有盖的玻璃容器（如干燥器等）都可用作回软缸。在缸底放些湿沙，加几滴苯酚以防发霉。将标本置于培养皿中，再放入缸中，勿使标本与湿沙接触。密闭缸口，借潮气使标本回软。回软所需时间因温度和虫体大小而定。回软的标本可以正常整理制作，注意不能回软过度，以免标本变质。

（6）标本盒（图 7-2-4B）　　用于保存针插标本。标本盒材质和规格多样，应根据标本选用不同的标本盒。

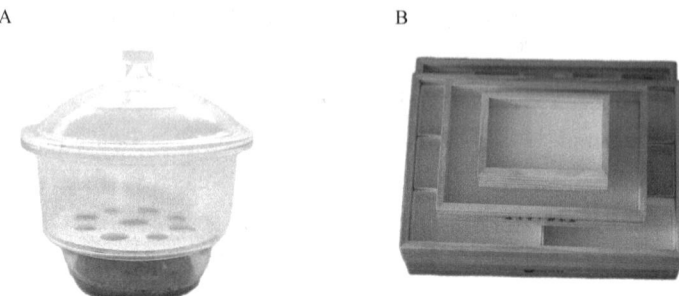

图 7-2-4　回软缸（A）和标本盒（B）

2. 制作步骤　　昆虫针插标本的制作一般分为插针、整姿和干燥 3 个步骤。

（1）插针　　昆虫针一般插在昆虫中胸背板的中央偏右，这样既可保持标本稳定，又不会破坏标本中央的特征。根据分类研究上的需要，不同类群的昆虫针插部位的要求不同（图 7-2-5）。

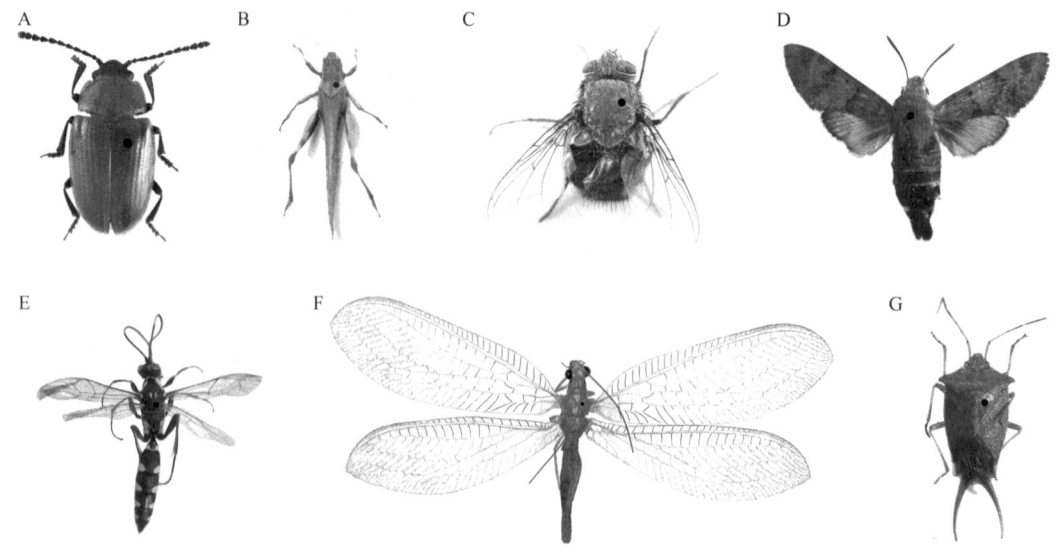

图 7-2-5　昆虫标本插针部位
A. 鞘翅目；B. 直翅目；C. 双翅目；D. 鳞翅目；E. 膜翅目；F. 脉翅目；G. 半翅目

> **小贴士**
> 直翅目的昆虫针插在前胸背板中部、背中线稍右的位置；半翅目中的蜡蝉亚目和蝉亚目，针插在中胸正中央的位置；半翅目异翅亚目的昆虫针插在中胸小盾片中央偏右的位置；鞘翅目的昆虫针插在右鞘翅基部距离翅缝边约 1/4 处；双翅目的昆虫针插在中胸偏右的位置；鳞翅目和蜻蜓目的昆虫针插在中胸背板正中央，经第 2 对胸足的中间穿出；膜翅目和脉翅目的昆虫针插在中胸背板中央稍偏右。

昆虫针插入后，针应与虫体纵轴垂直，且虫体背面与昆虫针顶端圆头的距离是 8 mm。由于不同昆虫薄厚不一，虫体的高低要用三级台来矫正。在第 1 级插好后，倒转针头，在第 3 级插下，使虫体背面距离昆虫针顶端 8 mm，以保持标本整齐和美观，也便于提放。

小型昆虫应用胶水粘在已用昆虫针插好的卡纸或纸三角上。粘虫的胶最好是水溶性的，必要时可以回软取下。体上有鳞片的小蛾子和一些多毛的蝇类，不易粘住，宜用微针插在软木条或卡纸上。

（2）整姿　　昆虫针插好后，要对昆虫标本进行整姿，也就是将昆虫的触角、足、翅和腹部等摆正，使之与其自然状态相同。对于体型较大的昆虫，要特别注意展翅和摆正腹部。展翅前首先将展翅板调到适当宽度，然后把定好高度的标本插在展翅板的槽中，翅基部与板持平，用透明的蜡纸（硫酸纸）或玻璃纸条将翅压在板上，再用针拨动左翅前缘较结实处，使翅向前展开，拨到相应位置为止，用大头针固定；将后翅向前拨动，使前缘基部位于前翅下面，用大头针固定；左翅展好后，再依次拨展右翅；触角伸向前侧方并与前翅前缘大致平行并压在纸条下；腹部应平直，不能上翘或下弯，对于腹部较大的昆虫，腹部容易下垂，须用坚固的纸片或昆虫针来支撑住其腹部（图 7-2-6）。

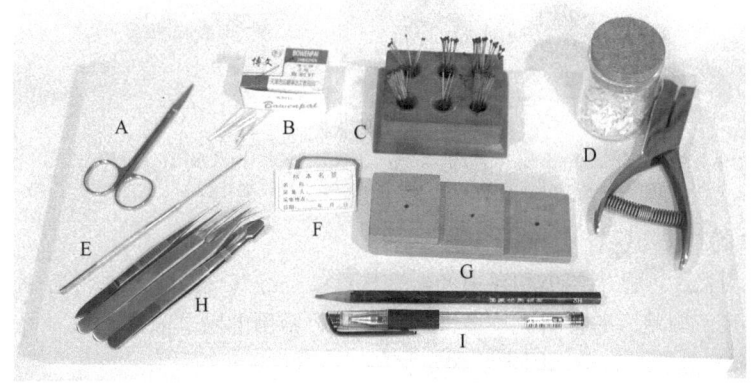

图 7-2-6　针插标本制作工具
A. 剪刀；B. 大头针；C. 昆虫针；D. 三角纸片和打孔器；E. 解剖针；F. 标签；G. 三级台；H. 镊子；I. 笔

> **小贴士**
> 要注意不同类群展翅要求有一定差异：鳞翅目昆虫要求前翅后缘与体躯纵轴垂直；双翅目昆虫一般要求翅的顶角与头顶相齐；膜翅目昆虫前后翅并接线与体躯纵轴垂直；脉翅目昆虫通常以后翅前缘与虫体垂直，然后使前翅后缘靠近后翅，但有些翅特别宽或狭窄的种类则以调配适度为原则；飞蝗、螳螂在分类时需参考后翅的特征，所以制作标本时要把右侧的前后翅展开，使后翅前缘与虫体垂直，前翅后缘接近后翅。

(3) 干燥　　将整姿后的标本放入烘箱内，在 40～45℃条件下间断烘烤至干，或放在风干橱中自然风干。所有针插的干制标本都要附采集标签，否则会失去科学价值。从标签的正中插入，并用三级台的第 2 级高度来矫正采集标签的高度，采集标签应写明采集的时间、地点和采集人等信息。最后，对标本进行归类并装入标本盒保存。

为防止虫蛀，在标本盒的四角常固定有樟脑块，并注意适时更换。为防止长霉，标本盒的密封性要好，最好在标本盒四周贴上密封胶布。最后在标本盒边贴上标签，放入阴凉干燥的标本柜内保存。

（二）微小昆虫玻片标本的制作与保存

微小昆虫如蓟马、蚜虫、蚤、虱和螨类，以及昆虫的某些器官如口器、足、触角、翅和雌雄外生殖器，往往要做成整体封藏的玻片标本才便于在双筒体视显微镜和生物显微镜下观察、研究与鉴定。所以整体封藏玻片的制作是研究昆虫的一项基本操作，需要熟练地掌握。

1. 制作工具（图 7-2-7）　　体视显微镜、镊子、解剖针、吸水纸、培养皿等玻璃器皿、酒精灯、三脚架、乙醇、二甲苯、加拿大树胶、5% 的 KOH 或 NaOH 溶液等。

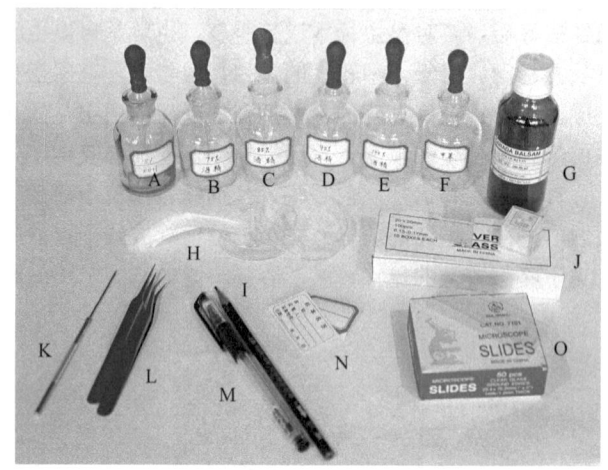

图 7-2-7　玻片标本制作工具
A. 5% KOH 溶液；B～E. 不同浓度的乙醇溶液；F. 二甲苯；G. 加拿大树胶；H. 吸水纸；I. 培养皿；J. 盖玻片；K. 解剖针；L. 镊子；M. 笔；N. 标签；O. 载玻片

2. 玻片标本的制作与保存

（1）杀死与固定　　微小昆虫和昆虫的器官构造，一经解剖或直接取材后应立即用固定液将组织细胞杀死固定。固定后的材料就不会变质、变形。常用的固定液是 70%～75%乙醇溶液。此外也可用 4%的福尔马林或布勒氏固定液固定材料。

（2）软化处理　　由于昆虫体壁都有不同程度的骨化及固定引起的硬挺，为了避免在整姿展翅时使材料损伤，常在固定后用 5% KOH 溶液对材料进行软化处理。软化处理可使材料中骨化程度较高的部位软化，有利于封片前的整姿展翅且不易损伤材料；同时可使色素沉积深的材料脱去部分色素而透明，表现出丰富的层次而利于观察；对体表的蜡质、脏物，体内的脂肪、肌肉起到消蚀溶解的作用，有利于清洁材料而使之洁净。

（3）洗涤　　软化处理后的材料必须用蒸馏水充分漂洗干净。微小材料漂洗 2～3 次，5～10 min/次。较大的材料则多漂洗几次，然后转入 75%乙醇溶液中保存。由于软化处理后的材料较透明又比较柔软，所以洗涤时一般不转移材料，而是用吸水管吸去旧的蒸馏水，注入新的蒸馏水进行洗涤，这样可以避免损伤或丢失材料。

（4）脱水　　制作永久玻片标本时，脱水是很重要的一步，因为最后常用溶于二甲苯的加拿大树胶封片，而二甲苯与水是不相溶的，只要材料中还存有少量的水，封片时一遇到二甲苯就会出现白雾状物，使标本材料浑浊不清而无法观察。

常用的脱水剂为不同浓度的乙醇溶液。脱水时将洗涤过的材料经70%乙醇溶液、80%乙醇溶液、90%乙醇溶液、95%乙醇溶液、无水乙醇逐级脱水，直至材料中所含水分全部置换出来，这样的脱水过程称为梯度脱水。梯度脱水的好处：一是保证脱水彻底；二是避免由脱水过快而引起的材料收缩变形。

脱水时一般也采用不移动材料而置换新液的方法避免损伤及丢失标本材料。

（5）透明　　脱水后的材料为了使其特征清楚、层次分明、镜检时有最佳的折射率，在封片前常进行透明。这时的透明与前面的软化处理有关系。如果经软化处理后材料的透明度好，那么这一步的处理时间不要长；如果软化处理后的材料颜色还偏深、透明度还不够，那么这一步的处理时间可稍长些。

常用于永久玻片标本的透明剂有二甲苯、香柏油、冬青油等。二甲苯的透明能力强，微小昆虫透明约10 min就可以了。经软化处理后透明度高的材料在二甲苯中放置时间短（1～2 min），仅仅是起过渡作用，以便后面用加拿大树胶封藏。

二甲苯处理后的材料会发脆变硬易损坏，所以二甲苯不适宜用于翅透明柔软的昆虫。另外，二甲苯的挥发性强，在北方大风干燥的天气里由于加速了二甲苯的挥发，往往极易造成材料抽缩变形。

（6）整姿　　将透明好的材料放到载玻片上，趁二甲苯尚未干就立即整理姿势，如把触角、足、翅伸展开，而且要避免由二甲苯挥发造成的材料抽缩变形。

（7）滴胶　　在标本上方滴1滴加拿大树胶，注意要轻，胶要适量，以刚好展布整个载玻片与盖玻片之间的空间为准，不能外溢或留有空隙。

（8）封片　　用干净的盖玻片斜放盖在标本上，注意不要用手去压，应靠盖玻片自身质量慢慢盖平。

（9）贴标签　　按载玻片的大小贴一定大小的标签。

（10）干燥　　把玻片标本放在40℃恒温箱中经较长时间的烘烤使胶凝固不动，或放在通风处自然风干，装盒收藏。

> **小贴士**
>
> 以介壳虫玻片标本的制作为例，具体步骤是：①将活介壳虫放入70%乙醇中杀死并固定；②将标本移入10% KOH（或NaOH）溶液中，于80℃条件下水浴至虫体透明（20～30 min）；③用蒸馏水反复漂洗虫体20 min；④将虫体移入染色皿中，用酸性复红染色50～60 min；⑤将经染色的虫体进行 80%乙醇→90%乙醇→95%乙醇→无水乙醇→无水乙醇梯度脱水，每次约3 min；⑥用二甲苯或木馏油透明处理15～30 min；⑦在离载玻片右端30 mm处的正中央滴加少量加拿大树胶，将经过透明处理的虫体放入其中，用解剖针仔细整姿，让其头向前，身体垂直于载玻片的横向，触角向前侧方，前足向前侧方，中足和后足向后侧方；⑧整姿后，再加少许树胶，用镊子夹盖玻片斜放盖下；⑨最后于载玻片的左端贴上标签。
>
> 制作介壳虫玻片标本时要注意：①用10% KOH（或NaOH）溶液对虫体进行透明时，如果体内物质不易被溶解，可用解剖针在胸部和腹部各轻扎1个小孔；②对虫体整姿时，动作一定要快且准，否则树胶一干，前功尽弃；③加盖玻片时，一定要用镊子夹盖玻片轻轻斜放盖下；④一定要掌握好树胶的用量，以刚好展布整个盖玻片为准，不能外溢或留有空隙。

（三）昆虫液浸标本的制作与保存

昆虫的卵、幼虫、蛹及许多成虫都可用保存液来保存。

1. 煮杀与注射　　为使软体昆虫体躯舒展，在投入浸渍液保存以前，应放入开水中煮烫一下。煮的时间视虫体大小、种类及发育程度而定，一般要求煮到虫体僵直为止。在野外采集时直接投入 75%乙醇溶液中保存的蚜虫、蓟马等弱小昆虫，可将标本瓶密闭，隔水加温使虫体伸直。未经煮过的幼虫放在保存液中，虫体往往会收缩、变形，使许多分类特征看不清楚。经过水煮或热浴处理的标本，取出稍晾一下再投入保存液中保存。

对体型较大的昆虫（如飞蝗等），可给活虫注射 4%甲醛溶液。幼虫应饥饿一段时间，使其排空，然后从肛门或腹部节间膜注射 4%甲醛溶液，放入培养皿中几小时，待注射剂渗入体躯各部分后再投入保存液中保存。含水较多的标本在保存液中浸泡约 20 d 后更换 1 次保存液以长期保存。

体柔软小型的昆虫及一般昆虫的卵、幼虫和蛹放入指形管或小瓶中保存，并用铅笔或墨笔写标签投入管（瓶）中，蚜虫等小型昆虫浸在小指形管内，将许多小管浸在大广口瓶中保存更好。教学实验用的大量浸泡标本可放入玻璃缸等容器中密闭保存。

2. 保存液　　保存液一般使用具有防腐和有固定虫体内部组织作用的化学药品配制而成。常用的有下列几种。

（1）乙醇浸渍液　　是含 75%乙醇的溶液。此液保存标本的优点是标本干净、虫体伸展、观察方便，是最常用的保存液；缺点是内部组织较脆，不利于进行内部解剖，如果瓶塞不严，容易挥发。在液中加几滴甘油，可保持虫体柔软。

（2）福尔马林浸渍液　　是含 4%甲醛的溶液。此液配制简单，利于保存解剖用标本。但气味难闻、刺鼻，使人不快，并且标本的附肢容易脱落。

（3）乙酸白糖浸渍液　　用冰醋酸 5 mL、白糖 5 g、福尔马林（含甲醛 40%）5 mL、蒸馏水 100 mL 配制而成。此液对绿色、黄色及红色在一定时间内有保色作用，但浸泡前不能水煮。其缺点是虫体易瘪。

作业与思考题

1. 根据保存方法分类，昆虫标本的类型主要有哪些？
2. 针插标本的制作工具主要有哪些？制作针插标本的注意事项有哪些？
3. 如何制备昆虫液浸标本？
4. 请简述微小昆虫玻片标本制备的注意事项。

实习三　昆虫科学绘图与摄影

本实习彩图

在昆虫学研究中，尤其是形态学和分类学研究中，昆虫整体图和特征图是必不可少的。昆虫形态的科学绘图和昆虫摄影照片，可以将昆虫的外部形态特征进行形象、科学的表达，准确、生动地记录所观察或研究的昆虫，使形象的资料得以传播交流和长期保存，特别是对于那些难以用文字准确表述的形态特征，通过绘图和照片的形式，可获得形象直观的效果，更易为读者所接受和掌握。

一、实习目的

了解昆虫科学绘图的常用工具，掌握昆虫科学绘图的基本步骤和方法；了解昆虫摄影的常用工具，掌握昆虫摄影技法。

二、实习要求

完成 1 幅符合昆虫科学绘图要求的图画，提交昆虫显微照片和生态照片各 5 张。

三、实习内容

（一）昆虫科学绘图

1. 常用工具和材料（图 7-3-1）

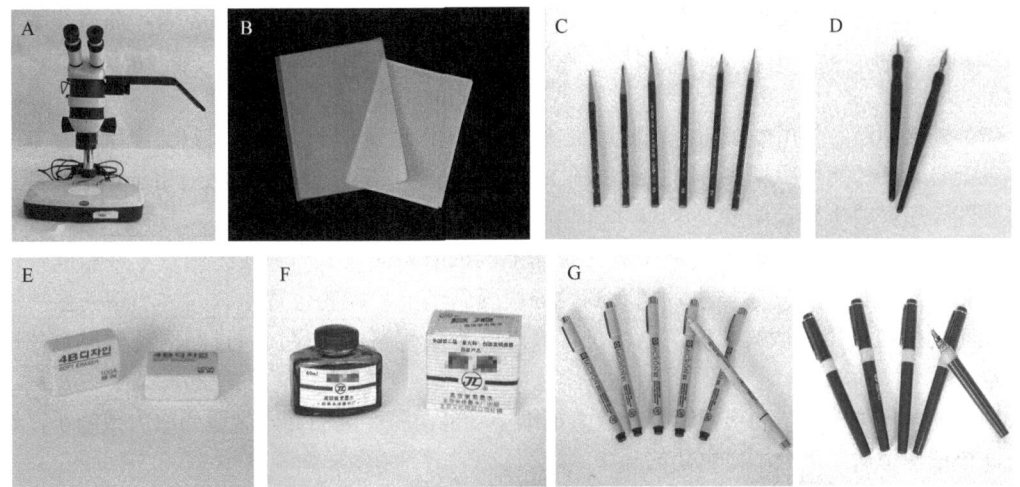

图 7-3-1 昆虫科学绘图常用工具和材料
A. 阿培式绘图仪；B. 硫酸纸和九宫格纸；C. 绘图铅笔；D. 点水钢笔；E. 橡皮；F. 绘图墨水；G. 针管绘图笔

（1）绘图仪　　常用的为阿培式绘图仪，其主要部件是 2 个直角棱镜和 1 面反光镜。在 2 个棱镜的胶合面上涂有银镜，镜中央为透光孔。把棱镜装在目镜上，反光镜放到右面装成 45°，从棱镜上可同时看到由透光孔射来的显微镜下的物像，以及通过反光镜与棱镜反射过来的放在显微镜右边的画纸与铅笔，可依所见物像绘下草图。

（2）九宫格　　九宫格也称九方格，是在正方形透明胶片上准确刻画出若干大方格，再在每个方格内画出 9 个小方格，以便对照标本的部位进行绘图。

（3）绘图铅笔　　绘图铅笔是绘制草图的常用工具。绘图铅笔分 H、B 和 HB 共 3 种型号。H 型笔的笔芯质硬，分 1H、2H、3H、4H、5H 和 6H 共 6 种，随着 H 前数字增加，其笔芯渐硬。B 型笔的笔芯质软，分为 1B、2B、3B、4B、5B 和 6B 共 6 种，随着 B 前数字增加，其笔芯渐软。HB 型笔的软硬适中。绘图前，应选择硬度适宜的铅笔，以 HB 或 1H 较为合适，使用时需把笔头削尖。

（4）绘图纸　　绘图纸以厚薄适当、色泽较白、表面平整、光而不滑、耐橡皮擦、吸水性能适度、不渗不透的纸为佳。一般使用 150 g 以上的绘图纸。

（5）点水钢笔　　点水钢笔也称蘸水笔，有小、中、大 3 种型号，一般选用小型号。使用时，蘸墨要少，握笔以 45°为宜，行笔方向须与笔尖开口一致，运笔时应顺着倾斜方向前进，不可逆绘或侧绘，以免划破纸面。熟练者用不同的笔尖面可绘出粗细不同的线条，但较难掌握。

（6）针管绘图笔　　是专门用于绘制黑墨点线图的工具，可画出精确且均匀的线条。针管绘图笔的笔头设计成空心针头状微细小管，管内置 1 枚引水通针，使墨水顺着通针周围缝隙自笔头均匀下滑，其笔尖所绘线条粗细有 0.1 mm、0.2 mm、0.3 mm、0.4 mm、0.6 mm、0.9 mm 和 1.2 mm 等。绘制线条时，笔身应尽量与纸面保持垂直，运笔速度及用力应均匀、平稳，并顺向行笔，同时注意落笔及收笔时不应有停顿，以确保画出粗细均匀的线条。

（7）绘图墨水　　绘图墨水分碳素墨水、黑墨汁和黑墨水：碳素墨水适于针管绘图笔；黑墨汁含胶较多，线迹光亮，陈的黑墨汁更好，适用于点水钢笔；黑墨水兼具两者的优点，同时适用于点水钢笔和针管绘图笔。

（8）描图纸　　描图纸以结构均匀、质地细腻、色泽白净、透明度好的纸为佳。其优点是半透光，纸质坚实，墨迹仅牢固地附着在纸的表层，易于刮除修改。

2. 绘图方法

（1）直接描绘　　将标本放在平面上，四周加垫，在垫上放 1 块平板玻璃，然后在玻璃板上用笔勾绘草图，再以描图纸描出图形。该法适用于大型、平展的昆虫，如蜉蝣、蜻蜓、蛾、蝴蝶等。

（2）尺规测绘　　用量规的一端测量虫体，另一端即绘图的放大尺寸。只需在所绘标本的对称中轴上设 1 条假想的中轴线，再在纸上画 1 条中轴线便可开始绘图。该法适用于画中大型且体壁坚硬的鞘翅目或半翅目昆虫。

（3）九宫格放大　　将九宫格平放在虫体上，依所需的放大倍数在绘图纸上用铅笔轻轻地画上方格，通过九宫格观察昆虫，把看到的分块画到纸上相应的位置中。大、小型的昆虫均适用，微小的昆虫须用显微镜观察，也可在目镜内放 1 块网格测微尺，通过网格观察昆虫，进行放大绘图。

（4）复印机印图　　利用复印机的放大或缩小功能，将平展的标本做适当放大或缩小，然后修正。该法特别适用于绘制昆虫翅的脉序。

（5）摄影摹图　　先用照相机将昆虫标本拍成底片，冲晒出适当放大的相片，再用描图纸从照片上描摹。

（6）绘图仪描绘　　用绘图仪来描绘显微镜中观察到的标本。描摹时注意将照射到绘图纸上的光调强，而将显微镜的光调弱；另外，可以通过调整绘图纸与绘图仪间的高度来调整图的大小。

> **小贴士**
>
> 安装阿培式绘图仪时，反光镜必须呈45°，绘出来的图才准确，否则会导致比例不协调。同时，绘图时显微镜下物像的光线和图纸上的光线必须平衡，才能使两者看得清楚。如果只见镜下物像而看不到图纸上的铅笔，则是由于镜下的光线太强，可转动显微镜下的反光镜、聚光镜或光圈等，使之减弱；如果只见图纸和铅笔而物像不清晰，则可加强镜下的光照强度。此外，也可利用台灯或其他光源来调整显微镜下物像和图纸的光线平衡。

3. 绘图步骤

（1）准备　　主要是绘图工具和材料的准备及对昆虫标本的选择。例如，绘鳞翅目、蜻蜓目和膜翅目昆虫的背面整体图时，最好选择已经整姿的标本；绘形态特征图时，要选择特征典型的标本。

（2）起稿　　用绘图铅笔在绘图纸上绘。起稿前，根据需要和绘图纸的大小定下图形的大小和各部分的排布。原则上按照先整体轮廓，后局部，再细部的顺序。绘图着重表现该虫种的形态特征，因此在绘图前应对标本做细致观察，尽可能多观察一些同种标本。虫体左右对称，起稿先画虫体的一半，另一半可复印过去，拼成一完整的图稿；体型大小相差悬殊的昆虫，起稿时要采用不同的工具设备。个体较大的，使用两脚规、比例规、九宫格和照相机描绘器等；个体较小的，可用体视显微镜等。下文介绍3种起稿方法。

1）规定倍数定点分区起稿法。这是利用比例规或两脚规测量昆虫各部分的比例，按需要放大的倍数描绘轮廓的方法。以描绘椿象的轮廓为例：从椿象的背面来看，由它头部的中片通过前胸背板及中胸小盾片的正中央，而达于尾部尖端的连线，恰是平分背部左右的中分线，左右两边的形态、斑纹等都相同。起稿时应先定出1条假设的中分线。这条中分线的长须为实物的体长乘以放大倍数。然后在此线上按放大倍数定出1、2、3、4、5共5个点的位置（1为头部中片的顶端；2为头部与前胸背板的前缘相接之处；3为前胸背板后缘与中胸小盾片相接之处；4为中胸小盾片的尖轨；5为翅的末端）。再在前胸背板前角，与头部侧边交接处定一点为6，在前胸背板后侧角，或前胸背后侧缘，与前翅前缘基部交界处定一点为7，在中胸小盾片的基角处定一点为8，在前翅革质部的末端定一点为9。这9个点的位置若能定得比例正确恰当，则便不难对照物像勾出正确的轮廓。绘好了左侧的背面图像，便可用透明的纸勾印下来，再印描出右侧的图像，成为全图。

2）用九宫格起稿。把九宫格垂直放在自制的木架上或用其他工具支撑垂直，标本插在软木板上并紧贴九宫格。在标准计算纸上或其背面打上与九宫格相同倍数的格子，按照九宫格上的标本描绘。用九宫格起稿须注意：①要固定视点，视点上下移动会影响透视的正确性，从而得不到虫体各部分的正确长度；②完稿以后要复印到半透明纸上，纠正标本的姿态。

3）用双筒体视显微镜起稿。双筒体视显微镜内放入玻璃方格片；把标本插在标本架上，注意放正标本，使虫体左右宽窄均等，这样画一半虫体，拼成整图，宽窄、比例可不变；画出虫体的头、胸、腹等各部形体，用半透明纸把稿纸上的虫体各部形体合拼成一半整体图；在绘图纸上画一中线，把半透明纸上的半整体图用钢笔或铅笔及复写纸复到绘图纸上的一边（左边或右边）；再用铅笔把半透明纸上的草图直接复到绘图纸上中线的另一边（右边或左边），这时便成为完整的全形图。

（3）上墨　　起稿完毕便可上墨，上墨分勾线、衬阴两步。

1）勾线。钢笔图重视线条的勾描，要求粗细均匀，下笔正确。勾线一般习惯自左向右，自下往上，捏笔要紧，下笔要轻。有两种方法：一种是一笔完成，适合画短的直线条和弧度较大的弧形短线条；另一种是用两头尖的短线条连续衔接起来，直线条或弧形线条都合适。但初学者往往不易掌握，需花一定功夫才能得心应手。不同虫体上有不同类型的体毛，从外形上看有粗细、长短之别，在质地上有坚柔之分，因此在绘图时需观察其形态、性质、着生点。一般来说，画细体毛最好一笔完成，速度要快；画粗体毛下笔要重，手力慢慢放轻，同时加快速度。

2）衬阴。画立体图要衬阴，用深浅不同的色调（包括明暗、层次等）来表现物体。物体受光产生亮面（受光部分）与暗面（背光部分），但是物体的形状复杂，明暗有许多变化，除了死面、暗面，还有无数的灰面，因此大致归纳为3个大面和5种调子：3个大面是指亮面、暗面和灰面；5种调子是指亮面、中间色、明暗交界线、暗面、反光。衬阴即区分物体的3个大面和5种调子。衬阴一般用点组成，有时也用线条组成。点和线条可以表现物体不同的质感，但取决于色调的比较和物体起伏面的组织规律，这与艺术表现的能力有关。

（4）修饰　　成图后，如有必要需进行适当的修改，对多余的墨迹或线条不够均匀或光滑之处，可用刀片刮去，或用细毛笔蘸白色染料涂去，然后写上图题和图注，并标明比例。

（二）昆虫摄影

一张既不失科学性又有浓郁生态气息的昆虫照片，不仅可作为试验研究的物证，而且能记录到许多用文字无法描述的真实形象。因此,在昆虫学的各个分支学科中,摄影已成为不可缺少的手段。

昆虫的体型较小,种类繁多,构造复杂,色彩多变,生物学和生态学特性各异,拍摄题材极为广泛。有制作完好的昆虫标本,也有不同虫态的活体昆虫,既有丰富多变的外形特征,也有瞬时即逝的奇特行为;有时需要从宏观上描述群体取食为害的场面,有时也需要从微观上记录下几个特写镜头。为了说明昆虫生活中的这些特点,掌握摄影技术是十分必要的。从现代科技发展的水平来看,昆虫摄影已经成为昆虫科学研究的重要组成部分。目前昆虫摄影主要分为昆虫显微摄影、昆虫生态摄影和昆虫标本摄影。

1. 昆虫显微摄影　　显微摄影是通过显微镜来拍摄的方法,是当前昆虫学研究中不可缺少的手段之一,尤其是研究微小型昆虫标本或昆虫局部构造、特征时,必须借助显微摄影设备。要取得良好的显微摄影效果,最重要的是要有良好的显微镜设备和显微镜操作技术。

（1）显微数字照相系统（图 7-3-2）　　如果拍摄科研用照片,必须选择专业设备,如基恩士 VHX-2000 数码显微系统、尼康 DXM1200F 数码显微成像系统等,这些设备如严格按照操作规程使用,就可以获得不错的照片。

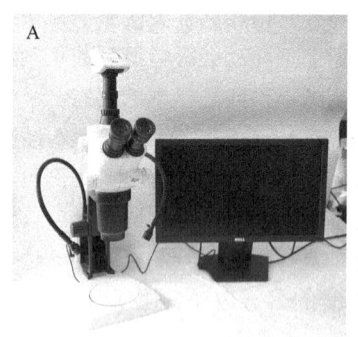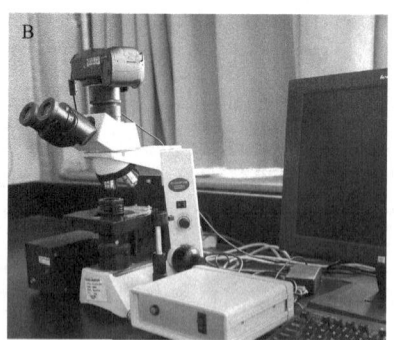

图 7-3-2　显微数字照相系统
A. 电子感光芯片（CCD）显微成像系统；B. 共聚焦显微成像系统

（2）目镜后摄影　　用相机镜头对准目镜中的画面进行拍摄。这种拍摄方式要求相机镜头小巧,一般来说手机、卡片机适用于这种拍摄。拍摄方法很简单,先在显微镜中看到清晰的画面,然后将相机镜头对准显微镜目镜,用自动模式自动对焦即可。因为镜头结构的原因,有时需要上下调整相机的位置,直至画面大而清晰时,方可按动快门进行拍摄。如果光线较暗,可以自己做 1 个套筒,或者用三脚架进行固定,以满足较慢快门的拍摄。

（3）直焦摄影法　　直接将相机的镜头拆除,取下显微镜的目镜,然后通过 1 个简单的转接装置[如佳能相机采用显微镜转电子光学系统（EOS）口即可将相机和显微镜连接在一起],一般的显微镜只支持先进摄影系统（APS）画幅的相机,如果用全画幅相机拍摄,会出现 1 个很大的黑圈,只有少数的显微镜可以支持全画幅相机（通常是因为内部有扩束光路）,所以用 APS 画幅的相机就足以应对绝大部分题材。当然现在的全画幅相机一般也都有自动裁切模式,可以去除暗角黑圈。

2. 昆虫生态摄影　　昆虫生态摄影是指拍摄记录自然状态下的昆虫行为,从而获得昆虫在自然界中完整的、具有科研价值的信息。

（1）设备（图 7-3-3）　　具有拍摄功能的设备（手机、数码相机、单反相机等）、三脚架等。
理论上任何具有拍摄功能的设备都可完成昆虫生态摄影,但昆虫个体较小且许多昆虫受到惊扰会逃逸,因此选用具有微距功能的专业设备和相应的镜头非常有必要。常用相机品牌有佳能、

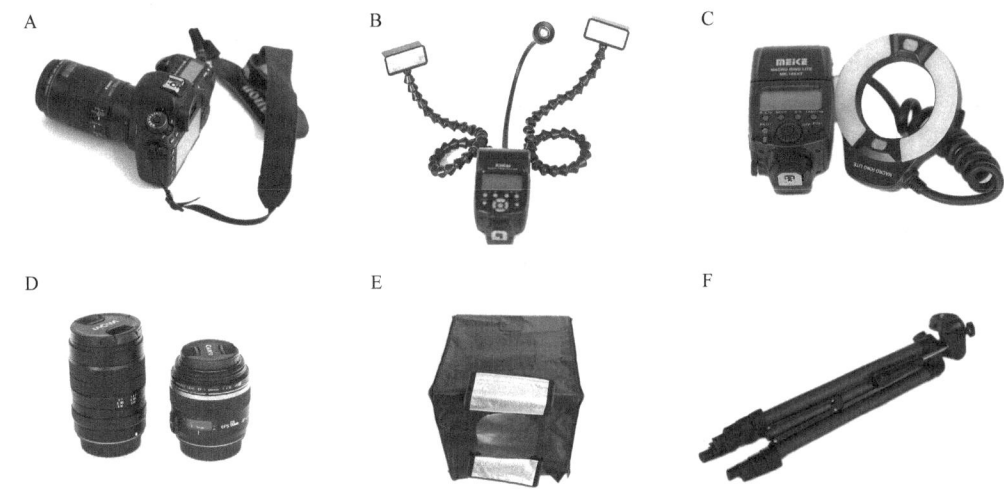

图 7-3-3 昆虫摄影设备
A. 单反相机和微距镜头；B. 双管闪光灯；C. 环形闪光灯；D. 单反镜头；E. 小摄影棚；F. 三脚架

尼康、索尼、富士等，都可选配相应的微距镜头或用其他镜头加装近摄镜、近摄接圈以获得微距效果。充足的光线对于微距摄影非常重要，所以选购相机时应以具有热靴、握持感好的款式为宜，便于后期在顶部加装闪光灯、补光灯等。

（2）拍摄时间　要拍摄昆虫，首先要了解不同昆虫的生活习性，从而掌握要拍摄昆虫的活动规律，才能拍摄到所需要的场景或行为。对于大部分昆虫来说，黎明时分是拍摄的最佳时间，这时的光线有低平而不甚刺眼的特点，非常适合拍摄。而很多昆虫会在花草上过夜，在清晨它们的活动不活跃，更容易拍摄。雨过天晴后是昆虫的活动高峰，而且这时由于翅膀沾有雨水，小昆虫的活动频率明显减慢，加上光线条件理想，也是拍摄的良好时机。

（3）拍摄技巧

1）对焦选择。昆虫摄影成功的关键是拍出清晰的主体，这也是最大的难点，关键在于对焦，在微距摄影中相机的自动对焦是不可完全信赖的，最好选用既快又准的手动对焦，所以必须学会熟练地使用手动对焦。还要注意焦平面选择，对于蝴蝶、蜻蜓、蝇类等翅面平展或身体弧度较小的昆虫，最好保持相机在与翅面平行的正上方拍摄，以展示昆虫翅面鉴定特征；对于蛾类、甲虫等身体厚壮的昆虫，最好保持相机与虫体呈 45°拍摄，以展示昆虫身体一面的鉴定特征。

2）快门优先。昆虫活动敏捷，容易逃逸，把相机设置为快门优先来拍摄，然后根据环境的不同调节光圈是不错的方法。同时，较高的快门速度有利于在恶劣的环境中拍出清晰的照片。

3）光圈、快门和感光度（ISO）的灵活调节。光圈、快门和 ISO 三者的关系类似于汽车驾驶中离合器、制动和油门的关系，互相制衡。在相同白平衡情况下，ISO 上升，光圈不变，快门速度变快；ISO 上升，快门速度不变，光圈就变大。有时夜间光圈最大但画面仍然黑暗，就只能牺牲快门速度或提高 ISO，但使用低快门速度需要保持相机和被摄物体高度稳定，并不适用于野外拍摄昆虫活体，所以必须额外补光。

4）景深的选择。要根据实际需求进行，如果为了突出昆虫某个生物学特性的细节方面，一般适宜用较大的光圈来虚化背景等无用信息；而为了展示昆虫整体形态特征时，纵向增加主体的清晰度要增加景深，就要选较小的光圈。一般情况下，f8~f11 的光圈值是较为合适的，不建议使用比 f16 更小的光圈，因为衍射现象会使照片画质变差。

5）场景的设计。对于水生昆虫（如龙虱、水龟、水虱、孑孓）和土壤昆虫（如蝼蛄、蛴螬、金针虫）等，应做 1 个特制的扁形玻璃箱，作生境布置，把昆虫放进去拍摄。蝶、蛾幼虫或附着于植物而不会掉落的其他虫态，可以把枝条和虫体转移到便于拍照的地方拍摄。

3. 昆虫标本摄影 随着网络普及和全球信息化时代的来临，人们越来越倾向于利用图片尤其是照片进行信息交流，即信息的获取进入了读图时代。与传统的文字描述相比，图片具有直观、准确等优点；与手绘图片相比，照片也具有更客观、成像速度更快、色彩更准确、更便于普及等优点。

（1）单反相机拍摄 与昆虫生态照相比，除单反相机、微距镜头、三脚架等设备外，还要有小型摄影棚或自制人工照明摄影箱等，以提高拍摄效果。拍摄技巧和注意事项与昆虫生态摄影相似。

（2）显微数字照相系统 对于小于 5 mm 的小型昆虫来说，即便是单反相机的微距镜头也难以将其形态特征的细节拍摄清楚，这时就不得不借助于显微数字照相系统来进行拍摄。这些可以参考昆虫显微摄影。

作业与思考题

1. 昆虫科学绘图的常用工具和材料有哪些？
2. 简述不同场景下昆虫摄影的主要注意事项。

实习四　常见昆虫的饲养方法及技术

本实习彩图

在昆虫学发展初期，饲养昆虫的目的主要是了解其生活史和习性，随着昆虫生理、毒理及病理学的发展，需要较精密的方法来饲养昆虫。近年来，为了进行天敌释放、不育技术、激素利用及遗传防治等新型害虫防治方法的研究，需要全年连续不间断地饲养数亿头标准的无菌昆虫。使用"人工饲料"进行饲养已发展成为昆虫研究和害虫新型防治方法上的基本技术之一。

一、实习目的

了解饲养昆虫的不同方法、人工饲料的配制、饲养评价，掌握饲养昆虫的一般程序和主要环节。

二、实习要求

完成 1 种昆虫的饲养，并书写饲养记录。

三、实习内容

实验室昆虫饲养指在室内条件下进行的与实验有关的饲养。实验室饲养的内容和应用范围很广，大致有以下几个方面：观察昆虫的生活史和习性；研究饲养方法和技术；研制和改进人工饲料；提供试验材料；研究昆虫的食性行为和营养需要；药效测定；培育特殊品系等。

常见的昆虫饲养主要有模式昆虫饲养、害虫饲养和天敌昆虫饲养，不同的昆虫有其特殊的饲养方法，应尽量按照其生物学特性进行饲养流程的优化。

（一）养虫设备和工具

实验室昆虫饲养最好有专门的饲养室，以及人工气候箱（或光照培养箱）、养虫笼、养虫盒（或养虫缸）、试管、毛刷（毛笔）、镊子、记录本、记号笔等（图 7-4-1），如果使用人工饲料，还需要灭菌锅、研钵、天平、保鲜盒等。

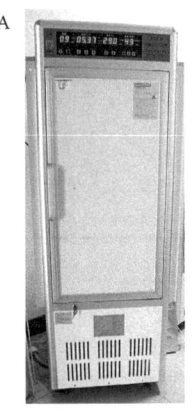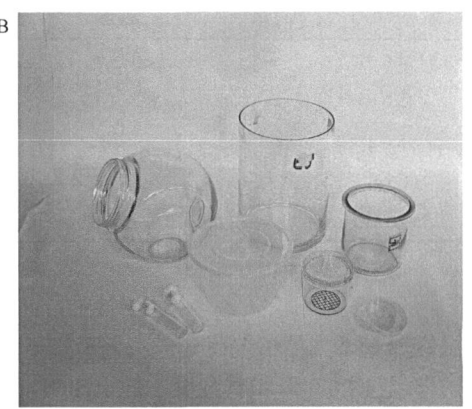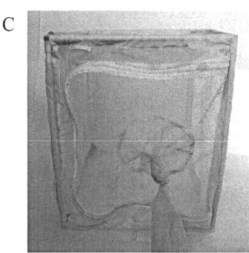

图 7-4-1　养虫设备与工具
A. 人工气候箱；B. 养虫缸、养虫杯等；C. 养虫笼；D. 养虫盒

应根据饲养昆虫的种类和虫态来选择合适的饲养设备。例如，有些地栖的昆虫除了保证食物和水的供应之外，还必须提供沙土和隐蔽物，有些树栖的昆虫则需要在纱网、树皮等倒置的粗糙表面才能正常蜕皮。

（二）以棉铃虫为例的昆虫饲养方法

1. 人工饲料配方及配制方法　　昆虫人工饲养的核心技术之一是人工饲料的配方及其配制方法（图 7-4-2）。用营养全面、适口性好的人工饲料饲喂昆虫，可以获得健康、发育速度快、整齐度高的群体，对科学实验和生物测定等科研活动非常重要。

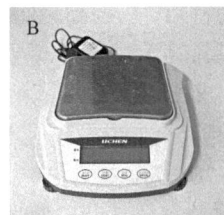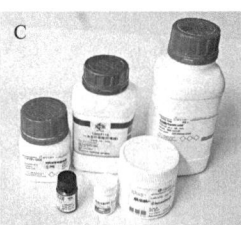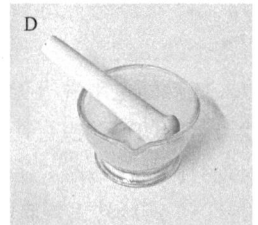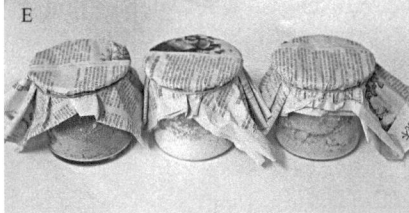

图 7-4-2　人工饲料配方原料及配制工具
A. 高压灭菌锅；B. 电子天平；C. 饲料常用药剂；D. 研钵；E. 灭菌的玉米粉等；F. 保鲜盒和做好的饲料

（1）人工饲料配方　　棉铃虫饲料有许多成熟的配方，本书选用吴坤君等（1997）报道的 1 种以麦胚粉和番茄酱为主的棉铃虫人工饲料（表 7-4-1）。

（2）人工饲料配制方法（图 7-4-2）　　根据表 7-4-1 的配方，将 11.0 g 琼脂放入 750.0 mL 蒸馏水中，加热至沸腾，使琼脂全部溶解。按照表 7-4-1 各成分的质量，将麦胚粉、番茄酱、酵母粉、对羟基苯甲酸甲酯、山梨酸一次性加入琼脂热水溶液中，充分搅匀。随后加入 2.6 g 抗坏血酸和 1.0 mL 亚油酸，搅匀，趁热倒入保鲜盒或其他容器中，冷却后放入冰箱冷藏室备用。

表 7-4-1　棉铃虫人工饲料配方

成分	质量或体积	成分	质量或体积
麦胚粉	94.0 g	山梨酸	0.8 g
番茄酱	45.0 g	抗坏血酸	2.6 g
酵母粉	36.0 g	琼脂	11.0 g
对羟基苯甲酸甲酯	1.6 g	亚油酸	1.0 mL
蒸馏水	750.0 mL		

2. 饲养方法和流程

（1）饲养条件　　在棉铃虫饲养量不大的情况下（成虫低于 500 头/批次），各个虫态的棉铃虫可以在相同饲养条件下饲养，即温度 26℃，相对湿度不低于 70%，光周期 L：D=14：10。

（2）成虫饲养　　棉铃虫化蛹 2 d 后，待蛹体壁充分硬化后，用镊子将蛹从养虫盒或养虫管中取出，用 4%甲醛溶液浸泡 30 min，进行体表消毒。消毒后的棉铃虫蛹用灭菌水冲洗干净，室温晾干。

然后放入 26℃、相对湿度 70%、光周期 L：D=14：10 的养虫室（或人工气候箱）中。待蛹头胸部变黑将要羽化时（在 26℃条件下，约化蛹后第 5 天），放入成虫产卵笼，每笼 100~500 头，置于同样条件下。

成虫羽化后，在产卵笼中放入加了浸透 10%蜂蜜水的脱脂棉（用绳悬挂或放在培养皿中）供成虫取食，需及时更换蜂蜜水脱脂棉，保证蜂蜜水充足、新鲜。

（3）卵的收集　　羽化第 3 天的黄昏，在产卵笼内挂入灭菌的脱脂纱布，纱布的大小根据笼内成虫数量和产卵量灵活调整。上午收集产卵的纱布，用 4%甲醛溶液浸泡 30 min 对卵表消毒，自来水漂洗干净，在通风干燥处晾干备用。

（4）低龄幼虫饲养　　根据棉铃虫幼虫取食特点，以及高龄幼虫自残、老熟幼虫化蛹的习性，将整个幼虫饲养过程分为低龄幼虫（1~3 龄）和高龄幼虫（4 龄至化蛹）两个饲养阶段。

低龄幼虫用洗净灭菌的养虫罐（缸）饲养。棉铃虫卵约 3 d 孵化，待大部分虫卵孵化后，将纱布上的初孵幼虫直接抖入养虫罐（缸）。养虫罐（缸）预先放入 50 g 切成 0.5 cm×0.5 cm×0.5 cm 的饲料碎块，每罐（缸）需放入初孵幼虫 100~200 头。罐（缸）口用灭菌的纱布封住。

（5）高龄幼虫饲养　　养虫罐（缸）中的棉铃虫长到 3 龄末期时，需要单头分开饲养。分装前，将人工饲料切成 4 g 左右的小块，大小以便于放入养虫管或养虫盒中为宜。然后将 3 龄末期的幼虫挑入其中，塞上棉塞或盖上盒盖饲养。

（6）蛹的收集　　一般在棉铃虫幼虫全部化蛹后的第 2 天，用镊子拨开蛹室，取出虫蛹。最后统一用 4%甲醛溶液消毒、自来水清洗，用于羽化产卵，完成整个饲养流程。

（三）异色瓢甲饲养方法

1. 食料蚜虫的饲养　　异色瓢甲是农林生态系统中的优势天敌，可以捕食多种蚜虫，目前针对瓢甲没有非常成熟的饲料，因此主要用麦蚜、豌豆蚜等来进行饲养。利用蚕豆苗培养豌豆蚜饲养异色瓢甲的方法是：用清水浸泡蚕豆至蚕豆膨大，种植到花盆中，约 4 d 后蚕豆苗出土，在每株蚕豆苗上接 5 头豌豆蚜，待豌豆蚜繁殖充足后可剪取带蚜植株喂养瓢甲。

2. 异色瓢甲的饲养

（1）饲养条件　　异色瓢甲的饲养条件为温度 25℃，相对湿度 60%，光周期 L：D=14：10。

（2）成虫的饲养　　在养虫缸内放入 10 头异色瓢甲成虫（雌雄比例 1：1），每天投放带有新鲜蚜虫的植物枝条或叶片，并清理虫粪和残枝。异色瓢甲产卵期内，将同一天产的卵块用胶水或浆糊粘贴在硬纸片上，制成卵卡。

(3) 幼虫的饲养　　初孵化的异色瓢甲 1 龄幼虫需要每卵块小范围内单独饲养以提高其存活率；当其蜕皮成 2 龄幼虫后，可将几块卵块所孵化的异色瓢甲幼虫收集到 1 个幼虫养虫盒中集中饲养以减少饲养操作；如饲养数量不多，可以用小饲养盒单头饲养。需要每天投放带有新鲜蚜虫的植物枝条或叶片，并清理虫粪和残枝。

(4) 化蛹管理　　在老熟幼虫取食量明显减小，身体缩短变粗、颜色变暗时，加入化蛹诱集物，诱使老熟幼虫进入化蛹。化蛹诱集器为内径 0.5~1.0 cm 的纸筒。

 作业与思考题

1. 请简述捕食性昆虫饲养的关键技术。
2. 昆虫人工饲养的主要工具和材料有哪些？

实习五　昆虫的鉴定方法

在昆虫学研究与应用过程中，准确、快速鉴定是所有工作开展的重要基础，鉴定昆虫的方法是确保准确、快速鉴定顺利实现的重要手段。

一、实习目的

掌握昆虫标本鉴定的一般方法和步骤，了解昆虫标本鉴定的主要参考文献。

二、实习要求

熟练运用昆虫标本鉴定的参考资料，将实习采集到的昆虫标本鉴定至目和科，部分类群鉴定至属和种类。

三、实习内容

(一) 目和科的鉴定

根据目或科分类检索表将标本初步鉴定至所属目或科，之后根据该目或科的特征描述及特征图等，鉴定并确定标本所属的目或科。国内外的《普通昆虫学》和《昆虫分类学》等教科书及相关专著等均可作为目或科鉴定用文献资料。

(二) 属和种的鉴定

根据其属或种类检索表将标本初步鉴定至属或种，之后根据属或种的特征描述、特征图、地理分布、生物学特性及寄主等，鉴定并确定标本所属的属或种类。国内外相关目、科或属的各类专著和论文等是属和种类鉴定用主要文献资料。

如果目前尚无上述相关专著或论文，或通过上述步骤未能得到准确的鉴定结果，或需要对某个昆虫类群进行全面、系统而深入的鉴定工作，则可通过系统查阅《动物学记录》(*Zoological Record*)，自行编制属种名录，并掌握相关文献信息，收集和阅读原始文献资料，进行系统而深入的分类研究工作。

（三）与模式标本或其他正确定名的标本进行比较

最准确而方便的属种鉴定是与模式标本或其他正确定名的标本进行精确核对。根据现有条件，可利用存放在不同博物馆、大学、研究所等单位的昆虫标本馆的模式标本或正确定名的标本进行核对研究工作。

（四）及时整理鉴定结果

对已鉴定并定名的标本要及时附上鉴定标签，注明种类、鉴定人姓名和鉴定时间等，并对鉴定结果及时归档、分析和整理。

（五）标本鉴定所用的主要参考书和文献资料

1）国内外相关教材及实验实习指导。
2）《中国动物志　昆虫纲》（第一卷至第七十六卷），科学出版社。
3）《中国经济昆虫志》（第一册至第五十五册），科学出版社。
4）其他国内外相关专著、地区性昆虫志、昆虫图册、昆虫名录、期刊等。

作业与思考题

1. 将各类昆虫标本准确鉴定至所属目和科。
2. 选择其中 1 个类群的昆虫标本，鉴定属和种。
3. 在昆虫标本鉴定过程中如何理解、掌握特征并进行特征的分析和对比？
4. 昆虫标本鉴定工作中常遇到的最大困难是什么？如何解决？
5. 我国主要的昆虫学期刊和专著有哪些？如何查找文献资料？
6. 如何对 1 个昆虫类群进行准确鉴定？

主要参考文献

北京农业大学. 1993. 昆虫学通论(上册、下册)[M]. 2版. 北京: 科学出版社.

彩万志, 庞雄飞, 花保祯, 等. 2011. 普通昆虫学[M]. 2版. 北京: 中国农业大学出版社.

陈世骧. 1987. 进化论与分类学[M]. 2版. 北京: 科学出版社.

陈泰鲁, 庞雄飞. 1986. 赤眼蜂属新种记述(膜翅目:赤眼蜂科)[J]. 昆虫学报, (1): 89-90.

戈峰. 2008. 昆虫生态学原理与方法[M]. 北京: 高等教育出版社.

何俊华. 1977. 稻螟蛉的寄生蜂(三)——小蜂和细蜂[J]. 昆虫知识, (6): 163-169.

何俊华. 2004. 浙江蜂类志[M]. 北京: 科学出版社.

黄蓬英, 黄建. 2004. 中国浆角蚜小蜂属及其新记录种的记述[J]. 昆虫分类学报, 26(2): 146-150.

雷朝亮, 荣秀兰. 2011. 普通昆虫学实验指导[M]. 2版. 北京: 中国农业出版社.

庞雄飞, 尤民生. 1996. 昆虫群落生态学[M]. 北京: 中国农业出版社.

沈佐锐. 2009. 昆虫生态学及害虫防治的生态学原理[M]. 北京: 中国农业大学出版社.

徐汝梅, 成新跃. 2005. 昆虫种群生态学: 基础与前沿[M]. 北京: 科学出版社.

徐志宏, 娄巨贤. 2004. 四突跳小蜂亚科三新记录属及三新种记述(膜翅目: 跳小蜂科)[J]. 昆虫分类学报, 26(2): 136-143.

许再福. 2010. 普通昆虫学实验与实习指导[M]. 北京: 科学出版社.

杨定, 李卫海. 2018. 中国生物物种名录. 第二卷 动物, 昆虫(III)/襀翅目[M]. 北京: 科学出版社.

杨定, 李卫海, 祝芳. 2015. 中国动物志. 昆虫纲. 第58卷 襀翅目. 叉襀总科[M]. 北京: 科学出版社.

杨定, 刘星月, 杨星科, 等. 2018. 中国生物物种名录. 第二卷 动物, 昆虫(Ⅱ)/脉翅总目[M]. 北京: 科学出版社.

张润杰, 张古忍, 张文庆. 2017. 昆虫生态学研究与应用[M]. 北京: 科学出版社.

郑乐怡, 归鸿. 1999. 昆虫分类(上册、下册)[M]. 南京: 南京师范大学出版社.

周长发, 苏翠荣, 归鸿. 2015. 中国蜉蝣概述[M]. 北京: 科学出版社.

Beccaloni G W. 2020. Cockroach Species File (Version 5.0/5.0) [OL]. http://cockroach.speciesfile.org[2023-08-20].

Beutel R G, Leschen R A B. 2016. Coleoptera, Beetles. Morphology and Systematics[M]. Berlin: Walter de Gruyter GmbH & Co KG.

Cigliano M M, Braun H, Eades D C, et al. 2020. Orthoptera Species File (Version 5.0/5.0)[OL]. http://orthoptera.speciesfile.org [2023-08-20].

Gauld I D, Bolton B. 1988. The Hymenoptera[M]. Oxford: Oxford University Press.

Gilligan T M, Passoa S C. 2014. LepIntercept—An identification resource for intercepted Lepidoptera larvae[OL]. https://idtools.org/id/lepintercept/morphology.html[2023-08-25].

Goulet H, Huber J T. 1993. Hymenoptera of the World: An Identification Guide to Families[M]. Ottawa: Research Branch, Agriculture Canada.

Gullan P J, Cranston P S. 2014. The Insects: An Outline of Entomology[M]. 5th ed. London: Blackwell Publishing.

Li W H, Mo R R, Dong W B, et al. 2018. Two new species of *Amphinemura* (Plecoptera, Nemouridae) from the southern Qinling Mountains of China, based on male, female and larvae[J]. Zookeys, 808: 1-21.

Misof B, Liu S, Meusemann K, et al. 2014. Phylogenomics resolves the timing and pattern of insect evolution[J]. Science, (346):

763-767.

Mo R R, Wang G Q, Yang D, et al. 2018. Two new species of the *Rhopalopsole magnicerca* group (Plecoptera: Leuctridae) from China[J]. Zootaxa, 4388(3): 444-450.

Mo R R, Wang G Q, Yang D, et al. 2019a. A new species of *Indonemoura* (Plecoptera: Nemouridae) from Guangdong Province of southern China[J]. Zootaxa, 4658(3): 585-590.

Mo R R, Yan Y H, Wang G Q, et al. 2019b. Holomorphology of *Kamimuria peppapiggia* sp. n. (Plecoptera: Perlidae) from the foothills of Taihang Mountains, Henan Province of China[J]. Zootaxa, 4668(4): 575-587.

Perveten F K, Khan A. 2017. Introductory Chapter: Lepidoptera[OL]. https://doi.org/10.5772/intechopen.70452[2023-08-20].

Robert G F, Adler P H. 2018. Insect Biodiversity: Science and Society (vol. 2)[M]. New York: John Wiley.